畜禽养殖与疾病防治丛书

图说家兔养殖

新技术

段栋梁 尹子敬 主编

U0317098

中国农业科学技术出版社

图书在版编目（CIP）数据

图说家兔养殖新技术 / 段栋梁，尹子敬主编. —北京：
中国农业科学技术出版社，2012.9
ISBN 978-7-5116-0770-6

Ⅰ. ①图… Ⅱ. ①段… ②尹… Ⅲ. ①兔-饲养管理-
图解 Ⅳ. ①S829.1-64

中国版本图书馆CIP数据核字(2012)第006422号

责任编辑　张孝安
责任校对　贾晓红　范　潇

出 版 者　中国农业科学技术出版社
　　　　　北京市中关村南大街12号　　　邮编：100081
电　　话　(010)82109708（编辑室）　　(010)82109704（发行部）
　　　　　(010)82109709（读者服务部）
传　　真　(010)82109708
网　　址　http://www.castp.cn
经 销 者　各地新华书店
印 刷 者　北京富泰印刷有限责任公司
开　　本　787 mm × 1 092 mm　1/16
印　　张　22.75
字　　数　348千字
版　　次　2012年9月第1版　　2013年9月第4次印刷
定　　价　46.00元

前　言

——畜禽养殖与疾病防治丛书

　　近十几年，我国畜禽养殖业迅猛发展，畜禽养殖业已成为我国农业的支柱产业之一。其产值占农业总产值的比例也在逐年攀升，连续 20 年平均年递增 9.9%，产值增长近 5 倍，达到 4 000 亿元，占到农业总产值的 1/3 之多。同时，人们的生活水平不断提高，饮食结构也在不断改善。随着现代畜牧业的发展，畜禽养殖已逐步走上规模化、产业化的道路，业已成为农、牧业从业者增加收入的重要来源之一。但目前在畜禽养殖中还存在良种普及率低、养殖方法不科学、疫病防治相对滞后等问题，这在一定程度上制约了畜牧业的发展。与世界许多发达国家相比，我国的饲养管理、疫病防治水平还存在着一定的差距。存在差距，就意味着我国的整体饲养管理水平和疾病防控水平还需进一步提高。

　　针对目前养殖生产中常见的一些饲养管理和疫病防控问题，中国农业科学技术出版社组织了一批该领域的专家学者，结合当今世界在畜禽养殖方面的技术突破，集中编写了全套 13 册的"畜禽养殖与疾病防治"丛书，其中，养殖技术类 8 册，疫病防控类 5 册，分别为《图说家兔养殖新技术》《图说养猪新技术》《图说肉牛养殖新技术》《图说奶牛养殖新技术》《图说绒山羊养殖新技术》《图说肉羊养殖新技术》《图说肉鸡养殖新技术》《图说蛋鸡养殖新技术》《图说猪病防治新技术》《图说羊病防治新技术》《图说兔病防治新技术》《图说牛病防治新技术》和《图说鸡病防治新技术》，分类翔实地介绍了不同畜禽在饲养管理各方面最新技术的应用，帮助大家把因疾病造成的损失降低到最低限度。

　　本丛书从现代畜禽养殖实际需要出发，按照各种畜禽生产环节和生产规律逐一编写。参与编撰的人员皆是专业研究部门的专家、学者，有丰富的研究数据和实验依据，这使得本丛书在科学性和可操作性上得到了充分的保障。在图书的编排上本丛书采用图文并茂形式，语言通俗易懂，力求简明操作，极有参阅价值。

　　本丛书不但可以作为高职高专畜牧兽医专业的教学用书，也适用于专业畜牧饲养、畜牧繁殖、兽医等职业培训，也可作为养殖业主、基层兽医工作者的参考及自学用书。

编　者

2012 年 9 月

图说家兔养殖新技术

第一章 绪 论

第一节 发展养兔业的意义

一、家兔及产品具有很高的经济及应用价值

家兔浑身都是宝。不仅为人类提供优质的肉、毛、皮等优质兔产品，而且家兔本身及副产品也具有很高的经济与应用价值。

（一）为人类提供优质肉食品，利于人类健康

兔肉品质优良，营养价值和消化率均居畜禽肉之首。

1. 蛋白质含量高，品质好

新鲜兔肉中蛋白质含量高达21%，以干物质计含蛋白质高达70%，比猪肉、牛肉、鸡肉、羊肉等的蛋白质含量都高。而且，兔肉中氨基酸种类齐全、含量丰富，其中限制性氨基酸（赖氨酸、蛋氨酸、色氨酸等）含量均高于其他肉类（表1-1和图1-1）。

2. 脂肪含量低，胆固醇少，磷脂高

新鲜兔肉中脂肪含量低，仅为9.76%；胆固醇含量少，每100克中仅有65毫克，是其他畜禽肉的50%～75%。食用兔肉，可以降低胆固醇在血管壁的沉积概率，兔肉是中老年人、动脉粥样硬化病人、冠心病患者理想的保健肉食品。兔肉磷脂含量高，也是益智延年肉食品，儿童长期食用利于大脑发育和提高智商，成年人长期食用，不仅可降低血液胆固醇含量，而且可增加皮肤弹性，延缓面部皱纹形成。因此，国外将兔肉称作"保健肉、美容肉、益智肉"。

3. 矿物质、微量元素及维生素含量丰富

兔肉富含钙、磷等矿物质元素以及铁、锌等微量元素和B族维生素。

4. 消化率高

兔肉肌纤维细嫩，胶原纤维含量少，因此消化率高，其消化率高达85%，居畜禽肉类之首。

5. 公共卫生形象好

截至目前，超过200余种人畜共患病中有：家禽的禽流感、猪的猪甲流和链球菌病、牛的疯牛病和布氏杆菌病、羊的布氏杆菌病、牛和猪的口蹄疫等，尤其是近几年来，人们的生活因流行禽流感、猪甲流及疯牛病等而感到困扰。这200余种人畜共患病中，唯独没有与兔有关的传染病。在人们愈来愈重视健康饮食的今天，良好的公共卫生形象将有利于家兔产业的发展。

6. 食用者广泛，接受程度高

除犹太人以外，尚未发现其他任何宗教或民族限制食用兔肉。因此，兔肉能被大部分人们所接受，具有广泛的食用群体。

兔肉中主要营养成分含量及与其他肉类成分比较如表1-1和图1-1所示。

表1-1　兔肉与其他肉类营养成分含量及消化率比较

项目	兔肉	猪肉	牛肉	羊肉	鸡肉
粗蛋白质（%）	21.37	15.54	20.07	16.35	19.50
粗脂肪（%）	9.76	26.73	15.83	17.98	7.80
能量（千焦/千克）	676.00	1284.00	1255.00	1097.00	517.00
赖氨酸（%）	9.60	3.70	8.00	8.70	8.40
胆固醇（毫克/100克）	65.00	126.00	106.00	70.00	69～90
烟酸（毫克/100克）	12.80	4.10	4.20	4.80	5.60
消化率（%）	85.00	75.00	55.00	68.00	50.00

由表1-1可以看出，兔肉具有"三高（蛋白质高、赖氨酸高、消化率高）"和"三低（能量低、脂肪低、胆固醇低）"的特点，利于人类健康，恰好代表了现代人类对畜产品的需求方向，是优质健康肉食品。

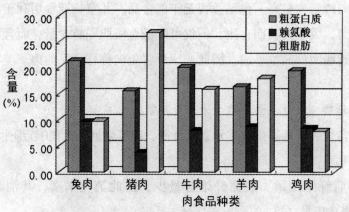

图1-1　兔肉与其他肉食品主要营养成分

（二）为纺织和皮革工业提供优质原料，满足时尚需求，丰富人们生活

1. 兔毛是优质的高档纺织工业原料

兔毛具有长、松、净的特点，是高档优质纺织加工业原料，其纺织品因具有柔软、保暖、吸湿、透气、穿着舒适、时尚和保健的优点而深受人们青睐。尤其是随着科技发展，兔毛纺织品的掉毛、缩水和强度小等缺陷已通过技术创新得到解决，兔毛作为纺织工业优质理想原料的地位得到了进一步稳定。

（1）柔软：兔毛纤维细且为多孔的髓腔组织，因而具有轻而柔软的特性，其细度比70只羊毛细30%，比羊毛轻20%。

（2）保暖：兔毛的保暖性比棉花高90.5%，比羊毛高37.7%。

（3）吸湿：吸湿性是评价高等毛纺原料的主要指标，也是衡量保健服装的重要参数。兔毛纤维吸湿性为52%～60%，而羊毛纤维为20%～30%，化学纤维的吸湿性只有0.1%～7.3%。

（4）透气：兔毛纤维的透气性很好，是生产高档衬衫、运动衫和保健服饰品的理想优质原料。

（5）保健：兔毛聚集有大量的静电荷。据资料报道，含75%兔毛的纺织品，其表面电荷电压达800伏特，静电量为$3\,400 \times 10^{-13}$（库仑），而猫皮表面电荷电压只有0.5伏特，静电量为2.15×10^{-13}（库仑）。而且兔毛保温性能好、吸水性强，能够吸附人体排泄的汗液，保持皮肤表面干燥、温度均匀。所以，穿着兔毛纺织品，可缓解关节、肌肉疼痛，对风湿性疾病及关节疾病的发生有一定的预防作用。

2. 兔皮是优质的皮革工业原料

与野生动物的毛皮比较，兔子的毛皮可称得是廉价的皮革、皮草加工原料，尤其是毛皮用型兔（獭兔）的毛皮。用獭兔毛皮制作的服装服饰（大衣、帽子、围脖、手套等）以及室内装饰品和玩具（毛毛熊、熊猫、狗狗等），在国内外市场深受欢迎。獭兔皮因其质地轻柔保暖，并可染色成野生动物毛皮仿制品而具有更广泛的消费人群。在保护环境、保护生态、保护野生动物越来越引起人们关注的今天，作为毛皮动物的獭兔，其发展前景必将十分广阔。

（三）为医药工业提供原料

家兔的其他副产品具有很高的经济价值。如从兔肝脏中提取的硫铁蛋白，具有抗氧化、抗衰老和提高免疫力的作用，药用价值很高、被称为"软黄金"，价格昂贵。目前很多生物制品（如疫苗、抗体、生物保健品）也是用兔子来生产。

（四）理想的实验动物

家兔作为医学、药学和生殖科学等领域最理想的实验动物，早已被普遍认可。

（五）兔粪是高效的有机肥料

兔粪含有的氮、磷、钾总量高于其他畜禽粪便（表1-2和图1-2）。

表1-2　不同畜禽粪肥成分比较

项目	主要肥元素含量（%）			每1000千克畜禽粪相当于（千克）		
粪类	氮	磷	钾	硫酸铵	过磷酸钙	硫酸钾
兔粪	2.3	2.3	0.8	108.48	100.90	17.85
猪粪	0.6	0.4	0.4	28.30	17.60	8.92
牛粪	0.3	0.3	0.2	14.14	13.16	4.46
羊粪	0.7	0.5	0.3	33.50	21.96	6.70
鸡粪	1.5	0.8	0.5	70.91	35.10	11.20

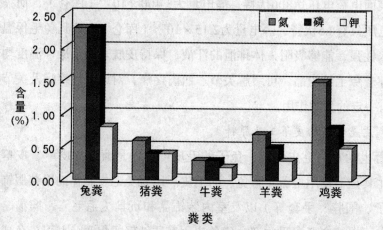

图1-2　不同畜禽粪肥成分比较示意图

兔粪是动物粪尿中肥效最高的有机肥料。施用兔粪可比其他有机肥使小麦增产30%左右，水稻增产20%～28%。长期施用兔粪，能改良土壤，增加土壤中的有机质，减少或防止作物病虫害。通常，1只成年兔每年可积100千克左右粪肥。

兔粪直接或经过发酵处理（乳酸发酵：将兔粪拌以麸皮或米糠，然后加入少量乳酸菌种，密闭产热杀死各种微生物及寄生虫卵），可作为鱼、猪、土元、蚯蚓和草食动物的饲料。德国有报道，家兔饲料中可添加10%的干兔粪，日增重达20~25克，对饲料转化率无影响，也可添加20%的发酵兔粪；猪饲料中可添加60%的兔粪；用兔粪饲喂蚯蚓，每千克新鲜兔粪可生产100克蚯蚓团。

二、养兔是低投入高产出养殖项目

与其他畜禽相比较，家兔具有生长速度快，饲养周期短，饲料转化率高，繁殖力强等特点，与其他养殖业相比较，养兔业具有投资少、见效快、效益高等优点。发展养兔业是欠发达地区进一步完善农业产业结构、发展农村经济、增加农民收入的朝阳产业。

三、养兔业属于"节能减排型"畜牧业

养兔产业是资源节约型畜牧业，家兔养殖对水、电、建材等资源要求和消耗明显小于其他畜禽养殖；养兔产业又是环境友好型畜牧业，种草养兔能改善当地环境气候，国内大中型养兔企业都大面积种植有优质牧草。养兔产业发展的同时，巩固了退耕还草区的种草成果。家兔的粪便很好处理，含有丰富的有机质，是非常好的改良土壤的有机肥料，如果配合以发酵沼气发电和生物复合肥等配套设施，将会是具有广阔发展前景的"节能减排型"畜牧业。

四、家兔是"高效节粮型"草食家畜

（一）家兔饲粮以草为主

家兔是严格的单胃草食动物，其饲粮组成中草粉占40%~45%，而且对饲料原料的要求比其他畜禽要低，其他农副产品（麸皮、米糠、饼粕类等）占据相当比例。与耗粮型的猪和鸡相比，更适合地球人口越来越多、土地资源越来越紧缺、粮食生产压力越来越大的情况下大力发展。

（二）生产力强

家兔是高产家畜，具有性成熟早、妊娠期短、胎产仔数多、四季发情、常年配种、一年多胎以及仔兔生长发育速度快、出栏周期短的优势，1只母兔

在农家养殖条件下年可提供30只商品兔，在集约化养殖条件下年可提供48只以上商品兔，每年提供的活兔重相当于母兔体重的18～30倍。在目前家养的哺乳动物中，家兔的产肉能力是最强的。

（三）饲料转化率高

在良好饲养条件下，肉兔70日龄可达2.5千克，期间料肉比在3∶1左右。而其饲料中，50%以上是草粉和其他农副产品。与目前家养其他哺乳动物相比，家兔以草换肉、以草换皮和以草换毛的效率是最高的。虽然每生产1千克肉消耗的能量肉兔略高于鸡和猪，但每公顷草地生产能力家兔好于其他畜禽［表1-3、图1-3（a）和图1-3（b）］。毛兔的产毛效率也高于其他家畜（表1-4和图1-4）。

表1-3　每公顷草地畜禽生产力

畜种	每公顷草地生产能力		产肉单位能耗（兆焦/千克）
	蛋白质（千克）	能量（兆焦）	
肉兔	180.00	422.80	684.50
禽	92.00	262.70	517.20
猪	50.00	451.20	671.10
羔羊	23～43	120～308.6	1120.00
肉牛	27.00	177.10	1284.70

表1-4　毛兔与其他家畜生产力比较

畜种	产毛单位能耗（兆焦/千克）	比较（%）
绵羊	2520.00	100.00
安哥拉羊	920.00	36.00
长毛兔	710.00	29.00

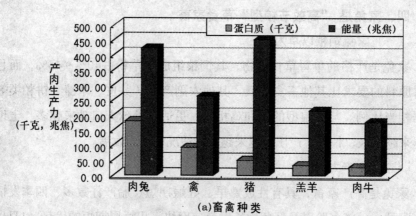

(a)畜禽种类

图1-3（a）不同畜禽生产力比较

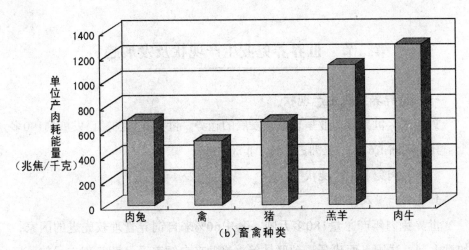

图1-3（b） 不同畜禽单位产肉能耗（千克/兆焦）

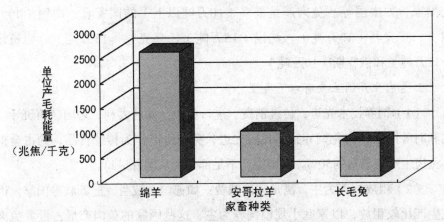

图1-4 不同家畜单位产毛能耗

由此可见，产肉畜禽中，无论是单位面积的产肉量，还是肉的营养价值，家兔均名列前茅；产毛家畜中，长毛兔的产毛能力比其他家畜都强。因此，专家们认为，家兔是"节能型畜牧业"的最佳畜种之一。大力发展养兔业，对解决未来粮食缺乏，缓解人畜争粮矛盾，保障粮食缺乏情况下人类膳食结构等，都有十分重要的意义，发展前景喜人。

五、发展养兔业能带动相关产业的发展

发展养兔业，能带动饲料工业、兽药和添加剂制造业、食品工业、生化制药业、毛纺和皮革加工业及相关机械设备制造业等相关行业的发展；还有利于第三产业的发展和解决城乡就业问题。

第二节　世界养兔业生产现状及发展趋势

一、世界养兔业生产现状

近年来，世界养兔业呈现蓬勃发展的趋势。世界养兔国家已发展到190多个，其中欧洲占67%，亚洲占18%，非洲占9%。

（一）肉兔业生产现状

1. 兔肉产量及分布

世界兔肉年产总量180多万吨，其中60%来自饲养管理较先进的国家，如意大利、法国、西班牙、独联体等；40%来自饲养及经营管理方式较落后的国家，如中国等。兔肉产量最多（10万吨以上）的国家有：中国（40万吨）、意大利（30万吨）、法国（15万吨）、乌克兰（15万吨）、西班牙（12万吨）和俄罗斯（10万吨）。

2. 兔肉生产国主要有以下类型

（1）饲养技术先进，传统消费，进口兔肉：如意大利、法国、西班牙、比利时等国家，肉兔饲养技术比较先进，兔肉生产作为传统食品，约占全世界兔肉生产与消费的50%。本国生产不足部分要从国外进口。

（2）粗放饲养为主，满足国内消费：如德国、波兰、前苏联等国家，肉兔生产比较粗放，以家庭小规模饲养为主，这些国家的兔肉产量占世界兔肉总产量的18.3%。

（3）饲养方式多种多样，除满足国内消费外，并进行国际贸易：如中国、匈牙利等国，肉兔的饲养方式多种多样，有家庭小规模饲养的，也有工厂化规模饲养的，除满足本国消费外，并有一定国际贸易量。中国年出口兔肉达1.96万吨，匈牙利年出口兔肉达1.3万吨。

3. 兔肉消费及分布

兔肉消费大国：中国38万吨，人均0.29千克；意大利32万吨，人均5.3千克；法国16万吨，人均2.9千克；西班牙12万吨，人均3千克；比利时2.6万吨，人均2.6千克。

（二）毛兔

1. 兔毛产量及分布

世界各国饲养的毛兔以安哥拉长毛兔为主，年产兔毛1.2万吨。中国产毛量最多，约1万吨、智利500吨、阿根廷300吨、捷克斯洛伐克150吨、法国100吨、德国50吨。此外，英国、美国、日本、比利时等国家也有少量生产。

2. 兔毛主要销售市场

世界上，兔毛的主要销售市场是欧洲、日本和中国的香港、澳门地区等。世界兔毛进口较多的国家、地区有日本年进口兔毛3 300吨、意大利950吨、德国500吨和中国港澳地区400吨。

3. 兔毛加工市场及分布

世界上，兔毛加工主要国家有，日本3 300多吨、意大利2 000多吨、韩国1 000吨、德国600吨，中国已形成了年3 000吨的加工能力。

（三）獭兔

1. 獭兔毛皮产量

目前，全世界年产獭兔皮约1.1亿张。

2. 獭兔饲养及毛皮生产分布

法国是獭兔饲养和生产裘皮的主要国家。目前，世界上饲养獭兔的国家主要有：法国、德国、美国、中国、西班牙、俄罗斯和英国等国家，但饲养獭兔作为裘皮生产的，世界上只有少数几个国家，如法国、德国、俄罗斯等，大多数国家獭兔的饲养供观赏。法国、德国和美国獭兔品质较好。

二、世界养兔业生产的发展趋势

（一）行业发展趋势

世界养兔业的未来，主要是向肉用方向发展。毛用兔将向粗毛型品种发展。毛皮用兔以裘皮为主，同时逐步向裘、革并重方向发展。

（二）兔产品加工业发展趋势

兔产品加工将更趋向于向综合利用方向发展。许多兔肉进口国由进口传统冻兔肉改为冰鲜兔肉；纯兔毛纺织品向与麻、羊毛混纺方向发展；裘皮向革方向发展；兔的副产品利用进一步加强。

（三）养殖经营模式

家兔养殖逐步由小规模、散养农户的传统养殖经营模式，向规模化、大型化、工厂化、集约化、标准化养殖场经营模式发展。目前世界各国出现了许多饲养规模在500只母兔以上的养兔场，如法国、荷兰、中国、匈牙利出现了许多500~3 000只母兔的大型饲养场。

（四）养殖相关生产技术发展

家兔品种选育将更趋向于多目标选择，并利用杂种优势向配套系方向发展；家兔用饲粮将逐步趋向于颗粒配合饲料；加强养兔设施建设，发展设施养兔，改善养兔生产环境；加强建立与规模化、工厂化、集约化养殖场经营模式相适应的家兔疫病生物防控体系、防控方案及防控制度，实现"以防为主，防重于治，养重于防"的家兔疫病防控原则。

第三节　我国养兔业地位及生产现状和发展趋势

一、我国养兔业在世界上的地位

我国在世界上处于养兔大国的地位，具有6个第一：兔毛产量和出口量世界第一，兔肉产量和出口量世界第一，獭兔皮产量和出口量世界第一。

但是我国目前还不是世界养兔强国，一些经济发达国家如法国、意大利等的养兔科技水平和兔产品质量都超过我国，特别是南美洲的一个小国——巴西以绿色兔肉出口抢占我国兔肉出口市场，法国最大的超市"家乐福"，在巴西投资建立起面积3.2万公顷的4个绿色庄园，养鸡、猪、牛、兔等，仅兔肉该国年出口量已近1万吨，兔肉卖价也比我国出口的兔肉高得多，大有后来者居上之势。联合国粮农组织认为：未来10年巴西将是世界最大的肉类出口国，鸡肉、兔肉出口将占世界第一，猪肉、牛肉出口也将位居世界前列。

二、我国养兔业生产现状

（一）存栏及分布

近十年来，全国家兔存栏总量不同年间有所不同，约为20 000万~21 000万只，其中肉兔15 000多万只，毛兔4 000万~6 000万只，獭兔200多万只。家兔存栏总量比1958年（700万只）增加了28倍，比改革开放前的1978年（8 000万只）增加了2.5倍。年出栏31 000万～32 000万只，年总饲养量52 000万只左右。

养兔存栏数前5名的省市依次为山东（26%）、四川（18%）、河北（12%）、浙江（7%）和江苏（6%）。我国家兔重点产区分布在华东的山东、浙江、江苏、安徽、福建；华北的河北、河南、山西；西南的四川、重庆等省市。西部10个省、市、自治区存栏兔约3 800万只，占全国家兔存栏量的19%，其中四川省和重庆市的兔存栏量占西部地区总数的87%，陕西、甘肃两省约占8.5%，其余6省区仅占4.5%。

（二）家兔产品产销情况

1. 兔肉

近10年来，全国兔肉年总产量保持在40万～50万吨，并在逐年增加，目前已超过50万吨。2004年我国出口兔肉6 396吨，创汇1 007万美元，兔肉出口量虽比2003年出口4426吨增加44.5%，但比入世前大幅下降。2005年兔肉出口量已经接近9 000吨。1985年以前，我国兔肉年产量仅5万吨左右，以出口为主，内销为辅；1987年以后我国兔肉年产量超过10万吨，目前已超过50万吨，但从入世后的2002年开始至今，兔肉年出口量不足1万吨，其余均为内销，转向内销为主。

2. 兔毛

相对于兔肉的生产和出口而言，兔毛产量及出口情况不是很稳定。近年来，全国兔毛总产量约为1万～1.2万吨，接近或略高于1986—1989年我国兔毛年产量的平均水平。1997年产兔毛2.2万吨，是我国历史上兔毛产量最多的一年。2004年我国出口兔毛2 970吨，创汇4 387万美元，虽比2003年出口量2 815吨增加5.5%，但比2001年出口4 065吨、2002年出口4 722吨都有下降，2005年1 800吨左右。兔毛出口量仍呈下降趋势，兔毛出口令人担忧。

3. 獭兔皮

獭兔皮的生产相对兔毛来说受市场价格波动影响较大，虽然大体呈逐年上升趋势，但也有波动。2001年为100万张，2004年达到了500万张，2005年下降到了400万张。据国家海关总署统计，我国2004年出口皮张（包括各种皮张，獭兔皮没有单独统计）284.75吨，比2003年同期增加82.71%，2005年比2004年又有所下降。

我国家兔的饲养量、兔肉产量、产毛量及兔产品出口量均居世界首位。国际兔产品市场70%的兔肉，90%的兔毛和95%的兔皮均由中国提供。

三、我国养兔生产水平及兔业企业发展情况

（一）养兔生产水平普遍提高

肉兔出栏体重2.5千克过去要养5～6个月，现在多数兔场只需养3～4个月，增重和屠宰率等都有显著提高；毛兔产毛量过去平均每只产毛量只有250克左右，目前多数能达到600克，浙江、山东、上海等地已培育出年均每只产毛量高达1 500～2 000克的群体；獭兔繁殖成活率也由过去的20%左右，提高到现在的50%～60%，甚至更高。

（二）养兔业企业发展情况

据统计，全国现有500万～1 000万元资产的兔业企业600多家，1 000万～5 000万元资产的企业160多家，其中有兔肉加工、兔毛加工、兔皮加工企业80家，实现了突破百亿元的社会效益。

四、我国养兔业取得的科技成果

（一）现代生物技术的突破

转基因兔和克隆兔已相继培育成功。

（二）兔病防治研究成果

我国学者攻克了被世人视为灾难性的兔病毒性出血症（俗称兔瘟），搞清了病原，研制出疫苗，预防效果达95%以上。对兔巴氏杆菌病、兔球虫病等也已制出一套综合防治措施。

（三）家兔新品种的育成

我国相继培育了新的家兔品种，长毛兔新品种有：上海嘉定"唐行系长毛兔"、上海南汇"2071系长毛兔"、浙江镇海"巨高系长毛兔"、山东"沂蒙系长毛兔"、河南"953系长毛兔"等。此外，江苏、浙江、安徽等省农业科学院还培育出粗毛型长毛兔新品系。肉兔新品种有：河南的安阳灰兔，黑龙江的哈白兔及福建黄兔。獭兔新品系有：江苏金星獭兔、四川白獭兔等。

五、我国养兔业发展中的问题及对策

（一）存在的问题

养兔业具有广阔的发展前景，但近年来我国的养兔生产总是出现忽冷

忽热、大起大落，养兔生产效益呈忽高忽低的不稳定态势，严重影响了养兔产业的快速、稳定、健康发展。究其原因，主要有两方面：其一是社会大环境，其二是养兔行业内环境。

1. 国内社会大环境

（1）国内消费偏低：目前，我国年人均兔肉占有量仅有335克，消费量很低，兔产品对出口的依存性较高，国际市场一旦出现风吹草动，国内养兔市场就会面临寒冬腊月。

（2）政府支持力度偏低：养兔业在我国畜牧业的地位比较低，属于弱势产业，各级政府的支持力度相对偏低，在养兔生产方式仍以农户散养为主的今天，作为养兔主体的广大农民，抗风险能力较弱，多数地区养兔生产都是随市场的消涨而自生自灭。

（3）科技研发投入相对较低：国家兔产业技术体系最近的调研结果表明，国内部分省、市（如四川、山西、江苏、河北、浙江、山东等）地方政府，虽然对兔业科研投入越来越多，但与猪、鸡、牛、羊等畜禽种类的科研投入相比较，家兔的科技投入还是相对较低，而且全国不同地区之间差异很大。许多养兔生产中的关键技术尚未解决，养兔生产率比较低。

（4）信息缺乏而且交流不畅：相对强势畜种而言，兔产品受市场影响比较大，相关信息缺乏，养殖者和市场之间的信息交流渠道不畅，导致兔产品售价偏低或滞销，影响养兔从业者的养殖积极性，导致养兔生产发展不稳定。

（5）兔产品加工业发展严重滞后：我国养兔业属于弱势养殖产业，而且受国内兔产品消费偏低的影响，兔产品对国际市场的依存性比较强，养兔生产极不稳定，因此而制约了兔产品加工业的发展，与其他强势畜禽产业产品加工业相比，兔产品加工业发展严重滞后。

2. 养兔行业内环境

（1）缺乏规范的良种繁育体系：我国的种兔生产，缺乏比较规范的良种繁育体系和质量监控体系，种兔没有统一的质量标准，品种间的品系较为杂乱，外貌特征没有明显的区分，质量上更是良莠不齐。

（2）兔业经营秩序混乱：我国兔业经营秩序多年来一直比较混乱，不正当竞争时有发生。宣传上的误导、生产上的盲目、市场空间的局限，加上从业人员综合素质低，导致兔产品市场经常出现疟疾症，总是热一阵、冷一阵的反复发生。

（3）缺乏统一的组织形式：我国兔业以农民自发经营形式为主。表现为各地发展的步调很不一致，模式也各不相同，有些地方效仿其他行业公司+农户的经营模式发展当地兔业生产，有些地方的政府采取行政措施，推动了当地兔业发展，还有一些地方的养兔场户自发组织起来，成立兔业协会或合作社，其宗旨是想把兔业规范起来，使大家诚实守信、合法经营，更加有序、有效、稳定地从事兔业生产。

（4）基础设施不健全：我国养兔业的生产管理归农牧部门，而技术管理和产品销售则由农牧部门、外贸出口单位等多部门参与，同时大量家兔由农户分散饲养，故其基础设施建设较差。

（5）重视引种而轻视培育：目前，我国某些地区存在倒种、炒种、选择不当、良种劣养等现象，特别是某些种兔场为赶行炒种，片面追求窝数和留种率过高，不仅使兔种种质全面退化，同时也降低了最终总效益。

（6）重视繁殖而忽略选育：我国家兔的生产方式从整体上看，是农村分散的粗放饲养为主，对高繁状况下的家兔讲，其营养供给和环境控制均满足不了需要，故出现因繁殖利用过度而繁殖效率较低的现象。一般来讲，地方品种较耐粗饲和适应性好，但体格小，生产率低；而培育品种时多在良好环境下，对饲养管理条件要求较高，否则其生产性能优势和遗传潜力难以充分发挥。

（二）应采取的对策

1. 扩大国内消费，摆脱兔产品对国际市场的依存性

采取宣传、引导等方式，积极扩大国内兔产品消费，形成国内市场与国际市场相互竞争的格局，摆脱我国兔产品对国际市场的依存性。

2. 加大扶持力度，促进养兔业发展

养兔业受诸多因素影响而极不稳定，而且我国的养兔产地以欠发达地区为主，养兔从业者也多为家庭并不富裕的普通农户，抗风险能力很弱，每当市场出现波动走入低迷，就会导致血本无归，使这些农户本就不富裕的生活雪上加霜。假如政府像对待养猪、养牛、养鸡等产业那样，在市场走向低

迷、兔产品价格大落时从资金、政策等方面给予一定的扶持，帮助养兔户渡过难关，将会有利于养兔业的稳定和发展。

3. 加大养兔业科技研发投入力度，解决养兔生产关键技术难题

政府加大兔业科技研发经费投入力度，相关科研院所加大兔业科技研发技术力量，尽快攻克养兔产业关键技术难题，解决养兔生产过程中的关键技术问题，依靠科技发展养兔业，必将提高养兔生产效率，利于养兔产业健康发展。

4. 建立网络平台，加强信息传递

加大力度建立兔业网络平台，架起兔业信息传递、沟通桥梁，使养兔生产者能及时根据市场需求调整饲养规模和养殖方向，减少盲目生产的损失。

5. 加快兔产品加工业的发展速度，推进家兔养殖业发展

加快兔产品加工业发展速度，减少市场波动对家兔养殖业的影响，避免养兔生产的大起大落，促进家兔养殖业的稳定发展。

6. 建立规范的家兔良种繁育体系，保证家兔良种质量

建立规范的家兔良种繁育体系和种兔质量监控体系，根据各类型家兔及不同品种的特点和要求制定统一的质量标准，确保种兔质量。

7. 完善养兔生产组织形式，规范兔业经营秩序，提高养兔生产经营效益

建立和完善多种形式，组织家兔生产，根据市场、地域资源、自身资源，有计划、有组织地发展家兔养殖业，避免盲目性，逐步形成区域性或地域性优势，并通过规范经营秩序，避免恶意性竞争，提高养兔生产效益，稳定发展养兔业。

8. 改善设施，创造良好的家兔养殖环境

目前，我国的家兔饲养业仍以农户散养为主，规模化、集约化经营屈指可数，市场抗风险能力弱。随着养兔生产经营规模化程度的不断提高，改善家兔饲养设施，创造良好的家兔养殖环境，大力发展适当规模的设施养兔是必经之路。

9. 加强品种培育和良种选育，不断提高家兔生产水平，提高生产经营效益

根据自身养殖方向和地域资源条件，选择适宜的家兔品种，并加强选育和品种培育，保持品种稳定性和高效性，不断提高生产水平和经营效益。

六、我国养兔业的发展趋势

（一）经营模式适度规模化

逐步改善传统"农户散养"经营模式，发展适度规模的集约化养殖，降低养殖风险。加强养兔设施建设，发展设施养兔，改善家兔养殖环境，提高养殖效益。

（二）家兔品种高产化

建立良种繁育体系，进一步加强新品种选育，提高优良品种普及率，使家兔生产高效化、高产化。

（三）家兔饲粮颗粒化

逐步改变传统的粉补精料、精粗分离料的做法，普及推广颗粒配合饲料。

（四）养兔技术提高化

逐步加大兔业生产科技研发投入力度，不断完善家兔养殖技术体系，并通过宣传、推广、普及养兔技术，不断提高养兔生产的技术水平。

（五）兔产品加工专业化

逐步加强兔产品加工技术的开发研究，建立与养兔业发展相适应的专业化兔产品加工体系，促进养兔业的进一步发展。

（六）信息传递畅通化

逐步建立兔业网络平台，架起兔业信息传递、沟通桥梁，养兔生产者能及时根据市场需求调整饲养规模和养殖方向，减少盲目生产的损失。

（七）兔产品国内消费化

国内兔产品消费逐步提高，形成国内市场与国际市场相互竞争的格局，摆脱我国兔产品对国际市场的依存性。

第二章　家兔的关键生物学特性

第一节　家兔的生活习性

一、昼伏夜动，白天嗜睡

据测定，家兔在夜间的采食量和饮水量远多于白天，相当于一昼夜的70%左右。饲养上每天最后一次喂料时间宜迟些，数量多些，并备足饮水。白天尽量不要妨碍兔的休息和睡觉。

二、打洞穴居

打洞穴居是家兔遗传下来的本能行为，泥土地面平养，应严加控制家兔打洞旧习，不让其有打洞的机会，避免造成不必要的损失。因为，家兔打洞筑巢后既影响兔毛产量，又影响毛皮质量，还给管理带来不便。

三、喜干怕湿，耐寒怕热

干燥的环境，清洁的笼舍、饲料、饮水是养兔的基本要求。因此，在日常管理中，为家兔创造清洁而干燥的环境，是养好家兔的一条重要原则。

家兔汗腺不发达，对高温适应性较差。被毛浓密，具有较强的抗寒能力，在干燥、无风笼舍中能抗御−40℃的严寒。但在潮湿环境下，−5℃也能冻伤。不过，对仔兔或幼兔则应注意保暖。防暑比防寒更为重要。在严寒地区则应以防寒为主。

四、性情温驯，胆小怕惊

家兔性情温驯、胆小，对外界环境的变化非常敏感。因此，保持兔舍的环境安静，是养好家兔值得重视的问题。

五、喜啃硬物，啮齿行为

家兔有啃咬硬物的习性，通常称为啮齿行为。家兔的牙齿是双门齿型。

六、嗅觉灵敏，视觉较差

并窝或寄养时，采用混淆气味的方法使其辨认不清，从而使并窝或寄养获得成功。在配种时将母兔捉至公兔笼中易获得成功。

七、性喜独居，合群性差

家兔（尤其是种兔）性喜独居，合群性差。因此，不适宜集群放养。种兔（特别是公兔和妊娠、哺乳母兔），宜单独饲养；生长兔若要群养，断奶后应根据体型大小、强弱和性别不同分群饲养，且群不宜过大，每群3～5只或7～8只即可。对新分群的兔要注意防范，以免相互咬伤，造成不必要的损失。长毛兔一般不宜群养。

第二节　家兔的繁殖特性

一、母兔的繁殖特性

（一）繁殖力强

兔常年发情，家兔的妊娠期仅29～31天，性成熟在4月龄左右，年产仔4～6胎，高者年产8～11胎，胎产仔一般6～8只，高者达15只以上，出生后5～8月龄即可配种繁殖。

（二）双侧子宫型

母兔的两侧子宫无子宫角和子宫体之分，两侧子宫各有一个子宫颈开口于阴道，属于双子宫类型。因此，不会发生像其他家畜那样，受精卵可以从一个子宫角向另一个子宫角移行的情况。

（三）刺激性排卵

只有在公兔交配，或相互爬跨，或注射激素以后才发生排卵，这种现象称为刺激性排卵或诱导排卵。

（四）假妊娠

母兔排卵后未受精，而黄体尚未消失，就会出现假妊娠现象。假孕可延续16～17天。因此，管理中应注意三个方面：要养好种公兔，采用重复配种或双重配种；繁殖母兔要单笼饲养，防止母兔相互爬跨刺激；发现假孕现象可注射前列腺素促进黄体消失，若生殖系统有炎症的病例应及时对症治疗。

（五）营巢分娩行为

母兔妊娠以后，在产前2～3天开始衔草做窝，并将胸部毛拉下铺在窝内，这种行为持续到临产，大量拉毛则出现在临产前3~5小时。

二、公兔的繁殖特性

（一）睾丸位置的变化

公兔一生中睾丸的位置经常变化，初生仔兔的睾丸位于腹腔，附着于腹壁。1~2月龄兔的睾丸下降至腹股沟管内，此时睾丸尚小，从外部不易摸出，表面也未形成睾丸。大约2.5月龄以上的公兔已有明显的睾丸。睾丸降入阴囊的时间一般在3.5月龄，成年公兔的睾丸基本上在阴囊内。成年公兔的腹股沟管宽而短，终生不闭合，睾丸可以自由地缩回腹腔或腹股沟管内，或将下降到阴囊里，因此会经常发现有的公兔阴囊内偶尔不见了睾丸，这时轻轻拍打臀部，睾丸就会下降到阴囊里。在选种时，不要把睾丸暂时缩回腹腔误认为隐睾。

（二）公兔的"夏季不育"现象

大多数公兔具有"夏季不育"现象，尤其是德系安哥拉兔。当外界温度超过30℃时，公兔食欲下降，性欲减退，射精量减少；持续高温时，可使睾丸产生的精子减少，死精子和畸形精子比例增高，甚至不产生精子。

第三节　家兔的消化特性和摄食行为

一、消化系统的解剖特点

（一）特殊的口腔结构

家兔上唇正中央有一纵裂，形成豁唇，使门齿易于露出，便于采食地面的短草和啃咬树皮等。兔的门齿较发达，上颌为双门齿，为切断饲草之用，具有不磨损和生长的特性，所以具有啃食性，喜食较硬的饲料和啃咬竹木结构兔笼设备的习性。

（二）发达的胃肠

家兔的胃是单室胃，容积较大，约为消化道总容积的36%，可容纳采食的糊状饲草料60~80克。家兔的肠道器官发达，尤以盲肠为最，其长度与体长相近，其容积约占消化道总容积的42%，盲肠中有25个螺旋状皱褶的螺旋瓣，有大量的微生物，类似于牛羊的瘤胃，起发酵作用。在消化过程中，尤其是对粗纤维的消化起重要作用。

（三）特有的淋巴球囊

在回肠与盲肠相接处的膨大部位有一厚壁圆囊，称之为淋巴球囊。盲肠中存在大量微生物，发酵粗纤维，将其分解为挥发性脂肪酸，淋巴球囊能分泌碱性液体，中和盲肠中因微生物发酵而产生的过量有机酸，维持盲肠中适宜的酸碱度，创造微生物适宜的生存环境，保证盲肠消化粗纤维过程的正常进行。

二、饲料消化利用的特点

（一）对粗纤维的消化

兔对粗纤维的消化主要在盲肠中进行，兔对粗纤维的消化率比反刍动物低，据测定，兔对粗纤维的消化率为14%，而牛、马、猪分别为44%、41%、22%。粗纤维对家兔必不可少，粗纤维有助于形成硬粪，并在正常消化运转过程中起一种物理作用。当饲料中粗纤维低于5%时，可引起兔消化紊乱、采食量下降、腹泻等。粗纤维含量过高时，日粮所有营养成分的消化率都下降。日粮中粗纤维的适宜比为10%～14%。

（二）对淀粉的消化

家兔盲肠内淀粉酶的活性较高，因而家兔盲肠利用日粮中淀粉、糖产生能量的能力较强。如果喂给富含淀粉的日粮，小肠难以完全消化，喂给高淀粉日粮，家兔会发生拉稀现象。

（三）对饲草中蛋白质的消化

家兔盲肠和其中的微生物都产生蛋白酶，能有效的利用饲草中的蛋白质，甚至对低质饲草中的蛋白质也有较强的利用能力。

（四）对钙、磷比例要求

家兔对日粮中的钙、磷比例要求不严格，一般为1%左右，当日粮中钙含量多达4.5%，钙磷比例高达12：1时，也不降低其生长率，骨骼灰分正常。

家兔能忍受高钙水平，而磷含量不能高（1%以内），否则日粮的适口性降低，兔拒绝采食。

三、家兔的食性及摄食行为

（一）哺乳行为和吸吮行为

12日龄以内的仔兔除吃乳外，几乎都在睡觉。15日龄以内的仔兔一般每天哺乳2次。

（二）草食性

家兔是草食性动物，能采食各种饲草、野菜、树叶等。家兔不喜欢食鱼粉等动物性饲料，日粮中动物性饲料一般不宜超过5%，否则将影响兔的食欲。

（三）食粪习性

家兔有吃自己排出的软粪的习性，据观察，兔的食粪行为并不完全发生于夜间，白天也食粪，两者并无明显差别。软粪是盲肠深部的内容物，一排出肛门即被兔吃掉，兔不吃落到地板上的软粪。

软粪中富含蛋白质及B族维生素。家兔通过食软粪，重复利用各种养分，重新合成优质蛋白，提高了对营养物质的消化率。

（四）采食和饮水行为

家兔食草时，将一根一根草从草架拉出，先吃叶，后吃茎和根部，所剩部分连同拖出的草，往往落到承粪板上造成浪费。

家兔有扒槽的习性，常用前肢将饲料扒出草架或食槽，有的甚至将食槽掀翻。

家兔喜食甜味饲料和多叶鲜嫩青饲料，喜食颗粒饲料而不喜欢吃粉料。

家兔是夜行性动物，夜间饮水量约为全天的70%左右。通常在采食干饲料后饮水。

第四节　家兔的生长发育特点

家兔的生长发育大体分为胎儿期、哺乳期和断奶后期三个阶段。

一、胎儿期

从母兔怀孕到仔兔出生，这个时期的生长发育从妊娠第19天开始，胎儿体重大幅度增长。在饲养上，母兔妊娠后期要注意营养的供给，保证胎儿的正常生长发育。

二、哺乳期

从初生到断奶，这个时期的仔兔生长发育相当快，并受母乳的影响，应按哺乳期营养需要配合日粮。

三、断奶后

幼兔的生长发育主要受遗传因素和饲养管理条件的影响较大。一般规律是前期生长快，后期生长慢。另外，家兔换毛期体质下降，对外界环境适应能力差，消化能力也降低，也应加强饲养管理。应供给易消化、蛋白质含量高的饲料，尤其是含硫氨基酸丰富的饲料，以促进毛的生长。

不同品种的幼兔，生长速度有差异，甚至不同性别的幼兔，其生长速度也有差异。大多数品种母兔的性成熟开始时生长速度比公兔快，8月龄以前的增重差异不明显，但以后的增重差异就会明显地表现出来。

第五节　家兔的换毛特点

换毛可分为年龄性换毛、季节性换毛、病理性换毛和不定期换毛。

一、年龄性换毛

兔到出生后30天形成被毛，以后一生中，家兔有两次年龄性换毛，第一次换毛在50～80日龄，第二次换毛在120～140日龄。年满6.5～7.5月龄后则和成年兔一样换毛。

二、季节性换毛

每年在春季（3～4月份）和秋季（9～10月份）各换毛一次。

三、病理性换毛

当家兔患有某些疾病时，或长期营养不良致使新陈代谢发生障碍，或皮肤营养不良等情况下，发生全身或局部的脱毛现象。

四、不定期换毛

这种换毛在兔体身上表现不明显，主要决定于毛囊生理状态和营养情况，在个别毛纤维生长受阻时发生。这种换毛不受季节影响，可在全年任何时候出现，一般老年兔比幼年兔表现明显。

第六节　家兔的抗逆性

一、家兔对温度、湿度变化较敏感

兔的被毛密厚，汗腺不发达，所以兔具有一定的耐寒能力，但怕炎热。32℃时，可使兔的生长发育和繁殖率下降。35℃或更高的气温，便会发生死亡。0℃以下，若不加强防寒对兔也不利，对繁殖和饲料消耗有一定影响，对仔兔和刚剪毛的长毛兔影响更大，甚至引发疾病而死亡。

二、家兔对环境温度变化的适应，存在着明显的年龄差异

新生仔兔体温调节能力差，体温随环境温度变化而变化。10日龄才初具体温调节能力，30日龄后对外界环境温度变化适应增强，此时被毛已基本长成。

三、家兔的抗逆性较差，容易死亡

断奶后的幼兔死亡率比较高，有时达20%～30%。因此，对家兔的饲养管理，尤其是仔兔和幼兔要特别精细周到。

第三章 家兔品种及引种关键技术

第一节 家兔的品种分类

家兔品种分类一般有两种方法，即按经济用途分类和按体型大小分类，一般是按经济用途分类。

一、按经济用途分类

家兔按经济用途可分为以下6类：

（一）肉用兔

以生产兔肉为主的家兔品种，毛皮也可用于普通皮毛制品的生产。如加利福尼亚兔、比利时兔、新西兰白兔等。

（二）兼用兔

兼顾生产兔肉和皮毛的家兔品种，如青紫蓝兔、哈白兔、塞北兔等。

（三）毛皮用兔

以生产兔皮毛为主的家兔品种，皮毛用兔同时也具有较高的肉用价值。如力克斯兔（獭兔）、银狐兔等。

（四）毛用兔

以生产兔毛为主的家兔品种。如安哥拉兔等。

（五）实验用兔

以实验用为目的的家兔品种。如日本大耳白兔、新西兰白兔等。

（六）观赏用兔

以观赏为主的家兔品种。观赏用兔主要具有奇特的外貌，或奇珍的毛色，或体格微小等特点，用于供人观赏。如公羊兔、小型荷兰兔等。

二、按体型大小分类

家兔按体型大小可分为以下4类：

（一）大型兔

成年兔体重在5千克以上。如弗朗德巨兔等。

（二）中型兔

成年兔体重在4～5千克。如新西兰白兔、德系安哥拉兔等。

（三）小型兔

成年兔体重2～3千克。如中国白兔等。

（四）微型兔

成年兔体重在2千克以下。如荷兰小型兔等。

第二节　我国饲养的主要家兔品种及其特征

一、肉用兔品种及其主要特征

（一）新西兰（白）兔

1. 原产地与分布

新西兰兔原产于美国，是近代世界上最著名的肉兔品种之一，广泛分布于世界各地。

2. 外貌特征

新西兰兔有白色、黑色和红棕色3个变种，目前饲养量较多的是新西兰白兔。新西兰白兔，被毛纯白，眼呈粉红色；中等体型，头宽圆而短粗，耳较宽厚而直立；腰肋肌肉发达，四肢健壮有力，后驱发达而臀部丰满。具有肉用品种的典型特征（图3-1）。

(a)　　　　　　　　　　　　　　　　　　(b)

图 3-1　新西兰(白)兔

3. 生产性能

良好的饲养管理条件下，8周龄体重可达1.8千克，10周龄体重可达2.3千克，成年兔体重4.5~5.4千克，屠宰率52~55%；繁殖性能高，耐频密繁殖，年产5胎以上，窝产仔7~9只。

4. 特点

早期生长发育快，饲料利用率高；屠宰率高，肉质细嫩；适应性强，较耐粗饲；脚底被毛粗密，脚部皮炎发病率低；抗病力强；繁殖性能高。但要求营养水平较高，否则早期增重速度快的优点难以发挥。

5. 杂交利用作为母本与加利福尼亚兔杂交，杂交优势明显。

（二）加利福尼亚兔

1. 原产地与分布

加利福尼亚兔原产于美国加利福尼亚州，是一个专门化的中型肉兔品种。我国多次从美国和其他国家引进，表现良好。

2. 外貌特征

加利福尼亚兔被毛为白色，两耳、四肢、鼻端及尾部为黑褐色，故俗称为"八点黑"，幼兔色浅，随年龄增长而颜色加深；冬季色深，夏季色浅；中等体型，头圆而额宽，耳小而直立，颈粗短，眼呈红色；肩、臀部发育良好，肌肉丰满；腰肋肌肉丰满，后驱发达（图3-2）。

(a)   (b)

图3-2 加利福尼亚兔

3. 生产性能

早期生长发育快，2月龄体重1.8～2.0千克，成年母兔体重3.5～4.5千克，公兔3.5～4.0千克，屠宰率52.0～54.0%；繁殖力强，耐频密繁殖，一般窝均产仔7～8只，年可产6胎。

4. 特点

早熟易肥，肌肉丰满，肉质细嫩；屠宰率高；母兔性情温驯，产仔匀称而发育良好，泌乳力高，母性好，有"保姆兔"的美誉；脚底被毛粗密，脚部皮炎发病率低；适应性和抗病力强；繁殖性能高。但生长速度略低于新西兰兔；断奶前后饲养管理要求较高，否则早期增重速度快的优点难以发挥。

5. 杂交利用

作为父本与新西兰白兔、比利时兔等杂交，杂交优势明显。

（三）弗朗德巨兔（比利时兔）

1. 产地

弗朗德巨兔（比利时兔）是英国育种家利用比利时贝韦仑一带的野生雪兔改良而成的大型肉用兔品种。在我国长期以来称为比利时兔。

2. 外貌特征

毛色近似于野兔毛色，被毛颜色随年龄的增长而逐渐由棕黄色或栗色转变为深红褐色，毛尖略带黑色，腹部灰白，两眼周围有不规则的白圈，耳尖部有黑色光亮的毛边；眼睛为黑色，耳大而直立，稍倾向于两侧，面颊部突出，脑门宽圆，鼻骨隆起，类似马头，故俗称"马兔"；头型粗大，体驱较大，四肢粗壮，后驱发育良好（图3-3）。

| (a) | (b) | (c) |

图3-3 弗朗德巨兔（比利时兔）

3. 生产性能

弗朗德巨型兔是兼顾体型大和繁殖性能优良的品种。仔兔初生重60～70克，最大可达100克以上；6周龄体重1.2～1.3千克，3月龄体重可达2.3～2.8千克；成年公兔体重5.5～6.0千克，母兔体重6.0～6.5千克，最高可达7.0～9.0千克；繁殖能力强，窝均产仔7～8只，最高可达16只。

4. 特点

适应性强，耐粗饲，生长速度快，繁殖性能良好。但体型较大，采食量大，饲料利用率低，屠宰率低；笼养时易患脚皮炎，耳癣发病率也较高；产仔多寡不一，仔兔大小不匀；毛色的遗传性不稳定。

5. 杂交利用

作为父本或母本，杂交效果均较好。

（四）中国白兔

1. 产地与分布

中国白兔又称菜兔，是世界上较为古老的优良兔种之一，分布于全国各地，以四川成都平原饲养量最大。

2. 外貌特征

嘴头较尖，无肉髯，头部清秀，耳小而直立；体型较小，全身结构紧凑而匀称；被毛纯白，眼为红色。该兔种间有灰色或黑色等其他毛色，杂色兔的眼睛为黑褐色（图3-4）。

(a)

(b)

图3-4 中国白兔

3. 生产性能

初生重40～50克，30日龄断奶体重300～450克，3月龄体重1.2～1.3千克；成年母兔体重2.2～2.3千克，公兔1.8～2.0千克；繁殖力强，年产7～8胎，窝均产仔6～8只，最多达15只以上。

4. 特点

性成熟早，易配种，繁殖力强；适应性好，抗病力强，耐粗饲；肉质鲜嫩。但体型较小，产肉性能差。

5. 杂交利用

是家兔新品种培育的优良育种材料。

（五）公羊兔（垂耳兔）

1. 原产地

公羊兔又名垂耳兔，原产于北非，是一个大型肉用兔品种。

2. 外貌特征

公羊兔两耳长大而下垂，头粗重而形似公羊，由此而得名公羊兔；颈短，背腰宽，臀圆，皮肤松弛；性情温顺，不喜欢活动；毛色以棕麻色居多，并有白色、黑色等（图3-5）。

(a)　　　　　　(b)　　　　　　(c)

(d)　　　　　　(e)　　　　　　(f)

图3-5　公羊兔（垂耳兔）

3. 生产性能

40日龄断奶体重可达1.5千克，成年兔体重6.0～8.0千克，最大者可达9.0～10.0千克。

4. 特点

早期生长发育快；体型大，作为父本进行杂交利用，具有一定的利用价值；耐粗饲，抗病力强，易于饲养；体毛奇特，适于观赏。但繁殖性能低，主要表现在公兔性欲差，配种受胎率低；母兔哺育能力差，而且年产窝数少，窝产仔也少，成活率不高；商品肉兔骨大皮松，出肉率低。不适合规模化养殖。

5. 杂交利用

作为父本与比利时兔杂交，杂交优势明显，二者都属于大型兔，被毛颜色比较一致，杂交一代生长发育快，抗病力强，经济效益高。

（六）齐卡肉用兔杂交配套系（ZIKA）

1. 原产地

齐卡肉用兔杂交配套系原产于德国，是由德国奇卡家兔育种场培育而成的当今世界上著名的肉兔配套系，由四川省畜牧兽医研究所于1986年引入中国。

2. 外貌特征

齐卡肉用兔（图3-6）为三系杂交配套系，三个品系分别为：①德国巨型白兔（G系）：祖代父系，全身被毛纯白，红眼，耳大而直立，头粗重，体驱长大而丰满（图3-7）。②大型新西兰白兔（N系）：祖代父系和祖代母系，全身被毛白色，红眼；头粗重，耳短、宽、厚而直立，体驱丰满，呈典型的肉用砖块体型（图3-8）。③德国合成白兔（Z系）：为祖代母系，被毛白色，红眼，头清秀，耳短、薄而直立，体驱长而清秀（图3-9）。

3. 生产性能

①G系：成年兔体重6.0～7.0千克，初生重70～80克，35日龄断奶体重1.2千克，90日龄体重2.7～3.4千克，日增重35～40克，饲料报酬3.2：1。耐粗饲，适应性较好，年产3～4胎，胎产仔数6～10只。②N系：成年体重4.5～5.0千克；早期生长发育快，肉用性能好，饲料报酬高（3.2：1）。德国的品种标准介绍，其56日龄和90日龄体重分别为1.9千克和2.8～3.0千克，年可育成

图3-6 齐卡肉兔

图3-7 齐卡肉兔G系

图3-8 齐卡肉兔N系

图3-9 齐卡肉兔Z系

仔兔50只。③Z系：适应性强，耐粗饲；成年兔体重3.5~4.0千克，90日龄体重达到2.1~2.5千克；繁殖性能好，平均每胎产仔8~10只；幼兔成活率高，一只母兔年可育成仔兔60只。④父母代母兔：在德国的生产性能表现为，窝产仔数9.2只。⑤商品育肥兔于28日、56日、70日和84日龄体重分别达到0.6千克、2.0千克、2.5千克和3.1千克；28~84日龄饲料报酬为3.3∶1。在我国开放式饲养条件下，商品兔90日龄体重达到2.58千克，日增重32克以上，料肉比（2.75~3.30）∶1。

4. 配套模式

齐卡肉用兔为三系杂交配套系，具体配套模式见如下配套示意图（图3-10）。

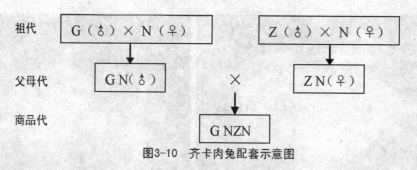

图3-10 齐卡肉兔配套示意图

(七）布列塔尼亚兔（艾哥）

1. 原产地

布列塔尼亚兔原产于法国，是由法国艾哥（ELCO）公司培育而成，故又称为艾哥肉兔配套系。

2. 外貌特征及生产性能

布列塔尼亚兔（图3-11）为四系杂交配套系，四个品系分别为①A系（GP111）：祖代父系，成年兔体重5.8千克以上，性成熟期26~28周龄，70日龄体重2.5~2.7千克，28~70日龄饲料报酬2.8∶1（图3-12）。②B系（GP121）：祖代母系，成年兔体重5.0千克以上，性成熟日龄为121天±2天，70日龄体重2.5~2.7千克，28~70日龄饲料报酬3.0∶1，每只母兔年可生产断奶仔兔50只（图3-13）。③C系（GP172）：祖代父系，成年兔体重3.8~4.2千克，性成熟期22~24周龄，性情活泼，性欲旺盛，配种能力强（图3-14）。④D系（GP122）：祖代母系，成年兔体重4.2~4.4千克，性成熟日龄为117天±2天，年产活仔兔80~90只，具有较好的繁殖性能（图3-15）。⑤父母代公兔：性成熟期26~28周龄，成年兔体重4.0~4.2千克，28~70日龄饲料报酬2.8∶1；父母代母兔：被毛白色，性成熟日龄为117天，成年兔体重4.0~4.2千克，胎产活仔兔10.0~10.2只。⑥商品代兔：成年兔体重5.5千克以上，70日龄体重2.4~2.5千克，28~70日龄饲料报酬（2.8~2.9）∶1。

3. 配套模式

布列塔尼亚兔为四系杂交配套系，具体配套模式如下配套示意图（图3-16）。

图3-11 艾哥肉兔

图3-12 艾哥肉兔A系

图3-13 艾哥肉兔B系

图3-14 艾哥肉兔C系

图3-15 艾哥肉兔D系

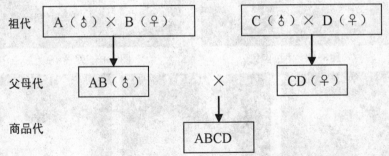

图3-16 布列塔尼亚(艾哥)肉兔配套示意图

(八) 伊拉 (Hyla) 兔

1. 原产地

原产于法国,是由法国欧洲育种公司培育而成的四系杂交配套系肉用兔。

2. 外貌特征及生产性能

伊拉兔 (图3-17) 为四系杂交配套系,四个品系分别为①A系:为祖代父系,全身白色,鼻端、两耳、四肢末端及尾端呈黑色 (图3-18)。成年兔体重为5.0千克,受胎率76%,窝均产仔数为8.35只,断奶仔兔成活率89.69%,日增重50克,饲料报酬3.0:1;②B系:为祖代母系,全身白色,鼻端、两耳、四肢末端及尾端呈黑色 (图3-19)。成年兔体重为4.9千克,受胎率80%，窝均产仔数9.05只，断奶仔兔成活率89.04%，日增重50克，饲料报酬2.8∶1；③C系：为祖代父系，全身白色（图3-20）。成年兔体重4.5千克，受胎率87%，窝均产仔数8.99只，断奶仔兔成活率88.07%；④D系：为祖代母系，全身白色（图3-21）。成年兔体重4.5千克，受胎率81%，窝均产仔数9.33只，断奶仔兔成活率91.92%；⑤商品代兔，外貌呈加利福尼亚兔毛色，全身白色，鼻端、两耳、四肢末端及尾端呈黑色（图3-17）。28日龄断奶体重680克，70日龄体重2.25千克；育肥期内日增重43克，饲料报酬（2.7～2.9）∶1；屠宰率58%～59%。

图3-17　伊拉肉兔

图3-18　伊拉A系

图3-19　伊拉C系

图3-20　伊拉B系

图3-21　伊拉D系

3.配套模式

伊拉兔为四系杂交配套系，具体配套模式如下配套示意图（图3-22）。

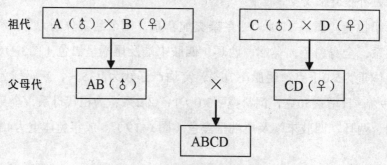

图3-22　伊拉兔配套系示意图

二、兼用型兔品种及其主要特征

（一）青紫蓝兔

1. 原产地

青紫蓝兔原产于法国，因毛色类似珍贵毛皮兽"青紫蓝绒鼠"而得名，是世界上著名的皮肉兼用兔种。

2. 外貌特征

被毛整体为蓝灰色，耳尖及尾面为黑色；眼圈、尾底、腹下和后额三角区呈灰白色；单根纤维自基部至毛稍的颜色依次为深灰色、乳白色、珠白色、雪白色和黑色，被毛中夹杂有全白或全黑的针毛；眼睛为茶褐色或蓝色；标准型青紫蓝兔耳短而直立，大型青紫蓝兔耳大而直立（图3-23）。

(a)　　　　　　　　　(b)　　　　　　　　　(c)

图3-23　青紫蓝兔

3. 生产性能

青紫蓝兔现有3个类型：标准型体型较小，成年母兔体重2.7~3.6千克，公兔体重2.5~3.4千克；美国型体型中等，成年母兔体重4.5~5.4千克，公兔4.1~5.0千克；巨型兔体型较大，偏重于肉用型，成年母兔体重5.9~7.3千克，公兔体重5.4~6.8千克。青紫蓝兔繁殖力较强，窝均产仔7~8只，仔兔初生体重50~60克，3月龄体重达2.0~2.5千克。

4. 特点

适应性强，耐粗饲；抗病力强；繁殖力和泌乳力高；皮板厚实，毛色华丽，毛皮是良好的裘皮原料。但生长速度慢，饲料利用率低。

5. 杂交利用

作为母本与其他优良父本杂交，有较好的杂交优势。

（二）丹麦白兔

1. 原产地及分布

丹麦白兔原产于丹麦，又名兰特力斯兔，是近代著名的中型皮肉兼用型兔。

2. 外貌特征

丹麦白兔中等体型，被毛纯白，柔软紧密；眼睛红色，头较大，母兔颌下有肉髯；耳较小、宽厚而直立；口鼻端钝圆，颈短而粗；背腰宽而平；臀部丰满，体型匀称，肌肉发达；四肢较细（图3-24）。

(a)   (b)

图3-24　丹麦白兔

3. 生产性能

仔兔初生重45～50克，6周龄体重1.0～1.2千克，3月龄体重2.0～2.3千克，成年公兔体重3.5～4.0千克，成年母兔体重4.0～4.5千克；平均窝产仔数7～8只，最高可达14只。

4. 特点

繁殖性能好；被毛纯白而紧密，是较好的皮毛制品原料；产肉性能也比较好。

5. 杂交利用

作为母本与其他品种杂交，效果较好。

（三）日本大耳白兔

1. 原产地与分布

日本大耳白兔原产于日本，是用中国白兔和日本兔杂交育成的优良皮肉兼用型家兔品种。

2. 外貌特征

被毛紧密，毛色纯白；两耳直立、大而薄，针毛含量较多，耳根细而耳端尖，形似"柳叶状"；体型较大，躯体长而棱角突出；母兔颌下具有发达的肉髯；肌肉不够丰满（图3-25）。

(a)　　　　　　　　(b)　　　　　　　　(c)

图3-25　日本大耳白兔

3. 生产性能

日本大耳白兔分为3个类型，大型兔成年兔体重5.0～6.0千克，中型兔3.0～4.0千克，小型兔2.0～2.5千克；我国饲养较多的为大型日本大耳白兔，仔兔初生重为60克左右，3月龄体重2.2～2.5千克；繁殖力强，年产5～7胎，窝均产仔8～10只，最高达17只；泌乳性能好，生产中常用来作为"保姆兔"。

4. 特点

生长发育较快，适应性强，耐粗饲；皮张质量好；日本大耳白兔以耳大、血管清晰而著称，是比较理想的实验用兔。但骨骼较大，屠宰率低。

5. 杂交利用

是比较理想的实验用兔品种，肉兔生产杂交利用不多。

（四）哈白兔

1. 原产地

哈白兔原产于中国，是由中国农业科学院哈尔滨兽医研究所利用比利时兔、德国花巨兔、日本大耳白兔和当地白兔通过复杂杂交培育而成。属于大型皮肉兼用兔。

2. 外貌特征

哈尔滨白兔被毛纯白，毛纤维比较粗长；眼睛红色，并大而有神；体型较大，头大小适中，耳大而直立；体型结构匀称，体质结实，四肢健壮；肌肉较丰满（图3-26）。

(a)

(b)

图3-26　哈白兔

3. 生产性能

仔兔平均初生重55.2克，30日龄断奶体重可达650～1000克，90日龄体重达2.5千克，成年公兔体重5.5～6.0千克，成年母兔体重6.0～6.6千克；窝均产仔8.8～10.5只，平均窝产仔数8只以上；21天泌乳力达2786.7克；2月龄平均日增重31.4克；半净膛屠宰率57.6%，全净膛屠宰率53.5%；饲料转化率3.11：1。

4. 特点

哈白兔体型大，适应性强，繁殖率高，生长速度较快，产肉性能好，产肉率高。有待于进一步加强对该品种的保护和推广利用。

5. 杂交利用

作为父本进行杂交利用，效果较好。

（五）塞北兔

1. 原产地与分布

塞北兔原产于中国，是由张家口农业专科学校利用法系公羊兔与弗朗德兔杂交选育而成的肉皮兼用兔，主要分布在河北、内蒙古、东北及西北等地。

2. 外貌特征

塞北兔有三种毛色，以黄褐色为主，其次是纯白色和少量草黄色；耳宽大，多为一耳直立而另一耳下垂，并有两耳均直立或均下垂者；头略粗而方，鼻梁上有黑色山峰线，颈粗而短，颈下有肉髯；体驱匀称，肌肉丰满，发育良好；体型大，四肢短粗而健壮（图3-27）。

(a)　　　　　　　　　　　　　　　　(b)

图3-27　塞北兔

3. 生产性能

仔兔初生重60～70克，30日龄断奶体重可达650～1000克，90日龄体重2.1千克，育肥期料肉比为3.29∶1；成年兔体重5.0～6.5千克，最高可达7.5～8.0千克；年可产4～6胎，窝产仔7～8只；断奶平均成活率81%。

4. 特点

适应性强，耐粗饲；抗病力强；生长发育快；繁殖力较高。但塞北兔易患脚皮炎、耳癣。

5. 杂交利用

多作为父本进行杂交利用。

（六）大耳黄兔

1. 产地与分布

大耳黄兔原产于我国河北省邢台市的广宗县，是以比利时兔中分化出的黄色个体为育种素材选育而成，属于大型皮肉兼用兔。

2. 外貌特征

根据毛色不同分为A和B两个系。A系被毛为橘黄色，耳朵和臀部有黑毛尖，B系被毛呈杏黄色，两系腹部毛色均为白色；体驱长，胸围大，后躯发达；两耳大而直立，故取名"大耳黄兔"（图3-28）。

(a)　　　　　　　　　　　　　(b)

图3-28　大耳黄兔

3. 生产性能

成年兔体重4.0～5.0千克，大者可达6.0千克以上；年产4～6胎，胎均产仔数8.6只，仔兔成活率高。

4. 特点

早期生长速度快，饲料报酬高，而且A系高于B系，繁殖性能则是B系高于A系；适应性强，耐粗饲；由于毛色为黄色，加工裘皮制品的价值较高。

5. 杂交利用

作为母本与引进品种（如比利时兔、新西兰兔等）杂交，效果良好。

（七）虎皮黄兔

1. 原产地及分布

虎皮黄兔又名太行山兔，原产于河北省的井陉、平台等县，是一个经过7年选育的我国优良地方品种。

2. 外貌特征

虎皮黄兔分标准型和中型两种，其中标准型虎皮黄兔全身毛色为栗黄色，腹部为淡白色，头清秀，耳短厚而直立，体型紧凑，背腰宽平，四肢健壮，体质结实；中型虎皮黄兔全身毛色为深黄色，臀部两侧和后背略带黑毛尖，头粗壮，脑门宽而圆，耳长而直立，背腰宽而长，后躯发达，体质结实（图3-29）。

3. 生产性能

标准型虎皮黄兔的成年公兔平均体重3.87千克，母兔平均体重3.54千克；年产仔5～7胎，窝均产仔数8.2只；中型虎皮黄兔的成年公兔平均体重4.31千克，母兔平均体重4.37千克，年产仔5～7胎，窝均产仔数8.1只。

(a)   (b)   (c)

图3-29　虎皮黄兔

4. 特点

虎皮黄兔是我国自行培育的优良兔种，适合于我国的自然和经济条件，而且具有良好的生产性能；被毛黄色，具有较高的皮毛利用价值。

5. 杂交利用

作为母本与引进品种（如比利时兔、新西兰兔等）杂交，效果良好。

三、毛用兔品种及其主要特征

毛用兔多称长毛兔，目前，世界上的长毛兔品种以安哥拉为主，包括德系安哥拉兔、英系安哥拉兔、法系安哥拉兔和中系安哥拉兔（高产长毛兔）等。另外，毛用兔品种还有美国的彩色长毛兔。

据国际ARBA组织数据记载，安哥拉兔是源于土耳其的安哥拉省，因其毛细长，有点像安哥拉山羊而取名为安哥拉兔。从土耳其引入德国、英国、法国等国家后，培育成了不同系别的安哥拉长毛兔。我国引进不同品系安哥拉长毛兔后，培育成了中系长毛兔和高产系长毛兔。

（一）德系安哥拉兔

1. 原产地及分布

德系安哥拉兔是由源于土耳其安哥拉省的安哥拉兔引入西德（德意志联邦）后培育的一个长毛兔品系，是世界上饲养量最大、产毛量最高的一个安哥拉长毛兔品系。

2. 外貌特征

德系安哥拉兔属于绒毛型长毛兔，全身披厚密绒毛，被毛有毛丛结构，不易缠结，有明显波浪弯曲；外貌不甚一致，头有圆形和长形，头型偏尖削；面部有的无长毛，也有额毛、颊毛丰盛的，大部分耳背均无毛，仅耳尖有一小撮长毛，俗称"一撮毛"；四肢、脚部及腹部密生绒毛，体毛细长而柔软，排列整齐；两耳中等偏大而直立，四肢强健，胸部和背部发育良好，背线平直（图3-30）。

图3-30　德系安哥拉兔

3. 生产性能

德系安哥拉兔体型较大，成年兔体重3.5～5.2千克，最高可达5.7千克，体长45～50厘米，胸围30～35厘米。公兔年产毛量1190克，母兔年产毛量1 406克，最高可达1 700～2 000克；被毛密度为16 000～18 000根/平方厘米；粗毛含量5.4～6.1%，细毛细度12.9～13.2微米，毛长度5.5～5.9厘米。年繁殖3～4胎，窝均产仔数6～7只，最高可达11～12只；平均奶头4对，多者5对；平均受胎率53.6%。

4. 特点

被毛厚密，细毛含量高（95%左右），毛丛结构明显，被毛不易缠结；毛质好，适合精纺。但德系安哥拉兔的耐高温性能差，高温季节容易出现"不孕期"；对饲养条件要求比较高。

（二）英系安哥拉兔

1. 原产地及分布

英系安哥拉兔是由源自土耳其首都安哥拉省的安哥拉兔被带到英国去后培育而成的一个安哥拉长毛兔品系。英系安哥拉兔偏向观赏型和细毛型。

2. 外貌特征

英系安哥拉兔，体型紧凑显小，全身披白色、蓬松、丝状绒毛，形似雪球，毛质细软，质地如丝绸，需要常常打理。头形偏圆，额毛、颊毛丰满，眼睛圆而大。耳朵较厚呈V形，耳尖密生绒毛，形似缨穗，有的整个耳背都有长毛而且飘出耳外，甚是美观。四肢及趾间脚毛丰盛。被毛自然分开，向两侧披下（图3-31）。

3. 生产性能

英系安哥拉兔属于绒毛型长毛兔，成年体重2.5～3.0千克，重的可达3.5～4.0千克，体长42～45厘米，胸围30～33厘米；公兔年产毛200～300克，母兔年产毛300～350克，高的可达400～500克；被毛密度为12 000～13 000根/平方厘米，粗毛含量1.0%～3.0%，细毛细度11.3～11.8微

图3-31　英系安哥拉兔

米，毛长6.1～6.5厘米。年可产4～5胎，胎均产仔5～6只，最高可达13～15只，配种受胎率60.8%。

4. 特点

细毛含量高（97%以上），毛质好适合精纺，繁殖力较强，外形及被毛漂亮，极具观赏性。但由于其毛质细软，质地如绸，所以需要经常打理。

（三）法系安哥拉兔

1. 原产地及分布

法系安哥拉兔的起源历史和英系安哥拉兔大致相同，是由源于土耳其安哥拉省的安哥拉兔带到法国后培育而成，是比英系安哥拉兔更早出现的长毛兔品种。

2. 外貌特征

法系安哥拉兔，体型较大。传统的法系安哥拉兔，全身被毛为白色长毛，粗毛含量较高；额毛、颊毛及四肢下部的脚毛均为短毛；耳朵宽长而厚，耳端部无长毛或有一小撮短毛，耳背部密生

图3-32　法系安哥拉兔

短毛，俗称"光板"；被毛密度差，毛质粗硬，头型稍尖。新法系安哥拉兔，体质健壮，面部稍长，耳长而薄，脚毛较少，胸部和背部发育良好，四肢强壮，肢势端正（图3-32）。

3. 生产性能

法系安哥拉兔属于粗毛型长毛兔，成年体重3.5～4.6千克，重的可达5千克，体长43～46厘米，胸围35～37厘米。公兔年产毛900克，母兔年产毛1 000克，最高可产1 200～1 300千克；被毛密度为13 000～14 000根/平方厘米，粗毛含量13%～20%，细毛细度14.9～15.7微米，毛长5.8～6.3厘米。年可产4～5胎，胎均产仔6～8只；平均奶头4对，多的5对；配种受胎率58.3%。

4. 特点

法系安哥拉兔毛中粗毛含量较高，高的可达20%左右，毛纤维较粗，适合于粗纺、制作外套时装等。繁殖力高，泌乳性能好。适应性及抗病力强。

（四）中系安哥拉兔

1. 原产地及分布

中系安哥拉兔，是由我国引进法系和英系安哥拉兔互相杂交，并导入中国白兔血液，经过长期选育而成，主要饲养于上海、江苏、浙江等地。

2. 外貌特征

中系安哥拉兔，主要特征是全耳毛，狮子头，老虎爪。耳朵中等长，整个耳背和耳端均密生细长绒毛并飘出耳外，俗称"全耳兔"；头宽而短，额毛和颊毛异常丰盛，从侧面看往往看不到眼睛，从正面看也只是绒球一团，形似"狮子头"；脚毛丰盛，趾间及脚底均密生绒毛。形似"老虎爪"。骨骼细致，体型清秀（图3-33）。

图3-33　中系安哥拉兔

3. 生产性能

中系安哥拉兔属于绒毛型长毛兔，成年体重2.5～3.0千克，重的达3.5～4.0千克，体长40～44厘米，胸围29～33厘米；公兔年产毛200～250克，母兔年产毛300～350克，高的可达450～500克；被毛密度为11 000～13 000根/平方厘米，粗毛含量1%～3%，细毛细度11.4～11.6微米，毛长5.5～5.8厘米；年可繁殖4～5胎，胎均产仔7～8只，高的可达11～12只，配种受胎率65.7%。

4. 特点

中系安哥拉兔毛中细毛含量高（97%以上）而毛质好，适合精纺；体毛洁白，细长柔软，形似雪球，可兼作观赏用；性成熟早，受胎率高，繁殖力强；母性好，仔兔成活率高；适应性强，耐粗饲。

（五）高产长毛兔

1. 原产地及分布

高产型长毛兔，是在我国浙江、上海、江苏一带用经过选育的本地大体型长毛兔与引进的德系安哥拉兔进行杂交选育而成的长毛兔品种。

2. 外貌特征

高产型长毛兔体大身长，四肢发达，背宽胸深，体型和外貌不太一致（图3-34及图3-35）。

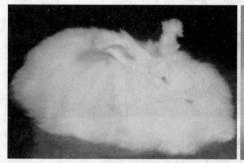 

图3-34 高产长毛兔（细毛）　　　图3-35 高产长毛兔（粗毛）

3. 生产性能

高产型长毛兔成年体重5.0～5.3千克；年产毛量1 900～2 200克；胎均产仔7只。

4. 特点

适应性及抗病力较强，繁殖性能良好，但体型及外貌不太一致。

（六）彩色长毛兔

彩色长毛兔全身统一色泽，有黑、黄、棕、灰等十余种颜色（图3-36）。毛细腻（被专家称为兔绒）、柔软、美丽好看。彩兔在美、英等发达国家作观赏动物饲养，全世界数量极少。

彩色长毛兔有四大特点：①出生两月以后体重可达2千克以上。②抗寒、抗病及适应性强。③繁殖量多、平均每窝6~12只，年产6胎以上。④毛细为绒，在纺织中不需破毛，不需化学清洗，更不需化学染色。

彩色长毛兔育成于美国，并已将黑、灰、棕、蓝、黄和红等多种色型引入我国。用彩色兔绒毛加工的服饰以其色彩天然、无需染色、不含化学毒素、对人体无害等优势而越来越受到消费者的青睐，具有广阔的发展前景。但又由于彩色长毛兔体型偏小、产毛量低而饲养量少、饲养规模小，使其产品开发和市场开拓比较滞后，养殖者应慎重饲养。

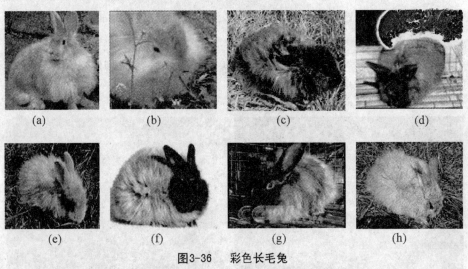

(a) (b) (c) (d)

(e) (f) (g) (h)

图3-36　彩色长毛兔

四、毛皮用兔品种及其主要特征

毛皮用兔有力克斯兔（獭兔）、哈瓦那兔、亮兔、银狐兔等，我国目前饲养比较广泛的主要皮毛用兔品种是力克斯兔。

力克斯兔（Rex rabbit），又称獭兔和天鹅绒兔，因其毛皮酷似珍贵的毛皮兽水獭而在我国统称为"獭兔"。獭兔原产于法国，是于1919年由普通肉兔中出现的突变种，经过几代选育、扩群后培育而成，被命名为"力克斯兔（Rex rabbit）"，即"兔中之王"。獭兔于1924年，首次在巴黎国际家兔展览会展出后，纷纷被其他国家引进，由此而迅速传播到了世界各地。人们为获得多姿多彩的天然裘用皮，各国纷纷对獭兔进行了进一步选育，经70多年德国、英国、日本、美国等国的选育，各国选育方向的不同，又培育出了许多各具特色的品系，各品系的外貌特征、生产性能、毛色类型和毛被质量各不相同。如英国有28个品系，德国有15个品系，美国有14个品系等。我国养兔界把从不同国家引进的獭兔冠以该国国名，称之为"某系獭兔"，已引进我国的獭兔品系主要有美系獭兔、新美系獭兔、法系獭兔和德系獭兔。目前，在我国有多种色型獭兔，白色、黑色、海狸色、八点黑、红色、青紫蓝色、巧克力色、蓝色、银灰色、山猫色、紫丁香色和宝石花色等。

（一）美系獭兔

1. 原产地及分布

美系獭兔原产于美国，于1991年以前从美国引进我国。

2. 外貌特征

美系獭兔头小嘴尖，眼大而圆，耳中等大而直立，颈略长，肉髯明显，胸部较窄而腹部发达，背腰略弓。美系獭兔以白色为主。

3. 生产性能

美系獭兔成年体重3.5～4.0千克；胎均产仔数6～8只；出生体重40～50克，40天断奶体重400～500克，5～6月龄体重2.5千克左右。

4. 特点

美系獭兔毛皮质量好，主要表现在：被毛密度大，粗毛率低，平整度好。繁殖能力较强，泌乳性能好，母性好，仔兔成活率高；引入我国时间较长，适应性强，易饲养。但美系獭兔体型偏小，而且引进后没有进行系统的选育，品种退化比较严重。

（二）新美系獭兔

1. 原产地及分布

新美系獭兔原产于美国，于2002年由山西泉洲兔业公司从美国引进我国。

2. 外貌特征与生产性能

新美系獭兔主要有白色、八点黑等色型。白色新美系獭兔，头大而粗壮，耳长9.67厘米，耳宽6.50厘米；胸宽而深，背宽而平，俯视时兔体呈长方形；成年公兔平均体重3.8千克，成年母兔平均体重3.9千克；被毛密度大，毛长1.7～2.2厘米（平均2.1厘米），被毛平整度极好，粗毛率低；胎均产仔数6.6只。加利福尼亚（八点黑）色型新美系獭兔，头大而较粗壮，耳长9.43厘米，耳宽6.5厘米；成年公兔平均体重3.8千克，成年母兔平均体重3.9千克；被毛密度大，毛长1.6~2.2厘米（平均2.07厘米），被毛平整度好，粗毛率低；胎均产仔数8.3只。

3. 特点

新美系獭兔与我国饲养的原美系獭兔相比，具有体型大、胸宽深、前后发育一致、被毛长而密度大、粗毛率低等特点。

（三）法系獭兔

1. 原产地及分布

法系獭兔，原产于法国，于1998年由山东从国外引入我国。

2. 外貌特征

法系獭兔，体型较大，头圆而颈粗，嘴巴呈钝形，肉髯不明显；胸宽深而背宽平，四肢健壮；两耳短而厚，呈"V"形上举，眉须弯曲。

3. 生产性能

法系獭兔成年兔体重4.5千克，仔兔平均初生体重约52克，32日龄平均断奶体重640克，3月龄平均体重2.3千克，6月龄平均体重3.65千克；被毛浓密而平整，粗毛率低，毛纤维长度1.55~1.90厘米；年可繁殖4~6窝。

4. 特点

法系獭兔的毛皮质量较好。对饲料营养要求高，不适于粗放的饲养管理。

（四）德系獭兔

1. 原产地及分布

德系獭兔，原产于德国，于1997年由北京从国外引入我国。

2. 外貌特征

德系獭兔，体型大，体格粗重，头方嘴圆，尤其是公兔更是如此。耳朵厚而大，四肢粗壮而有力，全身结构匀称。

3. 生产性能

德系獭兔，成年兔体重4.5~5.0千克，生长速度快，6月龄平均体重4.1千克；被毛密度大；窝均产仔6.8只，仔兔平均初生重54.7克。

4. 特点

德系獭兔繁殖力不及美系獭兔，适应性也有待于进一步通过驯化来提高。作为父本与美系獭兔杂交，后代有明显的杂种优势。

（五）四川白獭兔

1. 原产地及分布

四川白獭兔，是由四川省草原研究所培育而成的獭兔品系。

2. 外貌特征

四川白獭兔，被毛白色，眼睛呈粉红色；体格匀称而且结实，肌肉丰满，臀部发达；头中等大小，公兔头较母兔大；两耳直立；腹毛和被毛结合部较一致，脚掌毛厚。

3. 生产性能

成年四川白獭兔体重3.5～4.5千克，平均体长44.5厘米，平均胸围30厘米；被毛平均密度为每平方23 000根/平方厘米，平均细度16.8微米，毛丛长度1.6～1.8厘米；窝均产仔数7.29只，窝均产活仔数7.10只；8周龄、13周龄和22周龄平均体重分别可以达到1.27千克、2.02千克和3.04千克。

4. 特点

四川白獭兔的系群尚小，有待于进一步扩大。

（六）吉戎兔

1. 原产地及分布

吉戎兔，是由原解放军军需大学培育而成的一个毛皮用兔品系。

2. 外貌特征

吉戎兔，体型中等，其中全白色型相对较大，"八点黑"色型相对较小。被毛洁白、平整、光亮；体型结构匀称，背腰长，四肢粗壮而结实；耳较长而直立；脚底毛粗长而浓密。

3. 生产性能

成年吉戎兔体重3.5～3.7千克，窝产仔数6.9～7.2只，初生窝重351.23～368.00克，初生个体重51.72～52.90克，泌乳力1.88～1.90千克，断奶仔兔成活率94.5%～95.1%。

4. 特点

吉戎兔的系群尚小，有待于进一步扩大。

（七）我国獭兔标准色型

目前，我国国内现有14个色型，主要有白色、黑色、加利福尼亚色、海狸色、蓝色、银灰色、花色等，各色型的外貌特征简介如下：

1. 白色獭兔

全身被毛洁白，富有光泽，没有任何污点或杂色毛，是毛皮工业中最受欢迎、最有价值的毛色类型之一。目前所见的白色獭兔均为白化体，即眼睛呈粉红色，爪为白色或玉色。被毛带污色、锈色或黄色，或带有其他杂毛者，都属于缺陷或不合格（图3-37）。

图3-37　白色獭兔

2. 黑色獭兔

全身被毛纯黑，柔软绒密，每根毛纤维自基部至毛尖均呈炭黑色，且富有光泽，既不呈褐色，也不带锈色，是毛皮工业中较受欢迎的毛色类型之一。眼睛呈黑褐色，爪为暗色。被毛带褐色、棕色、锈色、白色斑点或杂毛者，均属缺陷（图3-38）。

图3-38　黑色獭兔

3. 加利福尼亚獭兔

全身被毛除鼻端、两耳、四肢下部及尾为黑色或灰褐色外，其余部位均为纯白色，即一般所称的"八点黑"。色泽协调而布局匀称，毛绒厚密而柔软。眼睛呈粉红色；爪为暗色。鼻端、两耳、四肢被毛出现其他颜色或高底毛掺有杂色者，均属不合格（图3-39）。

图3-39　加利福尼亚獭兔

4. 海狸色獭兔

全身被毛呈红棕或黑粟色，背部毛色较深，体侧部颜色较浅，腹部为淡黄色或白色。毛纤维的基部为瓦蓝色，中段呈深橙或黑褐色，毛尖部略带黑色。这是最早育成的獭兔色型之一，被毛绒密柔软，深受消费者欢迎。眼睛呈棕色，爪为暗色。被毛呈

图3-40　海狸色獭兔

灰色，毛尖过黑或带白色、胡椒色，前肢有杂色斑纹者，均属缺陷或不合格（图3-40）。

5. 蓝色獭兔

全身被毛为纯蓝色，柔软似绒，自基部至毛尖色泽纯一，为最早育成的獭兔色型之一，是各类獭兔中毛绒最柔软的一种，属毛皮工业中较受欢迎的毛色类型之一。眼睛呈蓝色，爪为暗色。被毛带霜色、锈色、白色、杂色或带白色斑点者，均属缺陷（图3-41）。

6. 银灰色獭兔

又名真灰鼠力克斯兔。全身被毛烟灰色（蓝色至深蓝色），绒毛全灰蓝色，毛尖变黑或变白为不合格。该兔体型较大，易饲养（图3-42）。

图3-41　蓝色獭兔

图3-42　银灰色獭兔

7. 花色獭兔

这类獭兔的被毛色泽可分为两种情况。一种是全身被毛以白色为主，杂有一种其他不同颜色的斑点，最典型的标志是背部有一条较宽的有色背线，面部有有色嘴环、有色眼圈和体侧有对称的斑点，颜色有黑色、蓝色、海狸色、猞猁色、紫貂色、海豹色、青紫蓝色、巧克力色、蛋白石色等。另一种是全身被毛以白色为主，同时杂有两种其他不同颜色的斑点，颜色有深黑色和橘黄色、紫蓝色和淡黄色、巧克力色和橘黄色、浅灰色和淡黄色等。花斑主要分布于背部、体侧和臀部，鼻端有蝴蝶状色斑。眼睛颜色与花斑色泽一致，爪为暗色。花色獭兔又称花斑兔、碎花兔或宝石花兔。花斑表现有一定的规律，呈一定的典型图案。具体表现是：两耳毛色相同，鼻部有花斑，背部、体侧、臀部均带有花斑，花斑面积一般占全身的10%~50%（图3-43）。

(a)   (b)

图3-43 花色獭兔

8. 青紫蓝獭兔

全身被毛基部为瓦蓝色，中段为珍珠灰色，毛尖部为黑色。颈部毛色略浅于体侧部，背部毛色较深；腹部毛色呈浅蓝或白色。眼睛呈棕色、蓝色或灰色，眼圈线条清晰，有浅珍珠灰色狭带，爪为暗色。被毛带锈色或淡黄色；白色或胡椒色，毛尖部毛色过深或四肢带斑纹者，均属缺陷或不合格（图3-44）。

9. 红色獭兔

全身被毛为深红色，无污点，一般背部颜色略深于体侧部，腹部毛色较浅。最为理想的被毛颜色为暗红色，是毛皮工业中较受欢迎的毛色类型之一。眼睛呈褐色或棕色，爪为暗色。腹部毛色过浅或有锈色、杂色与带白斑者，均属缺陷或不合格（图3-45）。

图3-44　青紫蓝獭兔　　　　　图3-45　红色獭兔

10. 蛋白石獭兔

全身被毛呈蛋白石色，毛纤维的基部为深瓦蓝色，中段为金褐色，毛尖部呈紫蓝色。背部毛色较深，腹部毛色较浅，多呈棕色或白色，体侧部的毛色显示出美丽的金黄色或金褐色。眼睛为蓝色或砖灰色，爪为暗色。被毛呈锈色或混有白色、杂色斑点，毛尖部或底毛颜色过浅者，均属缺陷（图3-46）。

11. 巧克力色獭兔

又称哈瓦拉色獭兔。全身被毛呈棕褐色，毛纤维基部多为珍珠灰色，毛尖部呈深褐色，眼睛为棕色或肝脏色。被毛带锈色、白色或白斑为不合格（图3-47）。

图3-46　蛋白石獭兔　　　　　图3-47　巧克力色獭兔

12. **紫貂色獭兔**

全身被毛为黑褐色，腹部、四肢呈粟褐色，颈、耳等部位呈深褐色或黑褐色，胸部与体侧毛色相似，多呈紫褐色。眼为深褐色，在暗处可见红宝石的闪光。被毛出现其他色者为不合格。

13. **海豹色獭兔**

全身被毛呈深褐色、乌贼色，颜色间于黑色和紫貂色獭兔之间，腹部毛色较浅，略呈灰白色，眼为棕色或暗黑色。被毛呈锈色或带杂色者为不合格。

14. **紫丁香色獭兔**

被毛呈粉红色或灰鸽色（淡紫色），眼睛红宝石色。毛色带蓝或褐色为缺陷，带白斑为不合格。该獭兔育成时间较短，在国内数量不多。

第三节　家兔生产特点及品种选择

家兔品种的选择对有计划地从事养兔者来说至关重要。饲养什么类型、什么品种的家兔，主要考虑饲养者所处的地理环境、经济条件、技术和管理水平以及兔产品的销路、价格和市场趋势等因素。只有了解不同类型家兔生产特点，结合自己的条件、特点和优势来选择，才能最大化地获得养殖效益。

一、肉用兔生产特点及品种选择

（一）肉兔生产要求条件相对较低

肉兔养殖生产，相对来讲对饲料营养、养殖技术、经济条件以及房舍建筑和笼具规格要求都比较低。

（二）肉兔养殖生产的经济效益相对较低

肉兔生产的主要产品是兔肉，而由于消费观念所致，兔肉的消费并不普遍，限制了肉兔养殖生产的大力发展，肉兔养殖效益相对较低。

（三）肉兔适合农户小规模养殖生产

所在区域附近有兔肉加工厂、距离大中城市较近或与有信誉的大型企业有订单合同时，一般农户均可以饲养肉兔，这种条件下生产的兔肉有销路，价格也相对来说有保证，经济收入会稳步增加。肉兔适合农户小规模养殖生产，不适宜大规模养殖生产。饲养规模应由小到大，逐步增加，但终究规模也不宜过大，基础母兔别超过100只。

（四）肉兔品种选择

肉兔养殖的初养户，应以饲养比利时兔、塞北兔、新西兰白兔、加利福尼亚兔等适应性和抗病力强、条件要求较低的品种为主，也可选择加利福尼亚兔做公兔与新西兰白或比利时母兔进行杂交、利用杂种优势生产商品兔进行饲养。掌握一定饲养技术的养殖者可饲养一些高产配套系，如布列尼亚兔等。

二、獭兔生产特点及品种选择

（一）獭兔生产要求的条件相对较高

相对于肉兔生产来说，獭兔生产对饲料营养、养殖技术、经济条件、兔舍建筑和笼具规格等生产条件的要求都比较高。具有一定饲养技术、有足够的资金和场地时，可以考虑獭兔养殖生产。

（二）獭兔养殖生产效益相对较高

随着生活水平的不断提高，皮毛制品也越来越受到人们的青睐，作为优质毛皮制品原料的獭兔毛皮的需求也在不断扩大，獭兔养殖具有较好的发展前景，养殖生产效益相对肉兔养殖效益要高。

（三）獭兔适宜区域性的规模养殖生产

獭兔适宜较大规模的养殖生产，这样可以在品种、饲料供应、生产工艺、疫病防控、毛皮采取等各个环节进行标准化生产，大批量生产出高质量毛皮，依靠数量和质量优势，博取毛皮售价，获取较高收入，而獭兔的区域性养殖会有助于形成毛皮产品的区域性优势，获得较高的收入。偏远地区、农村小规模零散户在没有形成区域规模的情况下，不适宜饲养獭兔；合格獭兔的生产，需要较大的资金投入，经济基础差的农户也不宜饲养獭兔。

（四）獭兔品种选择

獭兔品种的选择，应在注重品系选择的情况下，着重在优良群体中选择体型较大、被毛质量好的个体，并及时淘汰已有兔群中体型较小（成年体重小于3.0千克）、被毛质量差（密度小、粗毛含量高）的个体。

因白色獭兔遗传性稳定，毛皮价格与其他色型基本相同，加上发达的现

代印染技术，可将白色毛皮变成多种消费者青睐的颜色，所以獭兔色型以选择白色和加利福尼亚（八点黑）为主。

三、毛用兔生产特点及品种选择

（一）毛用兔生产要求的条件相对较高

相对于肉兔生产来说，毛兔生产对饲料营养、养殖技术、经济条件、兔舍建筑和笼具规格等生产条件的要求都比较高。

（二）毛用兔养殖生产效益相对较高

随着生活水平的不断提高，毛料或绒料制品也越来越受到人们的青睐，作为优质毛绒制品原料的兔毛的需求也在不断扩大，毛用兔养殖具有较好的发展前景，养殖生产效益相对较高。

（三）毛用兔适宜区域性养殖生产

区域性长毛兔的养殖生产，有利于兔毛的销售，从而有助于兔毛销售价格的提高。远离兔毛加工地区和零散农户养殖，不能获得好的收入，不适宜饲养长毛兔。

（四）当地兔毛收购价格直接决定毛用兔养殖收入

选择是否饲养毛兔时，不能只看国标和国内毛价行情，而且要看国际毛价行情，最重要的是要考虑当地兔毛的收购价格。

（五）毛用兔品种选择

毛用兔品种选择以德系安哥拉兔和高产型长毛兔为宜，选择彩色长毛兔一定要慎重。

第四节　家兔的引种注意事项

一、引种前应考虑的因素

（一）确定引种的类型和品种

初养者，必须事先考虑市场需求和行情（如产品销路、市场价格等），同时考虑当地气候条件、饲料饲草供应以及自身条件（场地、资金、技术水平等），来选择适宜的家兔类型和品种。老养殖场（户）应考虑引种的目的（更新血缘、扩大规模或改善生产性能等），并要考虑所引品种（系）与现有品种（系）相比较有何优点或特点。出于更换血缘的目的时，应着重选择品种特征明显的个体，尤其是要注重公兔的选择。

（二）详细了解种源场的情况

引种前，必须对种源场的各种信息进行详细了解（如饲养规模、原种来源、生产水平、系谱完整性、是否具有种畜禽生产经营资质、是否曾发生过疫情以及种兔的月龄、体重、性别比例、价格等），杜绝从曾经发生过疫病（毛癣病、呼吸道病等）的兔群进行引种，以避免引种的同时带进疾病。

大中型种兔场的设备好，技术水平高，经营管理完善，种兔质量有保证，对外供种有信誉，从这些场引种相对比较可靠。农户自办种兔场，一般来说规模比较小，近亲现象比较严重，种兔质量较差，且价格比较混乱，从这种场引种要千万慎重。

（三）接种前准备工作

种兔进场前，要对兔舍、笼具、器具等进行充分的消毒，同时要进行饲草饲料及常用药品的准备。初养兔者还要对饲养人员进行必要的上岗培训。

二、种兔的选择

（一）品种或品系的选择

根据需要选择适宜的品种或品系。

（二）选择个体

同一品种（系）中，个体的生产性能也会有明显的差别，因此要特别重视个体选择。个体选择应考虑以下几个方面：

1. 体形外貌符合品种特征。

2. 生长发育正常，健康无病。

3. 无明显的外形缺陷，如门齿过长、垂耳、小睾丸、隐睾或单睾、滑水腿、乳头数过少（少于4对）、生殖器官畸形、后躯尖斜等。

（三）年龄选择

引种兔的年龄最好选择3~5月龄的青年兔为宜，或者体重1.5千克以上的青年兔。一定要根据牙齿、爪来核实月龄，以防购回大龄小老兔。老年兔的种用价值和生产价值都比较低，高价购回不仅不合算，还可能有繁殖机能障碍的危险。

（四）审查和获取系谱

所购公兔和母兔之间的亲缘关系一定要远，特别是引种数量少的时候，血缘关系更应该远。所以，引种时必须详细审查系谱，并索要种兔卡片及其系谱资料。

（五）重视兔群健康检查

引种时必须对所引种兔群进行全面的健康检查，一旦发现该群中有毛癣病、呼吸道病，要终止在该场的引种。

三、引种数量确定及引种季节的选择

引种时，必须根据自身的需要和发展规模确定引种数量。

引种最好的季节是气候适宜的春秋两季，寒冬和炎夏都不适合引种兔。家兔怕热，应激反应十分严重，所以若在夏季引种，必须做好防暑工作，夜间起运，白天在阴凉处休息；冬季引种，注意保暖，以防感冒。

四、种兔的安全运输

家兔神经比较敏感，应激反应明显，引种过程中运输不当时，轻者能使种兔掉膘、身体变弱，重者可致使种兔发病，甚至死亡。因此，安全运输是引种过程的一个非常重要的环节。

（一）运输前的准备

1. 重视所购种兔的健康检查

应由专业兽医对所购种兔逐只进行健康检查，并要求供种单位或当地畜牧兽医行政管理部门检疫并出具检疫健康证明，而且要对该批种兔的免疫记录进行询问、查询和记录，以便确定种兔引进后的免疫时间和疫苗种类。

2. 提前确定运输方式

要根据路途远近、道路和交通状况、引种数量、种兔价值等确定运输方式，并根据将要采取的运输方式，在相关部门开具相应的健康检疫证明、车辆和运输笼具的消毒证明等。

3. 准备好运输兔笼及饲具等用具

根据运距不同，种兔运输用笼可选用木箱、纸箱、塑笼、铁笼等。运输用笼具以单体笼为宜，单体笼尺寸以底面积0.06～0.08平方米、25厘米高为宜。兔笼要坚实牢固，便于搬动。使用包装箱的时候，包装箱应有通气孔，并要有漏粪尿的箱底和存粪尿的底层设备，内壁和地面要平整而无锐利物。运输笼内应铺垫清洁卫生的干草。

4.运具消毒

要对运输用车辆、笼具、饲具等进行全面而彻底的消毒。

5.备足饲料

要提前了解好供种单位的饲料特性和饲喂制度，带足所购兔2周以上的原场饲料。

（二）装车

装车时尽量保持轻拿轻放，动作谨慎，尽量降低装车过程对种兔的应激。笼具码放时，不仅要考虑码放牢靠，而且要考虑方便运输途中的观察和饲养管理。

（三）起运

要根据引种季节的不同选择好起运时间，并做好运输途中可能发生一切应急事件的准备后，方可起运。

（四）运输途中的饲养管理

只需1天时间的短途运输，可不喂料、不饮水；需要2～3天时间运输时，可饲喂干草和少量多汁饲料（胡萝卜、土豆等），并定时少量饮水；需要3天以上时间的运输途中，可以定时添加干草和少量多汁饲料（胡萝卜、土豆等），也可添加少量精料，并定时饮水，需要注意的是，运输途中种兔不能喂得过饱。

运输过程中既要注意通风，也要防止种兔着凉、感冒。车辆起停和转弯时，速度要慢，以免造成兔腰折断等伤害种兔事情的发生。

五、种兔引进后的饲养管理

（一）运具处理

引进的种兔到达目的地后，要将运输用过的垫草、纸箱、排泄物等进行焚烧或深埋处理，同时对运输用兔笼及用具进行全面彻底的消毒处理，以避免可能疾病的发生和传播。

（二）隔离饲养

引进的种兔，应首先放在远离原兔群的隔离兔舍进行隔离观察饲养。有

条件的兔场，建议等该批种兔产仔后，并确认仔兔无皮癣病、呼吸道病等传染病后，再混入原兔群。无条件的兔场，建议对引进的种兔隔离观察饲养最少2周，确认无疾病发生、健康时，再放入预备好的笼舍。

（三）饲养管理

1. 到达目的地种兔，需要休息2小时后再喂给少量的易消化饲料或优质（含水量不能高）青草，让其采食3～5成饱即可；同时供给少量温水，饮水中加入葡萄糖、食盐或电解多维。切记，必须杜绝暴食暴饮。以后再逐渐增加饮水和青草，让其吃5～6成饱。

2. 种兔引进3天后，方可逐渐供给精料，精料供给应逐渐过渡。

3. 引进种兔的管理程序、饲养制度以及饲料特性应尽量与供种场的保持一致。确需改变时，一定要有7～10天的过渡适应时间。每次喂饲以采食至8成饱为宜。

（四）健康观察

对新引进的种兔，应进行定时的健康观察。建议每天早晚各观察一次，主要观察内容有：食欲好坏、粪便是否正常、精神状态如何等，并做好观察记录，发现问题及时采取措施。

新引进种兔，一般在引进后的1周内容易发生消化道疾病。对于消化不良的兔子，可喂给大黄苏打片、酵母片或人工盐等；对粪球小而硬的兔子，可采用直肠灌注药液的方法进行处理；对患有大肠杆菌病的兔子要用抗生素进行防治。

第四章 家兔圈舍建筑及环境控制技术

第一节 养兔场场址选择的基本要求

养兔场场址的选择标准应按照设计要求，对地理、地形、地势、地质、水源、电力、交通以及周边环境等因素进行全面考虑。

一、地理

兔场场址应选择在相对隔离、环境安静、交通便利的地方；不能靠近公路、铁路、港口、采石场等，避免噪声干扰；远离化工厂、屠宰场、制革厂、造纸厂、其他养殖场、牲口市场等可能的污染源；远离人烟密集的繁华地带，选择相对偏僻的地方。

二、地势

养兔场应选建在地势高、有适当坡度、背风向阳、地下水位深、排水良好的地方。低洼潮湿、排水不良的场地不利于家兔体热调节，而有利于病原微生物的生长繁殖，特别是适合寄生虫（螨虫、球虫等）的生存。为了便于排水，兔场地面要平坦或略有坡度（以1%~3%为宜）。

三、地形

建养兔场要选择开阔、平整、紧凑的场所，不宜过于狭长或边角过多，这样不仅可以缩短道路和水电管线的距离、节约资金，而且利于兔场布局、便于管理，并可使场地得到充分利用。根据具体情况，可以利用天然地形、地物（林带、山岭、河川等）作为天然屏障和场界。

四、地质

作为建设养兔场的地方，其土质以沙壤土最为理想，这种土质兼有沙土和黏土两种土质的优点，通气透水性好，雨后不泥泞，能保持适当的干燥。导热性差，土壤温度相对稳定，不仅利于兔子的健康，也利于圈舍的建造，并能延长圈舍的使用年限。

五、水源

建造养兔场的地方，首先，要具有充足的水源，这样不仅能满足养兔场人员和兔子的直接饮用，更重要的是满足冲洗圈舍、清洗笼（用）具、洗涮衣物、消毒等的大量用水。其次，要有良好的水质，因为水质的好与坏直接影响着兔子和人员的身体健康，要求不能含有过度的杂质、细菌和寄生虫，不含腐败物质，不含有毒有害物质，矿物质元素不能过多或缺乏。再者，要便于保护和取用。最理想的水源是地下水。

六、交通

养兔场投入生产后，进出的物流量都比较大，大量的草料等物质要运进去，兔产品和兔粪要运出来，所以建造养兔场的地方要交通便利，否则将会给养兔场的正常生产和工作带来诸多不便，甚至增加开支。

七、周围环境

养兔场的周围环境主要包括居民区、交通、电力、其他养殖场、有污染源的工业企业、畜禽屠宰企业等。

（一）居民环境

家兔养殖生产过程中形成的有害气体、排泄物及养殖生产污物，会对周围大气和地下水产生污染，因此养兔场不宜建在人烟密集的繁华地带，要选择相对偏僻的地方，而且最好能有天然屏障（林带、山坡、河塘等）作为天然隔离带。养兔场一般要距居民区500米以上，并处于居民区的下风头。地势最好低于居民区，但要避开居民区生活污水排放口。

（二）污染源

家兔养殖场选址，要注意本身不受污染，远离可能的污染源（化工厂、屠宰场、制革厂、造纸厂、其他养殖场、牲口市场等），并处于这些可能污染源的平行风头或上风头。

（三）噪声源

家兔胆小易被惊吓，养兔场应远离释放噪声（铁路、采石场、靶场等）的场所，尤其是可能发生爆破声的场所。

（四）电力供应

规模化养兔场对电力的依赖性很大，应靠近输电线路，同时要自备发电设备或自备电源。

（五）防疫距离

为了防疫，养兔场应距主要干线公路500米以上，如有天然隔离屏障（林带、山坡、河塘等）或设具有一定高度的隔离墙时，距离可以适当缩短一些。距离一般道路100米以上。

八、占地面积

养兔场的占地面积应根据所养兔的类型、规模、饲养管理方式和集约化程度等因素而定。一般估算是按一只母兔及其仔兔占用建筑面积0.8平方米来计算，养兔场的建筑系数按15%计算。例如，500只基础母兔规模的养兔场，建筑物面积约需400平方米，兔场占地面积约需2 700平方米。

总之，养兔场址的选择，必须遵循社会卫生准则，使兔场不致成为周围环境的污染源，同时必须注意不受周围环境的污染。

第二节　养兔场场区布局的基本要求

一、养兔场建筑物布局原则

从人和兔的健康角度出发，创造适宜的生产环境和卫生防疫条件，建立最佳的生产联系通道和合理的管理流程，合理安排不同区域布局、位置和区域内建筑物。根据家兔养殖生产工艺要求、生产管理和卫生防疫要求，在地势和风向上进行合理的安排和布局。

二、养兔场的平面布局

养兔场应该是一个完善的建筑群。根据功能和特点不同，可分为生产区、辅助生产区、行政管理区、生活福利区和兽医隔离区等。

（一）生产区

生产区即家兔养殖区，是养兔场的核心区域。生产区的主要建筑包括：种兔舍、繁殖舍、幼兔舍、育成舍、生产兔舍等生产设施和饲料间、更衣室、消毒池、净道、污道、排水道等辅助生产设施。生产区总体布局根据当地长年风向来定，生产区应与生活区并列排列并处偏下风头，以防止生产区的气味影响到生活福利区。

生产区内不同用途圈舍的布局,应根据当地长年主风向(特别是夏季、冬季的主导风向)来布局。其中,种兔舍(即核心群)应置于环境最佳的位置,位于上风头;生产兔舍应靠近一侧偏下风头的出口处,以便于出售。按当地主导风向从上风头到下风头,各种圈舍的排列顺序依次为:种兔舍、繁殖兔舍、幼兔舍、育成兔舍和生产兔舍。为了便于通风,兔舍的长轴应与主风向平行,这样的布局设计紧凑而合理,能充分利用土地,兔舍温差也会相应减小,便于调节圈舍温度。

生产区与生活福利区之间,要有一定的隔离距离(大、中型兔场建议20米以上),并建2米高的隔离墙。生产区要视情况留有1~2个门,便于不同物品的运输出入,入口处要设置相应的消毒设施(车辆消毒池等)、门卫室、消毒更衣室(内设更衣柜、脚踏消毒池、喷雾消毒装置、紫外线消毒装置等)。各兔舍门口也应该设置相应的消毒设施(脚踏消毒池、工作用平车消毒池等)。

生产区内的净道和污道必须分开,净道作为工作人员行动和饲料、饲草的运输通道,污道作为粪便、污物及病死兔的运输通道。如果是双列兔舍,净道在中心道路,污道在圈舍的两头。中、大型兔场,兔舍间应保持10~15米的间距,间隔地带可以栽植树木、牧草或藤类等植物。

(二)生产辅助区

生产辅助区主要包括:饲料加工车间、饲料成品库、饲料原料库、干草棚、草料晾晒场、维修车间、供水泵房、配电室等。生产辅助区的不同区域应单独成区,并与生产区隔开,但为了缩短管线和道路长度,应与生产区保持较短的距离。饲料加工区域应设置在生活福利区的偏下风头,生产区的偏上风头。其他生产辅助设施根据具体情况而定。

(三)行政管理区

行政管理区是养兔场办公和接待客人的场所,一般包括办公室、接待室、陈列室、培训会议室和门卫室等,其位置应尽可能地靠近大门口,以便于对外交流,同时也会减少对生产区的干扰。

(四)生活福利区

生活福利区是养兔场员工生活的地方,主要包括宿舍、食堂和文化娱乐场所等。为了防疫,必须与生产区分开,并在两者连接处设置消毒设施。行政管理区和生活福利区应设置在全场的上风头和地势较好的位置。

（五）兽医隔离区

兽医隔离区，是养兔场污染最为严重的场所，要安排在兔场的下风头并与生产区保持一定的距离（20～30米），四周要有隔离带和单独的出入口。兽医隔离区主要包括兽医处理室、隔离观察舍、焚烧炉（或埋尸深坑）、粪污堆放场（或处理设施）等。其中的各个功能区要单独成区，互相隔离，尤其是隔离观察舍必须与其他设施保持一定距离。

总之，养兔场不同功能区及其每个区域的具体布局，应本着利于生产和防疫、方便工作和管理的原则，合理安排。具体布局可参照图4-1、图4-2和图4-3。

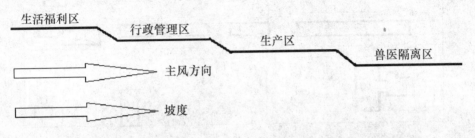

图4-1　兔场地势、方向及各功能区布局位置示意图

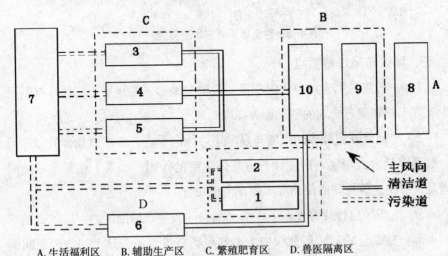

A.生活福利区　　B.辅助生产区　　C.繁殖肥育区　　D.兽医隔离区

1、2.核心种群车间　　3、4、5.繁殖肥育车间　　6.兽医隔离区

7.粪便处理场　　8.生活福利区　　9、10.办公管理区

图4-2　种兔场平面布局图实例1

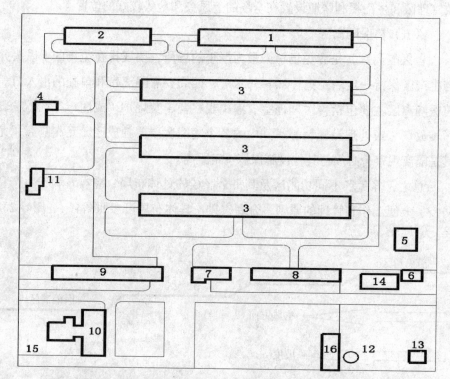

1. 原种兔舍　2. 后备兔舍　3. 种兔舍　4. 育种技术室　5. 隔离室　6. 兽医室
7. 淋浴消毒更衣室　8. 饲料库　9. 办公楼、宿舍楼　10. 食堂　11. 变电室
12. 水塔　13. 泵房　14. 锅炉房　15. 门卫室　16. 车库

图4-3　种兔场平面布局图实例2

三、场区布局注意要点

（1）一般建筑物应按南北向布置，长轴与地形等高线平行，这样有利于减少土方工程和确定合理的基础埋置深度。

（2）尽量将开窗较多的纵墙与夏季主导风向垂直，以加强兔舍的自然通风，起到降低舍内温度、湿度和有害气体浓度的作用。如果上述要求不能同时满足，可使建筑物朝南偏15度或侧东南偏15度。

（3）生产区与行政管理区、生活区福利区和生产辅助区之间应加设围墙或利用部分建筑分隔。一般建议中大型养兔场要设置第二道大门作为之间的通道，凡需要进入生产区的人员和车辆均在通过二道大门的时候进行严格地消毒。

（4）合理确定建筑物高度。一般以在冬至那天当地的阳光照射在阳面墙3米以外处为准，来计算建筑物间的距离，同时要考虑铺设地上、地下管线、道路和绿化所占地宽度及防疫要求。这样算来，前后两栋兔舍间距应该是兔舍檐高的3~5倍。

（5）场区四周及各功能区之间要设置较好的绿化隔离地带。

第三节　兔舍建筑的基本要求

一、兔舍设计的基本要求

（一）兔舍设计要有利于提高劳动生产率

兔舍既是家兔生活、生存和生产的场所，又是饲养人员饲养管理家兔和日常工作的操作场所。兔舍设计一旦不合理，不仅会加大饲养人员的劳动强度，而且会影响饲养人员的工作情绪。因此，兔舍设计与建筑要便于饲养人员的日常操作。例如，多层式兔笼设计的过高或层数过多，操作就会很困难，不仅会浪费时间，而且会给饲养人员对兔群的日常观察带来不便，势必要影响工作效率和质量，同时要考虑劳动安全和劳动保护。

（二）兔舍设计要符合家兔的生活习性和生物学特性

家兔只有在符合自身生物学特性的适宜环境下，才能够表现出最大的生产潜能，所以兔舍设计必须符合家兔的生活习性和生物学特性，这样才有利于兔舍的环境（温度、湿度、光照、通风等）控制，并有利于卫生防疫和便于生产管理。兔舍窗户的采光系数为：种兔舍10%、育肥舍15%左右，阳光入射角度不低于25~30度；窗台高度以0.7~1.0米为宜。兔舍门要求结实、保温，门子的大小以方便饲料车和清粪车出入为宜，一般宽1米、高1.8~2.2米。家兔胆小怕惊吓，抗兽害能力差，因此，兔舍门窗上安装铁丝网（夏季要装纱窗），以防蚊蝇及兽害；家兔怕热、怕潮湿，在建筑上要有相应的防雨、防潮、防暑降温、防严寒、防风等措施。总之，兔舍内应干燥，通风良好，光线充足，冬暖夏凉，防暑防兽害，并要有利于防疫消毒。

（三）兔舍各部分的建筑必须符合建筑学的一般要求

兔舍各部分的建筑和设施，一定符合建筑学的一般要求。例如建筑材料，尤其是兔笼材料要坚固耐用，防止被兔啃咬而受到损坏。兔舍内要设置排污系统，排污系统包括粪沟、沉淀池、暗沟、关闭器、蓄粪池等，排粪沟要有一定坡度，以便在打扫和用水冲刷时能将粪污顺利排出舍外，并顺利通往蓄粪池，同时也便于兔尿和漏水随时排出舍外，降低舍内湿度和有害气体浓度。兔舍屋顶要完全不透水、隔热，具体材料可采用水泥构件或瓦片等，兔舍顶部要设置天花板，并选用隔热好的原材料。兔舍地面要坚固致密，平坦不滑，抗机械能力强，耐腐蚀，易清扫，保温防寒，实际生产中以水泥地面最多，舍内地面要高出舍外地面20～30厘米。选材要因地制宜、就地取材，在保证达到设计要求的前提下，尽量降低建筑成本、节省资金；各种材料应具备防腐、保温、坚固耐用等特点。

（四）符合不同类型和用途的要求

兔舍的形式、结构、内部布置等必须符合不同类型和不同用途家兔的饲养管理和卫生防疫要求，同时必须与当地的地理、气候条件相适应。兔舍的跨度要依家兔的类型、兔笼形式和排列方式及当地气候环境来定。理论上讲，跨度越大，单位面积的建筑成本就会越低，但跨度过大不仅会影响兔舍的采光面积和通风，同时会给兔群实施责任制带来不便，一般兔舍跨度应控制在10米以内。不同舍内排列类型的跨度及其舍内布局可参照表4-1所示。

表4-1　兔舍内排列类型与跨度对应表

舍内排列类型	跨度	舍内布局
单列式兔舍	不大于3米	一个走廊，一个粪沟
双列式兔舍	4米左右	一个粪沟，两个走廊或一个走廊两个粪沟
三列式兔舍	5米	两个走廊，两个粪沟
四列式兔舍	6.5～8.0米	两个粪沟，三个走廊

兔舍的长度没有严格的规定，可根据场地情况、建筑物布局、兔舍类型、兔舍排列、规模数量、班组生产量等，结合兔舍跨度来灵活掌握，一般控制在50米以内。

（五）兔场入口设置消毒池及兔舍入口处也要设置消毒池或消毒盆

为便于卫生防疫和消毒，兔场的进入口要设置消毒池，以便进出车辆的消毒；兔舍门口设置脚踏消毒池或消毒盆，便于进出人员、饲料和粪污运输车子的消毒。消毒池要方便更换消毒液。

二、兔舍类型及其特点

兔舍的类型很多，并各具特色，不同地区应因地制宜，建造适合当地环境条件和自身条件的兔舍，并可利用闲置的房舍来进行家兔养殖生产。兔舍类型包括室内封闭式兔舍、地下半地下式兔舍、室外笼养式兔舍、塑料棚舍式兔舍以及无窗兔舍等。专业化养兔场，一般都要修建规格较高的室内封闭笼养兔舍。

（一）室内封闭式兔舍

室内封闭式兔舍的养兔设施和设备均位于比较封闭的舍内，养兔生产活动在舍内进行。兔舍上部有屋顶，四周有墙壁，前后有窗户和通风口，圈舍通风换气依赖门窗和通风口。室内封闭式兔舍的优点：具有良好的保温和防暑作用，能人为进行环境控制，便于管理操作，可有效防止兽害；缺点：比较封闭，兔舍空气质量较差，冬季必须处理好通风和保温的矛盾。目前，我国北方的规模化养兔场的兔舍以室内封闭式兔舍为主。根据设施和设备的排列方式不同，室内封闭式兔舍可分为单列式、双列式和多列式。

1. 单列室内封闭式兔舍

兔笼单列布局在兔舍的背面，笼门朝南，兔笼与南墙之间为工作走道，兔笼与北墙之间为清粪道，南北墙距地面20厘米处留有通风口。这种兔舍的优点是冬暖夏凉，通风良好，光线充足；缺点是兔舍利用率低［图4-4及图4-5（四）］。

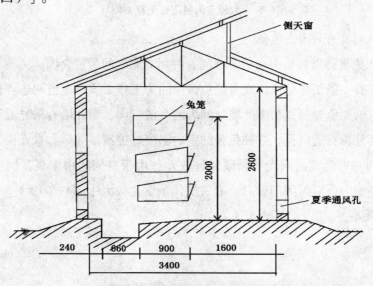

图4-4　单列室内封闭式兔舍示意图（单位：毫米）

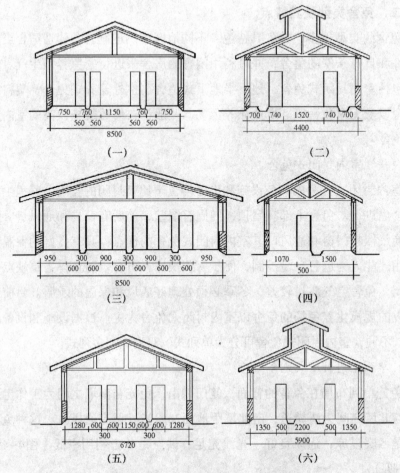

图4-5　六种室内封闭式兔室（单位：毫米）

2. 双列室内封闭式兔舍

　　两列兔笼背靠背排列在兔舍中间，两列兔笼之间为清粪沟，兔笼与南北墙之间各有一条工作走道；或者是兔舍中间为工作走道，走道两边各排列一列兔笼，两列兔笼分别与南北墙之间为两个清粪沟。南北墙有采光通风窗，接近地面处留有通风孔。这种兔舍的室内温度好控制，通风和采光良好，但靠北面的一列兔笼的采光和保暖条件较差。由于空间利用率高，饲养密度大，在冬季为保温封闭门窗后，有害气体浓度也较大［图4-7（a），图4-7（b）及图4-5（二）、（六）］。

3. 多列室内封闭式兔舍

除上述的单列式和双列式室内封闭式兔舍外，并有三列式（两条走廊，两个清粪沟）、四列式（三个走廊，两个清粪沟）室内封闭型兔舍等。多列式室内封闭型兔舍的采光和通风设施与单列式或双列式室内封闭性兔舍相同。优点是饲养密度大，兔舍利用率高；缺点是，越靠北面的列笼采光和保温越受影响，自然通风条件比较差［图4-6、图4-7（b）及图4-5（一）、（三）、（五）］。

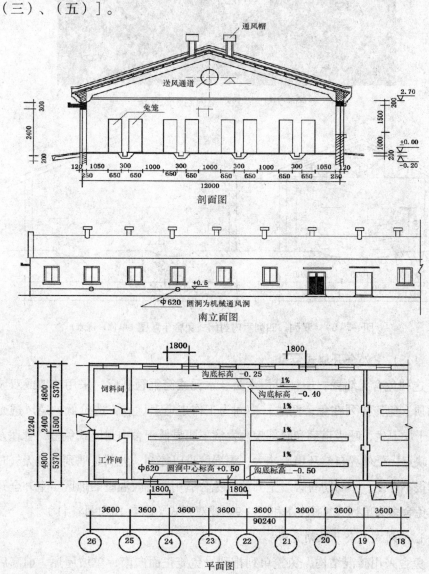

图4-6 八列室内封闭式兔舍示意图（单位：毫米）

图4-7（a） 双列室内封闭式兔舍

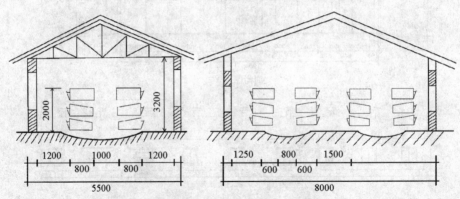

图4-7（b） 双列、四列室内封闭式兔舍示意图（单位：毫米）

（二）室外全开放式兔舍

这种兔舍无墙壁，屋柱可用木头、水泥或简钢管制成，采用单坡或双坡式屋顶。兔笼排列在兔舍两边，中间为工作走道。优点：造价低，通风透光好，干燥卫生，呼吸道病和眼部疾病发病率明显低于舍内封闭式兔舍，管理方便；缺点：受外界自然环境影响大，温湿度难以控制，尤其是遇到不良天气时管理很不方便，不易防兽害。全开放式兔舍适用于比较温暖的地区。室外全开放式兔舍多为单列式（图4-8和图4-9）或双列式（图4-10和图4-11）。

1. 单列式完全开放列兔舍

兔舍采用砖混结构，兔笼单列排列，兔笼正面向南；单坡屋顶，前高后低，屋檐前长后短，屋顶采用水泥预制板或波形石棉瓦；兔笼后壁用砖砌成，并留有出粪口，承粪板为水泥预制板（图4-8和图4-9）。为适应露天环境，兔舍地基应高一些，兔舍前最好种植树木遮阳，以避免阳光直射或暴晒。

图4-8　开放式兔舍（单列）　　　图4-9　附带凉棚开放式兔舍（单列）

2. 双列式完全开放型兔舍

为两排兔笼面对面排列，两列兔笼中间为工作走道，两列兔笼后壁就是兔舍的两面墙体，清粪沟在兔舍两面墙体的外面（图4-10和图4-11）。屋顶为双坡式（"人"字屋顶）或钟楼式。兔笼结构与室外单列式基本相同。与单列式相比，这种兔舍的保温性能较好，饲养人员像是在室内操作，但相对来说缺少光照。

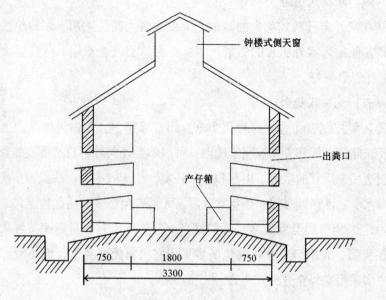

图4-10　双列式完全开放型兔舍（单位：毫米）

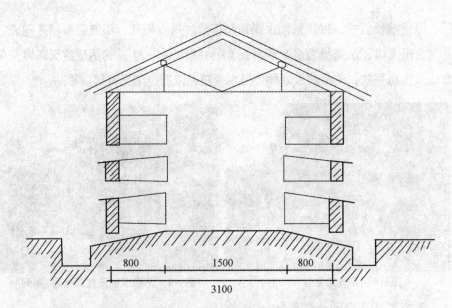

图4-11　双列式完全开放型兔舍示意图（单位：毫米）

（三）地下或半地下式兔舍

利用地下温度较高而稳定、安静、噪声低、惊扰少的特点，在地下或半地下建造兔舍。此种兔舍适于高寒地区家兔的冬繁。地下或半地下式兔舍修建时应选择地势高、干燥、背风向阳的地方。管理上应该注重通风换气和保持干燥。

（四）塑棚式兔舍

是在室外全开放式兔舍的基础上架设塑料大棚，适用于寒冷地区的室外兔舍和其他地区室外兔舍的冬繁。塑料膜为单层或者双层，双层膜之间有缓冲层，保温效果好。

（五）无窗式兔舍

即环境控制型兔舍。这种兔舍全封闭，无窗户，室内温度、湿度、通风换气及光照等全部靠人工控制。优点：可以不受任何外界自然环境的影响，为兔子创造一个适宜的生活、生存和生产环境，生产效率高；缺点：一次性投资大，对水电的依赖性极强。养兔发达国家大型养兔场多采用这种形式的兔舍。

总之，兔舍的类型繁多，可根据当地自然环境和自身资源条件来选择，目前在我国，大中型专业化养兔场多采用室内封闭式兔舍，而小型养兔场和养殖户多采用室外全开放式兔舍。

三、兔舍主要部位结构的建筑要求

兔舍因类型不同，其建筑结构也不尽相同，下面介绍目前多采用的笼养方式兔舍主要结构建筑的基本要求。

（一）墙体与基础

墙体造价占兔舍总造价的30%～40%，冬季通过墙体散失的热量占兔舍总失热的40%。因此，兔舍的墙壁不仅要经久耐用、坚固抗震、耐水、防火、抗冻、便于清扫消毒，同时要具备良好的保温和隔热性能。墙体的建筑材料，应根据当地的材料来源、气候特点等来选择。地基是整个兔舍的地下承重部分，必须具备足够的承重能力和稳定性，一般可用毛石、灰土（8∶7）等。

（二）屋顶

屋顶是兔舍散热最多的部位，因此要求能冬季保温、夏季隔热，耐火防潮。屋顶的建筑材料，根据具体情况可选用黏土瓦、挂瓦板、石棉瓦、水泥构件、彩钢瓦等；在下弦较低的情况下，需要尽量创造较大的空间（如采用吊斜顶的办法可以增大室内容积），减少换气次数，求得良好的经济效果。跨度较小的兔舍可采用混凝土上两铰屋架、小角钢或小钢管屋架等。

（三）地面

地面总体要求保暖、坚实、平整、不透水；同时要有一定坡度，坡向排水地漏，便于清扫消毒及保持舍内干燥。笼养兔舍以采用水泥地面为最佳；也可采用三合土（石灰∶碎石∶黏土=1∶2∶4）夯实或砖砌地面，但排粪沟必须用防酸水泥抹面，以防排粪沟被粪腐蚀而剥脱。

四、兔舍内的环境控制工程及技术

建设兔舍时，搞好兔舍内环境工程设计，做好兔舍内环境工程系统的管理和维护，便能克服外界自然环境中不利因素对养兔生产的影响，创造比较适宜而稳定的环境条件，使高密度饲养的兔群生活在符合生理需求的小气候中，最大限度地发挥其生产潜力，获取最大的经济效益。兔舍内环境工程包括通风换气系统和采光、降温、采暖设备等。

（一）兔舍有害气体调控工程与技术

1. 控制兔舍内空气质量的重要性及质量要求

家兔对环境空气质量特别敏感，污浊的空气会显著提高家兔呼吸道疾病

（如巴氏杆菌病、波氏杆菌病等）的发病率。有报道，每立方米空气中氨气含量达50毫升时，兔呼吸频率减慢、流泪、鼻塞；达100毫升时，兔流泪、流鼻涕以及口涎现象显著增多。主要有害气体允许浓度标准如表4-2所示。

表4-2　兔舍内空气质量要求标准

有害气体种类	单位	要求标准
氨气	毫升/立方米	<30
硫化氢	毫升/立方米	<10
二氧化碳	毫升/立方米	<3500

2. 兔舍有害气体控制工程与技术

（1）兔舍有害气体控制的重要性：兔舍有害气体的控制除采取降低饲养密度、增加清粪次数、减少舍内水道和饮水器具漏水现象等饲养管理措施外，更重要的是要通过合理的通风换气系统工程和技术来实现。家兔的通风换气量参数见表4-3所示。

表4-3　家兔的通风换气参数　　　　　单位：立方米/小时

生理阶段	冬季	春秋季	夏季
哺乳期母兔（只）	5.3	7.4～11.8	59.4
1千克活重公兔（只）	1.52	2.1～3.4	16.9
90天内生长期兔（只）	1.14	1.5～2.5	12.5
90天内生长期兔（千克体重）	0.5	0.6～-1.0	5.0
135天以上肥育兔（只）	1.22	1.6～2.6	13.4
135天以上肥育兔（千克体重）	0.4	0.55～0.89	4.47

（2）兔舍通风换气要求：

① 整个兔舍内气流速度均匀稳定，既无死角和局部"短路"，也不能有贼风（尤其是冬季）。

② 维持舍内适宜的气温和空气新鲜，防止气温的剧烈变化，防止室内有害气体浓度偏高和湿度过大。

③ 采用机械通风时，入舍气流的流向不能直冲兔群。

④ 舍内空气流速不超过每秒50厘米，冬季控制在20厘米以下。

⑤ 前后兔舍的排风口或进风口应安置在相对两侧，以防止舍内污浊空气排出后再通过进风口进入另一栋兔舍内而产生危害。

（3）通风形式：兔舍通风有自然通风和机械通风两种形式，建造兔舍时要根据当地的自然条件、养殖规模、饲养密度、兔舍类型、笼具排列方式等不同来选择采用何种方式。

① 自然通风系统。自然通风是指借助于自然的风压（自然刮风作用于建筑物表面的压力）和热压（热气流上升生成的压力差）产生的空气流动，通过门窗及通风道形成的空气交换。冬季紧闭门窗时，主要利用热压来完成自然通风，其他季节主要靠风压来完成。所以，兔舍应设进排风口、风帽或其他排气设施。

风帽设在屋顶，直径40~50厘米，风帽内有活动门，以调节通风量；风帽上口高于房脊50~70厘米。风帽间隔距离为3~4米。屋外进气口应下弯、加挡板或设置帽子，以防止冷空气或降雨水直接侵入，稍早前养殖舍多采用这种方式。目前，在建筑养兔舍的时候，自动排风系统大部分采用"无动力自然通风器"（图4-12和表4-4）。无动力自然通风器是通过涡轮叶壳上的叶片捕捉迎风面上的风力来推动叶壳旋转，涡轮叶壳因旋转而产生离心力，将涡轮叶壳内的空气由背风面的叶片间诱导排出，由于空气的排出，使涡轮壳内下部附件区域产生负压，为维持空气动态平衡，正压区域的空气就会自然地向负压区流动，从而达到通风换气的效果。无动力自然通风器由涡轮叶壳，中心轴系统，切风片，泛水切口，支承座等组成。防水效率可达100%。根据通风量设计要求的不同，有不同的直径型号，应根据饲养密度、兔舍结构、兔舍类型、当地常年风速等具体情况进行选择，一般情况下同一直径，叶片数量越多，效果越好。无动力自然通风器是通常按照常年平均风速为3.4米/秒（三级风）、室内外温差5℃来设计的，如室内外温差大于5℃可适当增加安装数量。

表4-4　无动力自然通风器参数参考

排风口直径（毫米）	叶片数量（片）	排气量（立方米/分钟）	材质
160	15	15	不锈钢/彩钢板/塑钢
200	16	18	不锈钢/彩钢板/塑钢
300	20	23	不锈钢/彩钢板/塑钢
360	24	28	不锈钢/彩钢板/塑钢
400	28	32	不锈钢/彩钢板/塑钢
500	32	50	不锈钢/彩钢板/塑钢
600	32	65	不锈钢/彩钢板/塑钢
680	36	80	不锈钢/彩钢板/塑钢
800	42	96	不锈钢/彩钢板/塑钢
900	48	118	不锈钢/彩钢板/塑钢

采用自然通风时，为保障空气流动通畅，兔舍跨度不宜过大，以6~8米为宜。排气孔面积为地面面积的2%~3%，进气孔面积可按排气孔总断面面积的70%来计算。屋顶坡度最好大于25度，以利于热空气的排除。自然通风系统结构简单、投资少、运行成本低，但其通风效果很大程度上要依赖于当地的自然气候条件，不好控制（图4-12）。

图4-12 无动力自然通风器

② 机械通风系统。借助于通风机械实现通风来有效地组织通风换气，建立良好的小气候环境，保证家兔的健康和正常生产性能的发挥。机械通风有三种方式：负压通风（抽风）、正压通风（送风）和联合式通风（又抽又送）。

a. 负压通风。通过风机（排风机，图4-13）抽出舍内污浊空气，新鲜空气通过舍内形成的负压经过进气口流入舍内而完成舍内外空气交换。采用负压通风时，风机安装在兔舍污道出口山墙上部位置，进风口设置在另一侧净道出入口山墙上，形成一侧抽风一侧进风的纵向通风，效果最好。

图4-13 兔舍通风设备

一般兔舍多采用负压通风。

b. 正压通风。通过风机（图4-13）向舍内送风，借助于送风形成的空气压力，将舍内污浊空气通过排风口排向舍外，完成空气交换。可采用两侧送风、屋顶排风，也可采用屋顶送风、两侧排风，还可采用一侧送风、一侧排风。屋顶送风是采用屋顶水平管道送风系统，新鲜空气由大功率轴流风机压入管道，再通过管道上的等距离圆孔进入舍内，这种通风系统可以设置对空气进行过滤、加热或降温，有效控制舍内环境。极端气候条件（炎热或寒冷）的地区可采用这种通风方式。

c. 联合式通风。联合式通风，是在屋顶水平送风系统的基础上，将两侧的自然通风改为机械通风，以进一步提高通风效果。大跨度的密闭式兔舍多采用这种通风方式。

（二）兔舍光照控制工程与技术

1. 控制兔舍光照的重要性

光照对家兔的生理和生产也有很大影响，合理的光照强度和光照长度可以促进家兔机体的新陈代谢、增强食欲，提高红细胞和血红蛋白含量，促进合成维生素D，调节钙磷代谢，促进生长。同时，光照与家兔的繁殖关系密切，光照有助于生殖系统的发育，促进性成熟。

2. 家兔适宜的光照要求

家兔因类型及生理阶段不同，所需光照时间和强度有所不同。繁殖期的母兔，需要比较强的光照；公兔光照时间不宜过长，否则配种能力将会受到影响，公兔持续光照时间超过16小时，睾丸重量会减轻，精子密度会降低；肥育兔采用较暗的光照，可有效控制性腺发育从而促进生长，并能减少活动量、减少互相咬斗，利于育肥；短光照时间有利于提高獭兔的皮毛质量，因此皮毛生产期的獭兔应采用短时间光照制度。主要生理阶段家兔适宜的光照要求参照如表4-5所示。

表4-5 不同家兔适宜的光照要求

家兔类型或生理阶段	光照时间（小时/天）	光照强度（勒克斯）
繁殖母兔	14～16	20～30
公兔	10～12	20
肥育兔	8	20
皮毛生产期獭兔	8～10	20

3.兔舍采光控制工程

兔舍采光有人工采光和自然光照两种方式。国外养兔先进国家采用的全密闭式兔舍（无窗兔舍）需要完全的人工采光。而我国普遍采用的舍内密封式（开放、半开放式）兔舍及完全敞开式兔舍，是采用"自然光照+人工辅助补充光照"的采光方式，是以自然光照为主，特殊情况下人工补充光照。

兔舍设计和建筑时，必须考虑家兔采光要求和当地的自然光照条件。采用自然光照时，兔舍门窗的有效采光面积应占地面面积的10%～15%；入射角（舍内地面中央一点到窗户上缘所引直线与水平面之间的夹角）为25度以上，透光角（舍内地面中央一点到窗户下缘所引直线与水平面之间的夹角）不低于5度。入射角与透光角的角度越大越有利于采光，但要防止夏季阳光直射到兔笼上。

4.兔舍采光控制技术

光照控制技术上，要在设计和建筑好合理的自然采光工程的基础上根据特殊需求、季节等人工辅助补充光照，以达到家兔需求。家兔属于夜行为动物，对光照强度要求不高，人为控制光照时，20～30勒克斯强度范围内便能满足要求，或者不低于4瓦/平方米。需要注意的是，光线的分布要均匀，光源以40～60瓦的白炽灯为宜（也可折算采用荧光灯或节能灯）灯泡的高度以2.0～2.4米为宜，相邻灯泡之间距离为高度的1.5倍；加用平形或平伞形灯罩，光照强度可以增加50%。两排以上灯泡设置时，排与排应交错。不同光源的光效特性详如表4-6所示。

表4-6 不同光源的光效特性

光源	功率（瓦）	光效	寿命（小时）
白炽灯	15～1000	6.5～20.0	750～1000
荧光灯	6～125	40.0～80.0	5000～8000

（三）兔舍环境温度控制工程与技术

1.控制兔舍环境温度的重要性

环境温度与家兔关系密切，直接影响着家兔的健康、繁殖、采食等行为和生长速度、皮毛质量等生产性能。环境温度不适时，家兔都会通过机体的物理和化学方法来进行调节，消耗大量的体能和营养物质，从而降低生产性能，如肉兔的生长速度降低、獭兔毛皮质量下降、毛兔产毛量和兔毛质量下降等。尤其是环境温度过高或过低，超出家兔机体自身调节能力时，不仅会导致生产性能降低，而且家兔的健康将受到威胁，抵抗力下降，疾病发病率增加，甚至造成死亡。高温可以导致兔群"夏季不孕"，皮毛质量下降，甚至中暑；寒冷季节兔群易患呼吸道和消化道疾病。所以，家兔舍内温度控制工程与技术十分重要。

2. 家兔的适宜环境温度要求

家兔因类型、生理阶段等的不同，对环境温度的要求也各不相同，成年兔的温度耐受力要低一些，低温耐受极限为-5℃，高温耐受极限为30℃；繁殖母兔长时间生存在30℃的环境条件下，会出现"夏季不孕"，甚至中暑。不同生理阶段家兔适宜环境温度的要求如表4-7所示。

表4-7　不同生理阶段家兔对环境温度的要求

生理阶段	初生仔兔	1~4周龄仔兔	成年兔
适宜温度（℃）	30~32	20~30	15~20
要求说明	巢箱内温度	笼内环境温度	笼内环境温度

3. 兔舍环境温度控制工程

兔舍环境的温度控制，首先要在修建兔舍前，结合当地气候条件，选择好兔舍的类型；其次，做好兔舍外围护结构的设计，使外围护结构（主要是墙体和屋顶）的隔热性能（热阻值）接近当地民用建筑标准；再者，要结合兔舍有害气体控制工程与技术，并考虑保温要求，做好兔舍通风系统的设计和建筑安装，较热地区炎热季节可考虑屋顶水平送风系统对送入空气的降温，或湿帘通风等，寒冷地区在寒冷季节，可考虑屋顶水平送风系统对送入空气加温，或热风炉装置等。

4. 兔舍环境温度控制技术

兔舍环境温度的调控技术，主要是寒冷季节的兔舍保温技术和炎热季节兔舍的散热降温技术。

（1）寒冷季节兔舍的增温技术

① 集中供暖。采用锅炉或空气预热装置等集中产热，再通过管道将热水、蒸汽或热空气送往兔舍。集中供暖多用于黄河以北地区较大规模的兔场。集中供暖一般按15~18℃舍温进行热工艺设计。供暖设计时，要考虑家兔的产热量，据测定，在环境温度为1℃时，成年兔每千克体重1小时可散发

19.12千焦的能量，而在20℃时，为16.57千焦；同一温度环境下，幼兔产热量要比青年兔、成年兔高（表4-8）。兔舍内饲养密度较低时，进行热工艺设计可以不考虑兔的产热量。

表4-8　20℃环境温度下不同日龄家兔产热量和二氧化碳排出量

家兔日龄	产热量 （千焦/千克体重·小时）	二氧化碳排出量 （毫升/千克体重·小时）
15	22.68	980
35	33.76	1392
65	22.51	910
105	18.16	764
成年兔	16.57	607

②局部供暖。在兔舍内分别安装供热设备，如普通煤火炉、火墙、电热器、保温伞、散热板、红外线灯等，这些取暖方式多应用于跨度小、规模小的兔舍。目前，有专门的企业专业生产兔产仔箱电褥子，将其放入产仔箱内，可对产仔箱进行增温。使用煤火炉时，必须设置好排烟系统，以防止煤气中毒。

③热风采暖。利用电力或天然气能源作为热源（主要是电力采暖），在进风口对冷空气进行加温后，通过管道分送到兔舍的各个空间（图4-14）。相对而言，这种装置比较经济，供暖均匀，而且能降低兔舍内湿度，避免换气时造成室温骤降对家兔带来一系列不良反应。利用煤炭、天然气或煤气作为空气加温能源时可能会散发对家兔有害的气体，所以生产中常以电力作为能源。

（a）燃气式热风炉　　　　　　（b）燃煤式热风炉

图4-14　不同燃料方式热风炉

④兔舍增温的其他方法。适当提高兔舍内的饲养密度，可以在一定程度上提高兔舍温度；对规模化养兔场来说，设置专门的供暖产房和供暖育仔间

等，也是改善冬繁效果的有效方法；农户或小型兔场，可以在舍外开放式兔舍的基础上，添置塑料大棚，或直接修建塑料大棚式兔舍，能减少寒冷季节取暖费用。

（2）兔舍的散热降温控制技术

① 修建保温隔热兔舍。

② 兔舍前种植树木和攀缘植物（图4-15），搭建遮阳棚（图4-16），窗外设挡阳板，窗户挂窗帘等，以减少阳光对兔舍的照射，降低舍内温度。

图4-15　兔舍前种植攀缘植物遮阳　　　　图4-16　兔舍前搭遮阴网遮阳

③ 安装通风设备（图4-13），加强通风量，促使空气流动，帮助兔体散热，并驱散舍内产生和积累的热量。

④ 安装水帘，降低兔舍温度。水帘降温法，是兔舍进行纵向负压通风（图4-16），在进风处（风机的另一端）设置水帘（图4-17），水管不断向水帘上喷凉水，使热空气经冷却和净化后进入兔舍，在上午温度升高之前启动"纵向通风—水帘系统"（图4-18）可降低兔舍温度（一般能降低5～8℃）。

⑤ 有条件的养兔场，尤其是种兔舍，可以考虑安装空调。

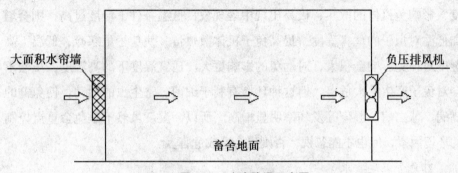

大面积水帘墙　　　　　　　　　　　　　　　　　　负压排风机

畜舍地面

图4-17　水帘降温示意图

负压排风机

水帘

水帘应用实例

图4-18　负压通风+水帘系统组件及应用

（四）兔舍湿度控制工程与技术

1. 控制兔舍湿度的重要性

湿度不是兔舍重点需要控制的环境因素，但高温高湿和低温高湿对家兔的影响则是十分大的。高温条件下湿度过高，会增加高温对兔子的危害程度，影响兔机体的散热，极易出现中暑现象；低温条件下湿度过高，则会增加低温对兔子的危害程度，提高兔子机体散热量，使兔子更寒冷，低温下高湿度对仔兔影响会很大，对幼兔的影响更大。适宜温度下的高湿度，虽然不会对兔子产生重大危害，但这种环境有利于细菌、寄生虫的活动，使兔群的螨病、球虫病、湿疹等发病率明显增高。所以，湿度虽然不是兔舍重点控制的环境因素，但也不能忽视，否则也会造成危害。

2. 兔舍湿度要求

兔舍湿度以60%～65%为宜，一般最高不能高于70%，最低不能低于55%。

3. 控制兔舍湿度的技术措施

（1）加强兔舍通风。

（2）降低兔舍内的饲养密度。

（3）勤清理粪尿，必要时在排粪沟内可撒一些吸附性强的物质，如石灰、草木灰等，可以降低舍内湿度。

（4）冬季兔舍增温可以缓解高湿的不良影响。

（5）炎热季节用凉水降温时，千万要注意湿度过高而加重高温的危害。

（五）兔舍噪声控制工程与技术

1. 控制兔舍噪声的重要性

家兔胆小怕惊扰，突然的噪音会引起家兔一系列的不良反应。噪声对妊娠母兔、哺乳母兔和断奶后幼兔的影响尤其严重。所以，控制兔舍噪声也是必不可少的。

2. 减少噪声的技术措施

（1）养兔场选择场址时，要选在远离公路、铁路、工矿企业、靶场、石料厂等可能产生噪声的地方。

（2）养兔场布局时，饲料加工车间与生产区要保持一定距离。

（3）人员日常工作操作时，动作要轻、稳，避免发出刺耳或突然的响动。

（4）选择通风换气、清粪、搬运草料等室内设备时，要选择噪声小的工具。

（5）汽（煤）油喷灯消毒尽量避开母兔妊娠期集中的时间进行。

（6）禁止在兔舍周围燃放烟花爆竹。

第四节　兔笼及其他养兔设备

一、兔笼

（一）兔笼设计的基本要求

1. 符合家兔的生物学特性，耐啃咬、耐腐蚀。

2. 结构合理，易清扫、易消毒、易维修、易更换。

3. 大小适中，易于保持卫生。

4.管理方便，劳动效率高。

5.选材经济，质轻而坚固耐用。

（二）兔笼规格

兔笼大小，要以家兔类型、品种、年龄及兔舍类型等不同而定。在设计兔笼时可以根据兔子的体长来估算，笼宽为体长的1.5～2.0倍，笼深为体长的1.3～1.5倍，笼高为体长的0.8～1.2倍，参考规格如表4-9和表4-10所示。从兔类型上应考虑：毛兔笼略大，大型肉兔笼稍大，獭兔笼较小；从兔舍类型上应考虑：舍内笼比舍外笼要略小一些；从兔笼排列形式上应考虑：排列层数多或兔笼较高时，深度应略浅。

表4-9　舍外笼养兔兔笼的参考规格

兔笼规格 品种类型	笼宽（厘米）	笼高（厘米）	笼深（厘米）
大型兔	100～120	45	65
中型兔	80～85	45	65
小型兔	70～75	45	62

表4-10　舍内笼养兔兔笼的最小规格（供参考）

兔类型	体重（千克）	面积（平方米）	宽度（厘米）	高度（厘米）	深度（厘米）
种兔	4.0以下	0.20	50	30	40
	4.0～5.5	0.30	60	35	50
	5.5以上	0.40	75	40	55
育肥兔	2.7以下	0.12	40	30	30
安哥拉毛兔		0.20	50	35	40
产箱	4.0以上	0.10	33	25	33
	4.0以下	0.14	40	30	30

备注：种兔笼产仔箱应设置在笼前面或旁边，如果放在笼内，则笼宽度应增加10厘米。

（三）兔笼结构及要求

一个完整的兔笼，由笼体及附属设备组成。其中的笼体由笼门、笼壁、笼底板和承粪板四部分组成。

1.笼门

一般安装在笼子的前面，单层笼也可在笼顶。可用铁丝网、冲眼铁皮、竹板条等制作；笼门框架要平滑，以免刮伤兔子；右侧安转轴，向右侧开启。要求启闭方便、防啃咬、防鼠防兽害；笼门宽40～50厘米。可将草架、食槽、饮水器等兔笼附属件安挂在笼门上，这样不仅能提高工作效率，也能增加笼内面积，减少开门次数。

2. 笼壁

固定式兔笼多采用水泥板、石和砖砌成，移动式兔笼多用竹片、冷拔丝、冲眼铁皮、金属网等制作。笼壁要平滑，以免损伤兔体和钩挂兔毛；并要坚固防啃咬；网眼大小要适中，过大时仔兔、幼兔容易跑出笼子或窜笼。用砖砌或水泥板制作兔笼时，需要预留承粪板和笼底板的3～5厘米的间隔；以竹木栅条或金属网条编制时，以1.5～3.0厘米宽，间距1.5～2.0厘米为宜。

3. 笼底

（1）网状笼底：多用镀锌冷拔丝制成，要平整而不滑，坚固而不硬，耐腐蚀，易清理，能及时排出粪便，最好设计成活动式，以便于清洗、消毒及维修；网孔要求断奶后的幼仔兔1.0～1.1厘米×1.0～1.1厘米，成兔1.7～1.9厘米×1.7～1.9厘米，厚度2.5～3.0毫米；网状笼底易挂钩兔毛，低温时不利于兔子的健康（图4-19）。网状兔笼材料购置成本比也较高。

（2）板条式笼底：用竹板、塑料板条等板条制作而成，板条宽2.0～5.0厘米，厚度适中，间距1.1～1.3厘米，要求既易漏粪又避免夹兔子腿。实际生产中，多采用竹板条制作笼底，但必须注意表面平滑无毛刺，间隙前后均匀一致，固定竹板用的钉子不能突出在外面；板条走向应与笼门相垂直（图4-19）。板条式笼底也应设计成活动式。

4. 承粪板及笼顶

承粪板的作用是承接兔子排泄的粪尿，以防止污染下面的兔子和兔笼，要求表面平滑，耐腐蚀、质量轻。承粪板通常可用塑料板、铁皮、油毡、水泥板、玻璃钢板、石板或石棉瓦等来制作。承粪板的安装要呈前高后低（工作走道一侧高清，粪沟一侧低）的倾斜式，倾斜角度为10～15度；宽度应大于兔笼，前伸3.0～5.0厘米，后延8.0～15.0厘米，以便于粪尿直接流入粪沟。多层设置时，上层笼的承粪板也就是下层笼的笼顶。室外兔舍，最上层的笼顶要更厚一些，前伸后延更多一些，以防雨水侵入笼内或淋湿饲草饲料。笼底与承粪板之间要有14～18厘米的间隙，以利于清理粪尿，并利于通风和采光。

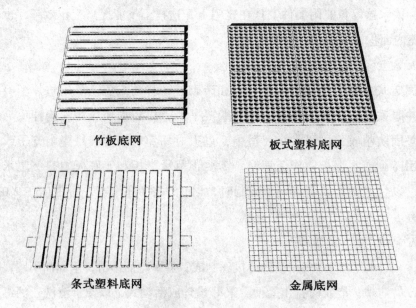

竹板底网　　　　　　　　板式塑料底网

条式塑料底网　　　　　　金属底网

图4-19　各种类型的兔笼底板

5. 支架

移动式兔笼必须有骨架，骨架材料多为角铁（35毫米×35毫米）、竹棍、硬木条等。底层笼要用支架架离地面30厘米左右，以利于通风、防潮，保证底层兔较好的生活环境。

（四）兔笼及摆设形式和高度

兔笼有活动式兔笼和固定式兔笼之分。活动式兔笼是可以根据需要，将每个能随意装拆的兔笼（或笼片），固定在木制、竹制或角铁制作的支架上，形成单层或多层笼列，养兔场的舍内养兔多采用此种兔笼；固定式兔笼，是根据需要用单砖或水泥板砌成的兔笼（窝），养兔户的舍外养兔多采用此种兔笼，有些舍内兔舍也采用。

目前国内多采用多层摆放兔笼，摆放时形式分为阶梯式和重叠式。阶梯式，就是将兔笼放置在互不重叠的几个水平层面上，这种摆放方式通风良好，饲养密度比单层平台式大，但上层笼操作不方便，笼子的深度要求不能太深（小于60厘米）；重叠式，上下层兔笼完全重叠地放着在一个垂直面上，根据放置方向不同，重叠式有面对面式和背对背式摆放，这种摆设兔笼的方式，能提高兔舍的利用率，但重叠层数过多时，不仅影响兔舍的通风和采光，而且会给管理带来不便。多层笼放置，一般以2～3层为宜，总高度2米左右。各种兔笼放置形式如图4-20、图4-21、图4-22、图4-23、图4-24、图4-26及图4-27所示。

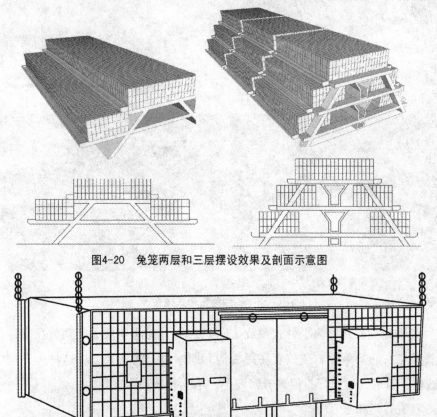

图4-20　兔笼两层和三层摆设效果及剖面示意图

图4-21　悬挂式兔笼示意图

图4-22　三层结构铁丝兔笼笼舍

阶梯式兔笼　　　　　　　　　　　　　双层兔笼

兔笼面对面　　　　　　　　　　　　　兔笼背对背

图4-23　多种兔笼形式兔舍

单层笼摆放又称为平台式摆放（图4-25），是将单层兔笼摆放在离地面30厘米左右的垫草上，或放置在距粪沟30厘米以上的支架上。这种兔笼摆设方式便于管理，通风好，但饲养密度小，不能有效利用空间。

（五）运输笼

运输笼是用来转运兔的笼具。因属于转运途中用笼，所以一般不用配置草架、食槽、饮水器等附属设备。要求制作材料轻，装卸方便，结构紧凑，坚固耐用，透气性好。大小规格要一致，可重叠码放。笼内可根据需要分成若干小格，以便于分开单个或小群放兔。要有承粪尿装置，以防止途中尿液外溢。实际生产中有竹制运输笼、柳条运输笼、金属运输笼、纤维板运输笼、塑料运输笼等，其中金属运输笼底部有金属承粪托盘；塑料运输笼是用模具一次性压制而成，四周留有透气孔，笼内可放置笼底板，笼底板下面铺垫锯末木屑，以吸尿液。

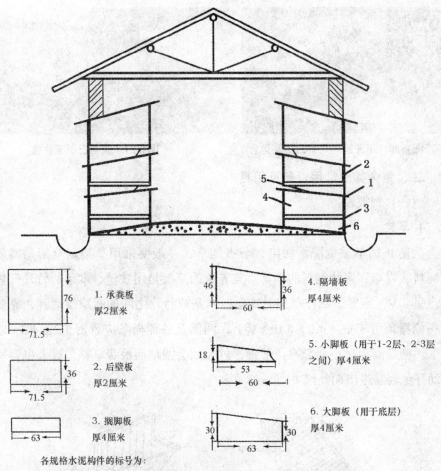

1. 承粪板
   厚2厘米

2. 后壁板
   厚2厘米

3. 搁脚板
   厚4厘米

4. 隔墙板
   厚4厘米

5. 小脚板（用于1-2层、2-3层之间）厚4厘米

6. 大脚板（用于底层）厚4厘米

各规格水泥构件的标号为：

C25细石混凝土（每立方米中含461千克水泥，0.66立方米黄沙，1.19吨石子）。

图4-24　水泥构造兔笼舍

图4-25　单层兔笼式兔舍

图4-26　半开放式两列三层笼兔舍　　　　图4-27　简易三层笼兔舍

二、兔舍其他常用设备及用具

(一) 饲喂设备

1. 草架

为防止饲草被兔踩踏污染，节省饲草，一般要采用草架。草架是盛放粗饲料、青草和多汁饲料的饲具。笼养兔的草架是用铁丝、木条、竹片等做成，呈"V"字形。制作草架时铁丝、木条或竹片之间的间隙要适宜，靠兔笼一侧栅条可较宽（4.0～5.0厘米），两侧及外侧栅条应较密（2.0～3.0厘米）。栅条间距过小会影响兔采食，过大则会漏草而浪费草料，过大也容易让幼仔兔轻易进出而外跑（图4-28）。

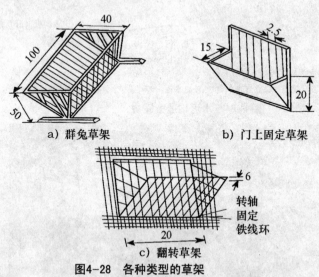

a) 群兔草架　　　　　　　b) 门上固定草架

c) 翻转草架

图4-28　各种类型的草架

挂在笼门上的草架，长25～33厘米，高20～25厘米，上口宽15厘米，顶部要设计盖子，以防幼仔兔轻易进入后由草架跑出。

制作兔笼时，也可以将两兔笼相邻面笼壁顶部设计为一定斜度，两笼相邻处的顶部形成"V"字形，前面开15厘米×15厘米的加草口，作为草架。这种草架即可减少加草次数，又可充分利用空间，残留草料直接落入承粪板内。

群养兔用草架，形状与笼挂式草架相同，呈"V"字形，是供一群兔食草用。长100厘米，垂直高度50厘米，上口宽40厘米。下面有底座固定。

2. 食槽

食槽又称料槽或饲槽，用来盛放兔饲料的饲具。兔用食槽有很多种类，有简易的，也有比较复杂的，还有自动化食槽。因制作材料不同，有竹制食槽、陶制食槽、水泥食槽、铁皮食槽、塑料食槽等。食槽的规格也根据需要有所不同。

最简单的食槽是将粗竹筒从中间劈成两半，两头各用一方木块固定，使之不易翻倒即可，竹筒食槽口径10厘米，高6厘米，长30厘米；也可定做底径大、口径小，不易倒翻的陶瓷盆作为食槽或做成大肚食槽（图4-29，单位：厘米）；笼门上可挂用半圆形的活动食槽（图4-30，单位：厘米），半圆形笼门挂用食槽用镀锌铁皮制作，长20厘米，最宽处14厘米，高6厘米，一侧以挂钩固定，另一侧用风钩搭牢。

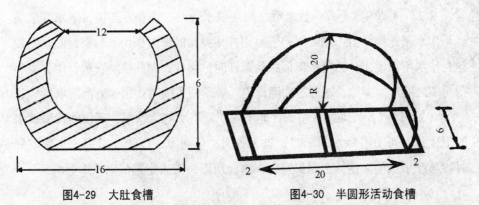

图4-29 大肚食槽　　　　图4-30 半圆形活动食槽

规模化养兔场，多采用自动食槽。自动食槽的容量比较大，安置在笼前壁上，适合盛放颗粒饲料，饲料从笼外添加，并兼有喂料和储料双重功能，添加一次料可供兔采食几天，饲喂时省时省力，饲料不容易被污染，浪费也少。自动食槽一般是用镀锌铁皮制作而成，也可用工程塑料模压成型，有加料口和采食口两个开口，多悬挂在笼门外侧，笼外加料，笼内采食，食槽底部应分布有均匀的小圆孔，随时将颗粒料中的粉末料漏到食槽外，以防止粉末料霉变或被兔子吸入呼吸道而引发咳嗽和鼻炎等呼吸道疾病。食槽上沿边应向内弯曲15～20毫米，以防止兔抛洒饲料。

（二）饮水设备

1. 简易饮水设备

中小型兔场或家庭式养兔场，可选用广口罐头瓶，特制底径大口径小的陶瓷盆等作为饮水设备。这样的饮水设备经济实用，使用方便，但易被粪尿、草料、灰尘、兔毛等污染，而且容易被喜欢啃咬的兔掀翻，不仅影响兔的正常饮水，而且会使兔舍潮湿、有害气体浓度加大；要定期清洗消毒，频繁添水，费工费力。

2. 自动饮水系统

目前，规模化养兔场多采用自动化饮水系统。

（1）组成：自动饮水系统由过滤器、自动饮水器、三通、输水管、储水箱（箱内装有自动上水装置）等组成，其中自动饮水器由外壳、伸出体外的阀杆、装在阀杆内的弹簧和密封圈等组成，自动饮水嘴采用不锈钢或铜质材料制作而成。

（2）自动供水原理：饮水嘴之间用供水管及三通相互连接，进水管最前端与储水箱连接，另一端封闭；平时阀杆在弹簧的弹力作用下与密封圈紧密接触，使水不能流出；当兔子口部触动阀杆时，阀杆回缩并推动弹簧，使弹簧和密封圈之间产生空隙，水通过间隙流出，兔子便可随时饮用到清洁的水。

（3）优点：自动饮水系统，能不间断地供给清洁饮水，不仅能保证饮水的卫生，并可节省喂水的工时，省工省力，但对水质要求比较高，水质不好时容易产生水垢而使饮水器失灵、漏水，所以，需要定期清洁饮水器乳头。

（4）注意事项

① 水箱。水箱位于低压水位（最顶层饮水器）上不超过10厘米，以免底层饮水器压力过大；水箱的出水口应设计在水箱底部上5厘米，以防沉淀杂质进入饮水器；箱底要设置排水管，以便定期清洗排泄杂质；水箱顶部设置箱盖。

② 供水管。供水管一般要用颜色较深（黑色或黄色）的塑料管或普通橡皮管，以防苔藓滋生堵住水管。使用透明塑料软管时，要定期（至少每两周

一次）清除管内苔藓，也可在饮水中加入无害的消除水藻的药物；供水管与笼壁要保持一定距离，以防被兔咬破。

③ 饮水器。发现乳头饮水器滴漏时，用手反复按压活塞乳头，检查弹簧弹性、密封橡皮垫是否破损或凹凸不平，并根据具体情况尽快进行修复，对无法修复的应立即拆换。饮水嘴安装在距笼底8～10厘米的高度处，以保证大小兔都能喝上水；并要靠近笼角处，防止兔身体经常的触碰。

（三）产仔箱

产仔箱又称巢箱或产箱，是供母兔筑巢产仔、哺乳幼仔兔以及幼仔兔出窝前后主要生活场所，产仔箱制作的好坏直接影响着断奶仔兔的成活率。通常在母兔接近分娩时放入兔笼内或挂在笼外。

1. 制作材料及要求

制作产仔箱的材料要能保温、耐腐蚀、防潮，多用木板、塑料、铁皮制作，用铁皮制作时内壁、底板要垫上保温性能好的纤维板或木板。产仔箱内壁要平滑，以防母兔、仔兔出入时蹭破皮肤。产仔箱底面可粗糙一些，以便于仔兔走动时不致滑脚。

2. 规格

产仔箱的规格根据兔种类不同而有所不同，具体规格可参照表4-11所示。

表4-11　产仔箱的最小规格

母兔体重	面积（平方厘米）	长（厘米）	宽（厘米）	高（厘米）
4千克以上	1200	30	40	30
4千克以下	1100	33	33	25

3. 类型

产仔箱的种类很多，按放置位置有内置式和外置式等，按放置方式有平放式和悬挂式等，按开口式样有平式和月牙式等，还有在我国寒冷地区的小型养殖场和养殖户采用地窖式产仔窝等。目前，规模化养兔的主要采用以下几种产仔箱：

（1）外挂式产仔箱：产仔箱悬挂在笼外，在笼壁和产仔箱对应处设置一个兔子进出孔口。产仔箱的上部要设置活动箱盖，箱盖平时关闭，以保持产箱内光线暗淡，适应母兔和仔兔的习性，并有效减少或杜绝母兔的食仔现象；观察和管理仔兔的时候，打开活动上盖。外挂式产箱悬挂于笼外，不占用兔笼内的有效空间，不妨碍母兔正常活动，管理也很方便。

（2）月牙状开口产仔箱：一般是用1厘米厚的木板钉作而成，平放置于母兔笼内。箱上片靠后侧顺长短方向1/5封闭，4/5开口，箱体规格为长35厘米×宽30厘米×高28厘米。在箱前侧片中央上部距箱底12厘米处开始，开设一多半个月牙状开口，作为母兔的进出口（图4-31）。

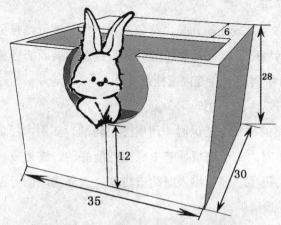

图4-31　月牙式产箱（单位：厘米）

（3）平放式产仔箱：一般是用1厘米厚的木板钉做而成，平放置于母兔笼内。箱上水平口，上口周围制作必须光滑，不能有毛刺，以免蹭伤母兔乳房而导致乳房炎。箱底留些小孔，以利于排尿、透气。平放式产仔箱不宜过高，以方便母兔跳进跳出。

（四）喂料车

喂料车是用来装载饲料喂养兔子的专用车，一般用角铁制成框架，用镀锌铁皮制成箱体，框架底部前后安装4个轮子，其中前面的2个轮子要用万向轮。喂料车的大小和规格根据兔舍工作走道的宽窄来定。

（五）清粪设备及用具

目前，小型养兔场和养殖户一般采用传统的清粪工具，如清粪车、铁锹、刮板等，规模化养兔场多采用机械化粪便清理系统。

规模化养兔场采用的机械化清粪系统多为导架刮板式清粪机，这种机械化清粪系统由牵引机、转角轮、限位清洁器、紧张器、刮粪装置、索引绳和清洁器等组成（图4-32）。

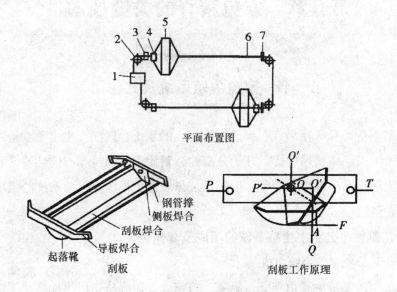

平面布置图

钢管撑
侧板焊合
刮板焊合
导板焊合
起落靴
刮板

刮板工作原理

1.牵引机　2.转角轮　3.限位清洁器
4.紧张器　5.刮板装置　6.牵引绳　7.清洁器

图4-32　导架刮板式机械化清粪系统

第五章 家兔繁育的关键技术

第一节 家兔生殖系统及其作用

生殖系统是兔繁衍后代、保证物种延续的系统，既能产生生殖细胞（精子或卵子）来保障繁殖后代，并能分泌性激素使个体保持本有的性特征和正常的性生理活动。雄性（公兔）生殖系统与雌性（母兔）生殖系统的组成存在着极大差别。

一、雄性（公兔）生殖系统的组成及其作用

（一）公兔生殖系统组成

公兔生殖系统主要由睾丸、附睾、输精管、尿生殖道、附性腺、阴茎及包皮和阴囊等生殖器官组成（图5-1）。

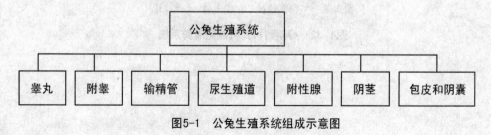

图5-1 公兔生殖系统组成示意图

（二）公兔生殖器官（图5-2）及其作用

1. 睾丸

睾丸是产生精细胞（精子）和分泌雄性激素的腺体，左右各一个，呈卵圆形。睾丸内部有大量的曲精细管，是产生精子的地方；曲精细管之间有间质细胞，能分泌促进第二性征和刺激性欲的雄性激素。家兔的腹股沟管宽而短，终生不闭合，因此，睾丸可以通过腹股沟管自由地下降到阴囊里或缩回到腹腔内，因此经常会出现有的公兔阴囊内偶尔不见了睾丸，这时轻轻拍打公兔的臀部，睾丸便可下降到阴囊里。实际生产中选种时要注意，别将睾丸暂时缩回腹部错认为是隐睾。

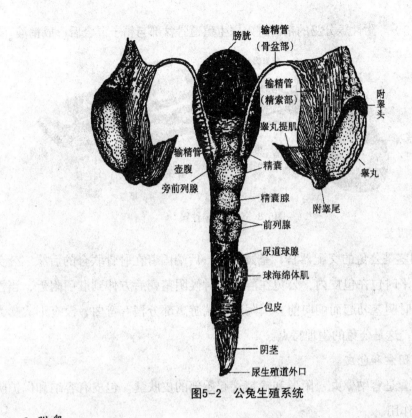

图5-2　公兔生殖系统

图中标注：膀胱、输精管（骨盆部）、输精管（精索部）、附睾头、睾丸提肌、精囊、输精管壶腹、旁前列腺、精囊腺、睾丸、前列腺、附睾尾、尿道球腺、球海绵体肌、包皮、阴茎、尿生殖道外口

2. 附睾

附睾是运送和暂时贮存精子的地方，由附睾头、附睾体和附睾尾三部分组成；兔子的附睾比较发达，位于睾丸的背面。附睾能分泌一种浓稠的黏性物质作为精子的营养，使精子在运输过程中继续发育而达到完全成熟。

3. 输精管

输精管是精子通过的管道，呈弯曲细管状，左右各一条。输精管由附睾尾部起始，经腹股沟管上升进入腹部，于骨盆腔内通入尿生殖道起始部。

4. 尿生殖道

尿生殖道是精液和尿液排出的共同通道，在尿生殖道里有输精管出口和输尿管出口。

5. 附性腺

附性腺的主要功能是分泌液体物质（即精清），精清对精子有营养和保护作用，一方面可保证精子正常的受精能力，同时又为精子的正常运动提供有利条件。兔的附性腺包括精囊与精囊腺、前列腺、旁前列腺和尿道球腺4对腺体

（图5-3）。附性腺分泌的精清进入尿生殖道骨盆部与精子混合后形成精液。

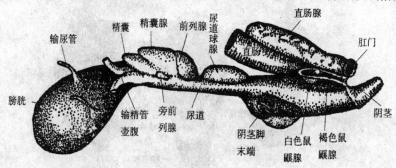

图5-3 公兔的附性腺

6.阴茎

阴茎是公兔的交配器官，呈圆柱状，后端固着在耻骨联合的后缘。公兔的阴茎平时包在包皮内，公兔在静息的时候阴茎朝后方伸到肛门附近，当性欲冲动时阴茎勃起而朝向前方。阴茎前端游离部稍有弯曲，没有形成膨大的龟头，这是公兔的生理特点。

7.阴囊和包皮

阴囊是容纳睾丸、附睾和输精管起始部的皮肤囊。包皮有容纳和保护阴茎头的作用。

二、雌性（母兔）生殖系统的组成及其作用

（一）母兔生殖系统组成

母兔生殖系统由卵巢、输卵管、子宫、阴道和外生殖器（尿生殖前庭、阴门、阴蒂）等生殖器官组成（图5-4）。

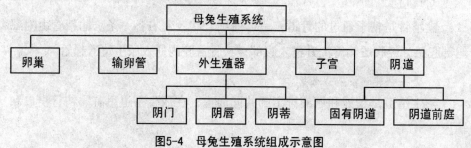

图5-4 母兔生殖系统组成示意图

（二）母兔生殖器官（图5-5）及其作用

1.卵巢

卵巢是产生卵细胞（卵子）和分泌雌性激素的腺体，左右各一个，呈卵圆形，位于肾脏的后方，由卵巢系膜悬于腹腔内。卵巢的形状、大小依兔的年龄及性发育的情况而不同。幼兔卵巢表面光滑，体积小；成年兔卵巢增大，长1.0～1.7厘米，宽0.3～0.7厘米，重0.3～0.5克。经产母兔卵巢表面有透明的小圆泡突出，形似桑葚，即为成熟卵泡。怀孕母兔的卵巢表面有时可见暗灰色的小丘，称为黄体。

家兔属于刺激性排卵动物，即卵巢表面经常有发育程度不同的卵泡，发情并不排卵，只有给予配种刺激才排卵。养兔生产中，只要母兔健康，生殖器官发育良好，采用多次强制配种也能怀孕。

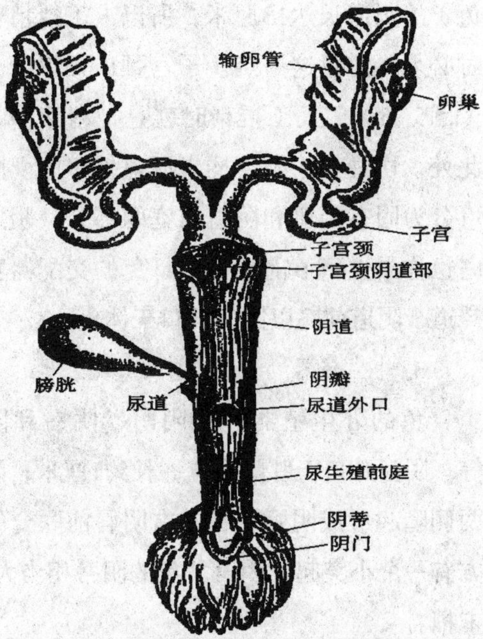

图5-5　母兔生殖系统（背侧面）

2. 输卵管

母兔的输卵管是卵子通过和受精的管道，左右各一条，前端有漏斗状结构的部分称喇叭口，开口朝向卵巢；后端接子宫。母兔输卵管全长9.0～15.0厘米。成熟的卵子从卵巢破裂出来后落入输卵管喇叭口，由于输卵管壁肌肉的蠕动及管壁上纤毛的运动，可使卵子沿输卵管向子宫方向运行。卵子的受精也是在输卵管内完成。

3. 子宫

子宫是胚胎生长发育的地方。兔为双子宫类型动物，有1对子宫。双侧子宫前接双侧的输卵管，后以子宫口开口于单一的阴道。双侧子宫沿全长都是分离的、没有任何程度的遇合，因此也就没有子宫体和子宫角的区分，这便是双子宫类型动物的特征。

4. 阴道

兔的阴道相对很长，一般为7.5～8.0厘米，大型兔（如德系安哥拉长毛兔）的阴道长达13厘米，所以人工授精输精时必须要注意这一点。子宫颈口开口于阴道（图5-6），人工授精时就是把精液输入到此处，切忌将输精管插入尿道外口内。阴道可分为固有阴道和阴道前庭两部分。阴道前庭也称尿生殖道前庭，是母兔的交配器官和产道，阴道前庭以阴门开口于体表。

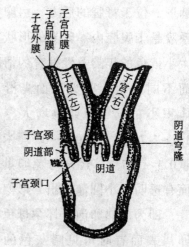

图5-6　子宫与阴道的连接

5. 外生殖器

兔的外生殖器包括阴门、阴唇和阴蒂等。阴门开口于肛门腹方，长约1厘米；阴门两侧隆起形成阴唇；在左右阴唇前联合的地方有一个小突起称阴蒂。兔的阴蒂相当大，长约2厘米，具有丰富的感觉神经末梢。

第二节　家兔的繁殖现象与规律

一、初配年龄

初配年龄是指家兔在性成熟以后，身体各器官发育基本完备，体重达到一定水平，适宜配种繁殖后代的年龄。一般在公母兔性成熟后，在正常饲养条件下体重达到其成年体重的70%～75%时进行初配，初配年龄因品种类型的不同有所差异，不同品种类型种兔的初配年龄可参照表5-1所示。初配年龄过大，母兔易发生难产。目前，商品肉兔业，母兔初配年龄有提早的趋势。

表5-1　不同品种类型种兔初配年龄及适宜体重

品种类型		性别	初配年龄（月龄）	适宜体重（千克）
肉用兔种兔	小型肉兔	公、母	4～5	成年兔体重的75%
	中型肉兔	公、母	5～6	成年兔体重的75%
	大型肉兔	公、母	7～8	成年兔体重的75%
獭兔		母兔	5～6	2.75
		公兔	7～8	3.00
长毛兔		母兔	7～8	2.5～3.0
		公兔	8～9	3.0～3.5

二、种兔利用年限

种兔的利用年限，一般公兔为3~4年，母兔为2~3年。母兔随着年产窝数的增加，利用年限缩短；优秀个体，使用合理，可适当延长利用年限。国外规模化生产兔群，利用年限一般为1年。

三、兔群公母比例

兔群公母比例，根据生产目的、配种方法和兔群体大小等的不同而有所差异。商品兔生产，采用本交时，公母比例一般为1：8~10；人工授精时，公母比例一般为1：50~100。生产种兔的兔群，公兔的比例要大一些，本交时公母比例一般为1：5~6。群体越小，兔群中公兔比例应越大，同时要注意兔群中公兔应有足够数量的血统。

四、发情与发情周期

（一）发情表现

母兔发情时，多表现为食欲下降、精神不安、活跃，在笼内往返跑动，顿足刨地，常在饲盘或其他用具上摩擦下颚，俗称"闹圈"。同时，要注意母兔外阴部的变化，外阴部变化规律为苍白→粉红→红色→紫红并有水肿和分泌黏液（表5-2）。外阴部苍白、干燥、萎缩时配种，为时过早，配种的受胎率低、产仔数少；外阴部大红、湿润、肿胀时配种，恰到好处，配种的受胎率高、产仔数多；外阴部黑紫、不湿润、微萎缩时配种，为时已晚，配种的受胎率低、产仔数少。建议外阴部为红色或淡紫色并且充血肿胀时配种，正所谓"粉红早，黑紫晚，大红正当时"。

表5-2　阴门颜色对某些繁殖性状的影响

繁殖性状	阴门颜色特征			
	白色	粉色	红色	紫色
接受交配（%）	17.0	76.6	93.4	61.9
受胎率（%）	44.9	79.6	94.7	100.0
窝产仔数（只）	6.7	7.7	8.0	8.8

注：Maertens等（1983年）。

（二）发情持续期及发情周期

一般母兔的发情持续期为3天左右，发情周期为7~15天。

（三）发情特征

1. 无季节性

母兔发情无季节性，一年四季均可发情、配种、产仔。

2. 不完全性

母兔发情表现的三方面，即精神状态、交配欲及卵巢和生殖道变化，并非总能在每个发情母兔的身上出现，可能只是同时出现一个或两个方面，这便是母兔发情的不完全性。为此，在生产中应细心观察母兔的每个表现（精神、生殖道变化），及时配种，才能保证较高的配种受胎率和产仔数。

3. 产后发情

母兔产后会普遍发情，此时可进行配种，这就是常说的"血配"。产后6～12小时配种，受胎率最高。

4. 断奶后发情

仔兔断奶后，母兔普遍会发情，这时配种受胎率也比较高。所以，仔兔断奶过迟对提高兔群繁殖力很不利。

五、配种

详见本章第三节家兔的配种技术。

六、妊娠和妊娠期

（一）妊娠期

母兔妊娠期的长短因母兔品种（系）、年龄、营养、个体及胎儿的数量和发育情况等的不同而略有差异，一般母兔的妊娠期平均为30～31天（28～34天），不到28天为早产，超过34天为异常妊娠。

（二）妊娠检查

及早、准确地检查母兔是否怀孕，对于提高家兔繁殖速度是非常重要的，也是养兔生产者必须掌握的一项技术。在生产实践中，检查母兔是否怀孕的方法一般以摸胎法较为准确。

1. 检查时间

母兔妊娠检查，一般在母兔交配10～12天左右即进行摸胎，最好在早晨饲喂前空腹进行。

2. 摸胎方法

将母兔放在桌面或地面上，左手抓住兔的两耳及颈皮，兔头朝向摸胎者，右手大拇指与其他四指分开呈"八"字形，手心向上，自前向后沿腹部两旁摸索（图5-7）。若腹部柔软如棉，则没有受胎；如摸到像花生米样（直径约8～10毫米）大小能滑动的肉球状物，一般是妊娠的征兆。

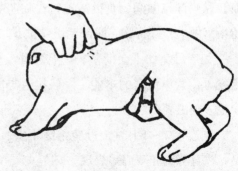

图5-7　兔妊娠检查摸胎手法

3. 注意事项

（1）要注意兔粪球与胚胎的区别：配种10～12天的胚泡与粪球的区别：粪球虽呈圆形，但多为扁椭圆形，表面粗糙不光滑，指压无弹性，分布面积较大而且不规则，并与直肠宿粪相接；而胚胎呈圆球形，位置也比较固定，多数均匀地排列在腹部后侧两旁，指压时光滑而有弹性。

（2）随妊娠时间不同，胚泡的大小、形态和位置也要发生变化：妊娠10～12天，胚泡呈圆球形，似花生米大小，弹性较强，在腹后中上部，位置比较集中；14～15天，胚泡仍为圆球形，似小枣大小，弹性强，位于腹后中部。

（3）因胎次不同，胚泡的大小和位置有所差异：一般初产母兔的胚胎稍小，位置靠后上部；经产母兔胚胎稍大，位置靠下。

（4）注意胚胎与子宫瘤、子宫脓疱和肾脏的区别：子宫瘤虽有弹性，但增长速度慢，一般多为1个。当肿瘤脓疱多个时，大小一般相差很大，而胚胎大小相差不大。此外，脓疱手摸时有波动感。当母兔膘情较差时，肾脏周围脂肪少，肾脏下垂，有时会误将肾脏与18～20天的胚胎相混淆，摸胎时必须注意。

（5）摸胎时切忌用力挤压：摸胎时，动作要轻，切忌用力挤压，以免造成死胎或流产。

（6）采用提前摸胎的，要注意再一次确认：技术熟练者，摸胎可提前到交配后的第9天，但12天时需要再确认一次。

七、分娩

（一）分娩预兆

多数母兔在临产前3～5天，乳房肿胀，能挤出少量乳汁；外阴部肿胀充血，黏膜潮红湿润，食欲减退。在临产前数小时，也有在产前1～2天者，开始衔草做巢，并将胸、腹部毛用嘴拉下来，衔入巢内铺好做窝。

初产母兔如不会衔草、拉毛营巢，管理人员可代为铺草、拉毛做窝，以启发母兔营巢做窝的本能。一般拉毛与母兔的泌乳有关，拉毛早则泌乳早，拉毛多则泌乳多。

到产前2～4小时，母兔情绪不安，频繁出入产箱，并有四肢刨地、顿足、拱背努责和阵痛等表现。

（二）分娩过程

母兔分娩多在夜深人静或凌晨时进行，因此要做好接产工作。分娩时，体躯前弯呈坐式，阴道口朝前，略偏向一侧，这种姿势便于用嘴撕裂羊膜囊，咬断脐带和吞食胞衣。母兔边产仔边将仔兔脐带咬断，并将胎衣吃掉，同时舔干仔兔身上的血迹和黏液，分娩结束。母兔的分娩时间比较短促，一般每产完一窝仔兔，只需15～30分钟，但也有个别母兔产下一批仔兔后，间隔数小时，甚至数十小时再产第二批仔兔。

（三）分娩前后的护理

分娩前2～3天，应将消毒好的巢箱及时放入兔笼内，垫窝以刨花为最好。对于不拔毛的母兔，可以在其产箱内垫一些兔毛，以启发母兔从腹部和肋部拔毛（此两处毛根在分娩前比较松动）。

分娩结束后，母兔要跳出巢箱觅水，所以在分娩前后，要供给充足的淡盐水，及时满足母兔对水的需要，饮饱喝足，以免母兔因口渴一时找不到水喝，跑回箱内吃掉仔兔。

产仔结束后，要及时清理产仔箱内胎盘、污物，清点仔兔数，对未哺乳的仔兔要进行人工强制哺乳。产仔多的可找保姆代哺，不然要及时淘汰体重过小或体弱仔兔，或对初生胎儿进行性别鉴定将多余弱小的公兔淘汰。

（四）定时分娩技术

母兔怀孕达到或超过30天时，可用诱导分娩技术和人工催产进行定时分娩。

1. 诱导分娩技术

将妊娠达到或超过30天的母兔，放置在桌子或平坦处，用拇指和食指一小撮一小撮地拔下乳头周围的被毛。然后将其放到事先准备好的产箱里，让出生3～8日龄的其他窝的仔兔（5～6只）吸吮奶头3～5分钟，再将其放入产箱里，一般3分钟左右后便能开始分娩。

生产实践中，50%以上的母兔要在夜间分娩。在冬季，尤其对初产或母性差的母兔，若产后得不到及时护理，仔兔易产在窝外冻死、饿死或掉到粪板上死亡，影响仔兔成活率。采用诱导分娩技术，可让母兔定时分娩，提高仔兔成活率。

2. 人工催产

对妊娠已达到或超过30天还不分娩的母兔，先用普鲁卡因注射液2毫升在阴部周围注射，使产门松开，再用后叶催产素1支（2国际单位）在后腿内侧进行肌肉注射，数分钟后，子宫壁肌肉开始收缩，顺利时在10分钟内即可全部产出。

人工催产不同于正常分娩，母兔对产出的胎儿往往不去舔食胎膜，造成仔兔的窒息性假死，如果不及时抢救，会全部变成死仔。因此，产毕要及时清除胎膜、污毛、血毛，用垫草盖好仔兔，并给母兔喂些青绿饲料和饮水。

第三节　家兔的配种技术

一、配种的适宜时间

母兔在交配刺激后10～12小时即可排出卵子，家兔卵子保持受精能力的时间为6小时；精子保持受精能力的时间有30小时，而精子借助输卵管分泌物的获能作用需6小时，也就是说精子进入输卵管部6小时后，才具备了与卵子结合的能力。母兔外阴部呈大红或淡紫红色并且充血肿胀时配种，人工输精的最适时机在排卵刺激后2～8小时为宜。

对于发情的母兔，配种应在饲喂后1～2小时进行，一般应在清晨、傍晚或夜间进行。母兔产后配种时间根据产仔多少、母兔膘情、饲料营养、气候条件等而定，对于产仔少、体况良好的母兔，可采用产后配种，一般在产后6～12小时进行，受胎率较高；产仔较少者，可采用产后第14～16天进行配种，哺乳期间采用母子分离，让仔兔两次吃奶时间超过24小时，这时配种发情率和受胎率较高；产仔数正常，可采用断奶后配种，一般在断奶当天或第二天进行配种。

二、人工催情

对于不发情的母兔，除改善饲养管理外，可以采用激素、性诱导等方法进行催情。

（一）激素催情

通过静脉、肌肉或皮下注射激素进行催情。

1. 孕马血清促性腺激素

每只母兔皮下注射15～20国际单位的孕马血清促性腺激素，60小时后，再耳静脉注射5微克促排卵2号或50单位人绒毛膜促性腺激素，然后配种。

2. 促排卵2号

视母兔体重大小不同，每只母兔耳静脉注射促排卵2号5～10微克后配种。

3. 瑞塞脱（Recepta）

每只母兔肌肉注射瑞塞脱0.2毫升后，立即配种，受胎率可达72%。

（二）性诱催情

将不发情的母兔与性欲旺盛的公兔关在一起1～2天；或将母兔放入公兔笼内，让公兔追赶、爬跨后捉回母兔，每天1次，2～3天后就可诱发母兔发情、排卵。

三、配种方法

家兔的配种方法有三种：自然交配、人工辅助交配和人工授精。

（一）自然交配

即公、母兔混养，在母兔发情期间，任凭公、母兔自由交配。自然交配的优点是：配种及时，能防止漏配，节省劳力。缺点有：公兔整日追逐母兔交配，体力消耗过大，配种次数过多，精液质量低劣，受胎与产仔率低，且易衰老，利用年限较短，配种头数少，不能发挥优良种公兔的作用；无法进行选种选配，极易造成近亲繁殖，品种退化，所产仔兔体质不佳，兔群品质下降；容易引起公兔与公兔间因争夺一头发情母兔而打架、互斗以致受伤，影响配种，严重者还可失去配种能力；未到配种年龄，身体各部尚未发育成熟的公、母幼兔，过早配种怀胎，不但影响本身生长发育，而且胎儿也发育不良。若老年公、母兔交配，所生仔兔亦体质虚弱，抵抗力低。两种情况，均可造成胚胎死亡或早期流产，即使能维持到分娩，所生仔兔成活率也低；容易传播疾病。

（二）人工辅助交配

人工辅助交配，就是在公、母兔分群或分笼饲养的条件下，待母兔发情后需要配种时，将母兔放入公兔笼内进行配种，交配后将母兔放回原处。优点是：有利于有计划地进行配种，避免混配和乱配，以便保持生产品质优良的兔群；有利于控制选种选配，避免近亲繁殖，以便保持品种和品种间的优良性状，不断提高家兔的繁殖力；有利于保持种公兔的性活动机能与合理安排配种次数，延长种兔使用年限，不断提高家兔的繁殖力；有利于保持兔体健康，避免疾病的传播。缺点是：与自然交配相比，需用人力、物力。

1. 具体操作

（1）配种时间选择：在饲喂后公、母兔精神饱满的时候进行，效果较好。

（2）放入母兔交配：将母兔轻轻放到公兔笼内，若母兔正在发情，当公兔做交配动作时，即抬高臀部举尾迎合，之后公兔会发出"咕咕"尖叫声，倒向一侧，表示已完成交配、顺利射精。

（3）交配完成后特殊处理：交配完成后，迅速抬高母兔后躯片刻或在母兔臀部拍一掌，以使母兔子宫收缩，防止精液外流。

（4）配后观察：交配完成后，要查看外阴，若外因湿润或残留有少许精液，表明交配成功，否则要再行交配。

（5）放回原笼：一切完成后，将母兔放回原笼，并将配种日期、使用公兔耳号等及时登记在母兔配种卡上。

2. 注意事项

（1）患有疾病的公母兔不能配种。

（2）公母兔之间血缘关系在3代以内不能交配。

（3）检查母兔发情状态，适时配种效果最好。

（4）提前准备好配种记录表格，详细做好配种记录。

（三）人工授精

人工授精是一项最经济、最科学的家兔繁育技术。优点：能充分利用优秀公兔，加快遗传进展，短时间内提高兔群质量，迅速推广良种；减少公兔饲养量，降低公兔饲养成本；降低疾病（尤其是繁殖性疾病）的传播机会；提高母兔配种受胎率；克服某些繁殖障碍，如生殖道异常或公母兔体型差异过大所造成的不能正常配种等，从而利于繁殖力的提高；借助于人工授精，能很好地实现同期配种、同期分娩、同期出栏，有利于集约化生产的管理；不受时间和空间的限制即可获得优秀种公兔的冷冻精液。缺点：需要有熟练掌握操作技术的人员；要有必要的设备投资，如显微镜等；多次采用某些激素进行刺激排卵，将会产生副作用，机体会形成抗体，导致母兔受胎率下降。

1. 公兔采精

（1）采精公兔选择：用于采精的公兔要符合以下条件：

① 后裔测定成绩优秀，且符合本场兔群的育种、改良计划。

② 档案健全，系谱清晰，避免近亲繁育。

③ 无特定遗传疾病或其他疾病。

④ 严格选育，繁殖和生产性能高。

（2）采精器制作或购置：常用的采精器主要是假阴道。假阴道可以自行制作，也可以在市场上购置现成的。假阴道的构造与安装。

① 假阴道的构造：假阴道由外壳、内胎和集精管等组成。其中，外壳：一般用硬质塑料管、硬质橡胶管或自行车车把制成，外筒长8～10厘米，内径3～4厘米；内胎，可用医用引流管代替，长度14～16厘米；集精管，可用指形管、刻度离心管，也可用羊用集精杯代替。

② 假阴道的安装和用前准备：在外壳上钻一个0.7厘米左右的孔，用于安装活塞（活塞选用合适型号的黏合胶固定）。内胎长度由假阴道长度而定。集精管可用小试管或者抗菌素小玻璃瓶。将安装好的假阴道用75%酒精彻底消毒，等酒精挥发完以后，通过活塞注入少量50～55℃的热水，并将其调整到40℃左右。接着，在内胎的内壁上涂少量白凡士林或液体石蜡起润滑作用。最后，注入空气，调节压力，使假阴道内胎呈三角形或四角形，即可用来采精。

（3）采精具体操作：采精者用一只手固定母兔头部，另一只手持假阴道置于母兔后肢之间（图5-8），待爬跨公兔射精后即把母兔放开，将假阴道竖直，放气减压，使精液流入集精管，然后取下集精管。

图5-8 公兔采精示意图

2.精液品质检查

（1）检查时间：采精后立即进行精液品质检查。

（2）检查目的：一是判断所采精液能否用作输精，二是确定精液稀释倍数。

（3）检查方法、项目与结果判断：分眼观或鼻闻检查和借助仪器（显微镜和光电比色计或精密试纸等）检查两种。检查方法、检查项目及检查结果判断详见表5-3、表5-4和图5-9所示。

表5-3 精液品质鉴定项目、方法及结果判断

项目	方法	正常	合格精液	不合格精液
颜色	眼观	乳白色、浑浊、不透明	云雾状翻动表示活力强	精液色黄可能混有尿，色红可能混有血液
气味	鼻闻	有腥味	有腥味	有臭味
pH值	光电比色计或精密试纸	接近中性	pH值为7.5~8.0	pH值过大，表示公兔生殖道可能患有某种疾病，其精液不能使用
精子活力	显微镜下观察、计数	精子活力越高，表明精液品质越好	精子活力≥0.6	精子活力<0.6

（续表）

项目	方法	正常	合格精液	不合格精液
精子密度	显微镜下观察、测定	正常公兔精液每毫升含精子2亿~3亿个	中密度以上	低密度
精子形态	显微镜下观察	正常精子具有圆形或椭圆形头部和一个细长的尾部	正常精子比例高于80%	畸形精子比例高于20%
射精量	刻度吸管	正常公兔一次射精量为0.5~2.5毫升		

表5-4　十级制精子活力标准评定表

运动方式	评分等级										
	1.0	0.9	0.8	0.7	0.6	0.5	0.4	0.3	0.2	0.1	振摆运动
直线运动（%）	100	90	80	70	60	50	40	30	20	10	—
非直线运动（%）	—	10	20	30	40	50	60	70	80	90	100

（4）精子活力及其测定：精子活力是评定精液品质好坏的重要指标，是指呈直线运动的精子占所有精子数量的百分比。精子活力测定是借助于显微镜进行。准确的测定是要对显微镜视野里呈直线运动精子和总精子数进行计数比较后计算出来的百分数。经验丰富者，在生产实践中，多通过经验进行判断，确定活力。精子活力越高，表明精液品质越好。

（5）精子密度及其测定：精子密度也称精液浓度，是评定精液品质好坏的重要指标。是指单位体积（一般多用每毫升）精液中所含精子数量。一般情况下，正常公兔精液每毫升含精子2亿~3亿个。准确的精子密度测定是计数法，是要取一定体积的精液，稀释后进行精子计数，最后计算出每毫升的精子数量。实际生产中，多采用估测法，即通常通过显微镜的大致观察，分为"高"、"中"、"低"三个密度标准（图5-9）。"高"密度：显微镜视野几乎被精子所占有，精子之间看不到有明显的间隙；"中"密度：显微镜视野里能看到精子之间有1~2个精子大小的间隙；"低"密度：显微镜视野里能看到明显的间隙，视野被大量的空隙所占据。精子密度越大，说明精液浓度越高，精液品质就越好。活力高、密度大的精液，显微镜视野中能看到波浪式、旋涡状运动。精子密度低于中级的，一般不作为人工授精输精用。

高密度　　　　　　　　中密度　　　　　　　低密度

图5-9　显微镜下精子密度估测示意图

（6）精子畸形率检查：正常形态的精子是具有圆形或卵圆形的头部和一个细长的尾部，畸形精子是指非正常形态的精子，常见的畸形精子有双头双尾、双头单尾、单头双尾、大头小尾、有头无尾、尾部弯曲等。畸形率是指畸形精子占总精子数的百分比。畸形率高于20%时，便属于不合格精液。

3. 精液稀释

（1）稀释目的：① 扩大精液量；② 延长精液保存时间；③ 中和附性腺分泌物的有害成分，减少其对精子的有害作用；④ 缓冲精液的pH值。

（2）稀释倍数：精液的稀释倍数要根据精子密度、精子活力等因素而定，一般稀释倍数为1：5～10。

（3）稀释液种类及配制：用于家兔精液的稀释液种类很多，常用稀释液及其配种方法详见表5-5所示。

表5-5　家兔常用精液稀释液及其配制方法

稀释液种类	配制方法
0.9%生理盐水	直接使用注射用生理盐水
5%葡萄糖液稀释液	无水葡萄糖5.0克，加蒸馏水至100毫升，或直接使用5%葡萄糖液
11%蔗糖稀释液	蔗糖11克，加蒸馏水至100毫升
柠檬酸钠葡萄糖稀释液	柠檬酸钠0.38克，无水葡萄糖4.45克，卵黄1～3毫升，青霉素、链霉素各10万国际单位，加蒸馏水至100毫升
蔗糖卵黄稀释液	蔗糖11克，卵黄1～3毫升，青霉素、链霉素各10万国际单位，加蒸馏水至100毫升
葡萄糖卵黄稀释液	无水葡萄糖7.5克，卵黄1～3毫升，青霉素、链霉素各10万国际单位，加蒸馏水至100毫升
蔗乳糖稀释液	蔗糖、乳糖各5克，加蒸馏水至100毫升

（4）配制稀释液注意事项：① 所用器具、器皿要清洁、干燥，事先要消毒；② 蒸馏水、鸡蛋要新鲜；③ 所用药品要可靠，称量要准确；④ 将药品溶解后要过滤，再隔热煮沸15～20分钟进行消毒，冷却到室温后加入卵黄和抗生素；⑤ 稀释液最好现用现配，即使是3～5℃冷藏，保存时间也以1～2天为限。

（5）精液稀释操作：精液的稀释，稀释液和精液应在等温、等渗和等pH值的状态下进行。首先，根据精液量和稀释倍数，称量好稀释液；将称量好的稀释液缓慢地沿容器壁导入盛有精液的容器中（此操作步骤不可反向），否则会影响精子存活。如果是高倍（5倍以上）稀释，最好分两次稀释，以免因环境突变而影响精子存活。

4. 母兔输精

（1）母兔发情鉴定：为保证人工授精的受胎率，输精前需要对母兔进行发情鉴定。主要是通过母兔的行为表现、精神状况及外阴部变化来判断。发情母兔外阴红肿、湿润，活跃不安，食欲下降（本章"第二节家兔的繁殖现象与规律"中"发情与发情周期"部分）。

（2）输精量：采用鲜精输精时，每只母兔的输精量为0.5～1.0毫升，一次输入的活精子数以1000万～1500万个为宜。采用冷冻精液输精时，每只母兔输精量为0.3～0.5毫升，一次输入有效精子数以600万～900万个为宜。

（3）输精次数：一般情况下只需要输精1次，有条件的输精2次效果会更好。

（4）输精具体操作：母兔输精操作一般需要两人来进行，其中一人把母兔头部保定，另一人左手提起兔尾，右手持握输精器，并把输精器弯头向母兔背部方向插入阴道6～8厘米，越过尿道口，然后慢慢将精液注入近子宫颈处，使精液自行流入子宫开口内（图5-10）。

（5）注意事项

① 严格消毒。输精管在吸取精液前要先用35～38℃的消毒液或稀释液冲洗2～3次，再吸入定量的精液输精。母兔外阴部要用经0.9%盐水浸湿的纱布或棉花擦拭干净。输精器械要清洗干净，并用烘箱烘干或置于通风干燥处晾干备用。

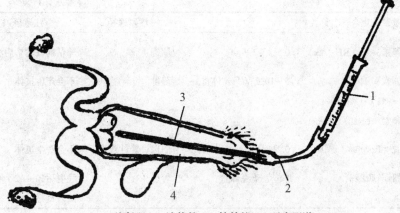

1-注射器 2-连接管 3-输精管 4-母兔阴道

图5-10 输精管连接及输精部位示意图

② 输精部位要准确。输精时必须将精液输到子宫颈处，才能保证好的输精效果。插入太深，易造成单侧受孕，影响产仔数。切勿将输液管插到尿道内，而将精液输入膀胱内。

5.母兔的排卵刺激

家兔属于刺激性排卵动物。即使母兔卵巢中的卵泡成熟，不经过排卵刺激卵泡不会自然破裂排出卵子。因此，给母兔输精的同时，必须进行排卵刺激处理。常用的排卵刺激处理方法如下。

（1）交配刺激：采用不孕或已经结扎了输精管的公兔与母兔进行交配，刺激排卵。该方法只适用于小群人工授精。

（2）激素或化合物刺激：注射激素或化合物，刺激排卵。该方法适用于集约化大规模兔群的人工授精。常用的促排卵激素、化合物及其注射剂量、注射方法和注意事项见表5-6所示。

表5-6 排卵刺激常用激素、化合物及其注射剂量和注意事项

激素或化合物名称	剂量	注射途径	注意事项
人绒毛膜促性腺激素（HCG）	20国际单位/千克体重	静脉	连续使用会产生抗体，4～5次后母兔受胎率下降明显
促黄体素（LH）	0.5～1.0毫克/千克体重	静脉	
促性腺素释放激素（GnRH）	20～40微克/只	肌肉	不会产生抗体

（续表）

激素或化合物名称	剂量	注射途径	注意事项
促排卵素3号（LRH-A3）	0.5微克/只	肌肉	输精前或输精后注射
促黄体素释放激素（LH-RH）（商品名：促排卵素（LRH））	5~10微克/只（体重3~5千克）	静脉	不会产生抗体
瑞塞脱（Recepta，德国）	0.2毫升/只	肌肉、静脉或皮下	不会产生抗体
葡萄糖铜+硫酸铜	1毫克/千克体重	静脉	注射后10~12小时排卵效果良好

第四节　提高家兔繁殖力的综合技术措施

掌握及实施切实可行的综合技术措施，能有效提高家兔繁殖力，对提高养兔经济效益和养兔业发展至关重要。提高家兔繁殖力的综合技术措施包括以下几个方面：

一、"多怀"技术措施

（一）加强选种

家兔留种原则是：父强母优。

留作种用公兔的选择：性欲强，生殖器发育良好，睾丸大而匀称，精液浓度及精子活力高，7~8成膘情的青壮年公兔。及时淘汰种公兔群中隐睾、单侧睾丸、生殖器官发育不全及患有疾病治疗无明显效果的个体。

留作种用母兔的选择：从生产性能优良母兔的3~5胎中，选择外阴端正、乳房在4对以上的个体留种用。

（二）加强母兔配前及配种期的饲养管理

母兔配种时达7~8成膘情为宜，所以配种前母兔的体况控制至关重要。

对于过瘦的母兔，要适当增加饲喂量，必要时可以采取近似自由采食的方式。有青绿饲草季节，加喂青绿饲料，冬季加喂多汁饲料，以促进尽快恢复膘情。以粗饲料为主的兔群，可在配种前后的几个关键阶段进行适当补饲，每天补饲50~100克精饲料。关键阶段包括：配种前1周（确保排出最多数量准备受精的卵子）、配种后1周（减少胚胎早期死亡）、妊娠末期和分娩后3周（确保母兔泌乳量，保证幼仔兔最佳生长发育）。

母兔和公兔过肥，将严重影响兔群繁殖水平，必须进行减膘，限制饲喂是减膘最有效的方法。可以通过减少饲喂量或减少饲喂次数来实现限制饲喂，也可以通过限制饮水，达到限饲的目的（每天只允许家兔接近饮水10分钟，成年兔颗粒料采食量可降低25%，高温情况下的限饲效果尤为明显）。

对非器质性疾病不发情的母兔，可以通过异性诱情诱发发情，也可以通过注射激素人工催情，还可以使用催情散（催情散组方：淫羊藿19.5%、阳起石19%、当归12.5%、益母草34%）进行催情（每只每日10克拌入料中，连续饲喂7天）。

（三）适时配种

母兔外阴部呈大红或淡紫红色并且充血肿胀时配种，人工输精的最适时机在排卵刺激后2~8小时为宜。

对于发情的母兔，配种应在饲喂后1~2小时进行，一般应在清晨、傍晚或夜间进行。母兔产后配种时间根据产仔多少、母兔膘情、饲料营养、气候条件等而定，对于产仔少、体况良好的母兔，可采用产后配种，一般在产后6~12小时进行，受胎率较高；产仔较少者，可采用产后第14~16天进行配种，哺乳期间采用母子分离，让仔兔两次吃奶时间超过24小时，这时配种发情率和受胎率较高；产仔数正常，可采用断奶后配种，一般在断奶当天或第二天进行配种。

（四）合理配种

首先，要有科学而周密的兔群繁殖计划，尤其是规模化养兔场。周密的兔群繁殖配种计划，既可以保证种兔群的充分和有效利用，又可以尽量避免优良种公兔使用不均造成的使用过度问题；其次，要建立规范的种兔档案，以利于种兔配种计划的制定和实施，避免近亲交配。

（五）双重交配和重复交配

双重交配和重复交配，是提高母兔受胎率和产仔数的重要技术措施。双重交配，是指同一只母兔连续使用两只公兔进行交配，两只公兔交配的间隔时间不超过20~30分钟。重复交配，是指同一只母兔使用同一只公兔进行交配，两次交配间隔时间为6～8小时。生产实践中，根据自己兔群的具体情况选择双重交配或重复交配。

（六）及时进行妊娠检查，减少空怀

配种后及时进行妊娠检查，对未怀兔及时再行配种，尽量减少空怀母兔数量。

（七）科学控光控温，缩短母兔"夏季不孕期"

每天补充强度为20勒克斯的光照至16小时，能有效促进母兔发情。夏季高温季节采取各种措施降温，避免和缩短母兔的夏季不孕期。这样一来，便可有效增加怀孕母兔数量。

二、"多产"技术措施

（一）提高兔群的适龄母兔比例

保持兔群中适龄母兔比例，减少老龄母兔比例，是保证兔群高繁殖力的有效措施之一。为此，每年必须选留培育充足的后备兔作为补充。兔群中适宜的母兔年龄结构为：壮年兔占50%，青年兔占30%。

（二）频密繁殖和半频密繁殖

频密繁殖即常说的"血配"，是在母兔产后1～2天内配种；半频密繁殖，是在母兔产后12～15天配种。频密繁殖和半频密繁殖，能提高优良母兔的年产仔窝数，但频密繁殖或半频密繁殖后，母兔利用年限缩短，必须及时更新繁殖母兔群。另外，频密繁殖或半频密繁殖必须在饲料营养水平及饲养管理水平较高的条件下进行，而且不能连续进行。所以，生产实践中，要根据自身情况来选择。

（三）杜绝近亲交配

近亲交配，不仅会降低家兔的机体体质，影响健康和正常的生长发育，而且能大大影响兔群的繁殖能力。所以，必须建立健全种兔档案，做好配种记录和选种选配、配种繁殖计划，避免甚至杜绝近亲交配。

（四）保证饲料饲草质量

饲喂霉烂及冰冻饲料会引起胎儿死亡及母兔流产，大大影响家兔的繁殖力。所以，必须保证家兔饲草饲料质量。

（五）防止管理粗暴和严重惊吓

妊娠母兔的饲养管理必须精细、精心，抓兔时动作要轻，粗暴的管理和严重的惊扰都可能造成母兔流产。为此，对妊娠母兔的管理要杜绝粗暴和严重惊扰。

（六）孕期要小心用药

妊娠母兔长期使用药物，会造成胎儿死亡，严重的会造成母兔流产。所以，对妊娠母兔用药要小心谨慎。

（七）严格淘汰、定期更新

种兔应定期进行繁殖成绩和健康检查，及时淘汰产仔数少、老龄、屡配不孕、有食仔癖、患有严重乳房炎及子宫积脓的母兔，同时及时给兔群补充青年种兔。

三、"多活"技术措施

"多活"是保证母兔"多产"的重要内容之一，"多活"可以从两个方面采取措施，一方面就是针对母兔的"保产"，另一方面是针对仔兔的"保仔"。

（一）保产

保产是针对母兔而言的，一切保产技术措施都应该是围绕保护母兔生产正常仔兔来进行。具体技术措施详细参阅"第七章第二节中有关妊娠母兔饲养管理技术"的内容。

（二）保仔

相对于保产而言，保仔的对象主要是仔兔，一切保仔技术措施都是围绕保证仔兔成活率来进行。具体技术措施详细参阅"第七章第二节中有关仔兔饲养管理技术"的内容。

第五节　规模化兔场工厂化生产循环繁殖制度

规模化兔场养兔，必须实行工厂化生产，最大限度地挖掘家兔的繁殖潜能，最大程度地提高生产效率，才能实现效益最大化。而制定科学、合理、规范、周密的循环繁殖制度，是保证家兔繁殖效率最大化的根本。目前，采用最多的"49天繁育模式",是国际上广泛应用的家兔高效繁殖技术。也可根据兔场规模、种兔体况等具体情况采用"35/42/56天繁育模式"。

一、35/42/49天繁殖模式

"49天繁育模式"是将可繁殖母兔分为7组,按照规范的操作流程,在产后18天进行配种,49天为一个循环,7组母兔轮流繁殖,全年均衡生产,分批性地全进全出。"35天繁育模式"和"42天繁育模式"分别是在产后4天和11天配种。

(一)优点及要求

1. 可提高母兔年产窝数,能繁殖母兔年可产7~8窝。

2. 需要有同期发情、同期排卵和人工授精等现代技术的配合。

3. 必须有充足的营养供给,才能降低高繁育生理压力对公母兔的影响。

4. 需要"全进全出"现代养殖制度的配合,以减少疾病的发生。

(二)生产流程

"49天繁育模式"母兔批次间繁殖间隔时间为1周,每个批次母兔的再次繁殖轮回为49天。母兔产后18天配种。

以仔兔35天断奶为例的"49天繁殖模式"生产流程见图5-11、图5-12、图5-13、图5-14及表5-7所示。

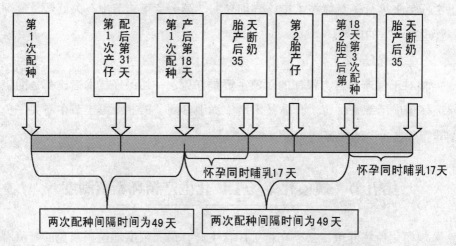

图5-11　同批次家兔"49天繁殖模式"生产流程示意图

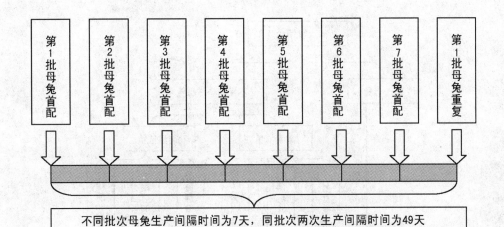

不同批次母兔生产间隔时间为7天，同批次两次生产间隔时间为49天

图5-12　兔群"49天繁殖模式"生产流程示意图

表5-7　"49天繁育模式"标准化工作日程表

周次	周一	周二	周三	周四	周五	周六	周日
第1周					催情（1）	发情检查（1）	
第2周	配种（1）				催情（2）	发情检查（2）	
第3周	配种（2）				催情（3）	摸胎（1） 发情检查（3）	
第4周	配种（3）				催情（4）	摸胎（2） 发情检查（4）	
第5周	配种（4）				催情（5）	摸胎（3） 发情检查（5）	
第6周	配种（5）	放巢箱（1）	产仔（1）		产仔（1） 催情（6）	摸胎（4） 发情检查（6）	休息
第7周	配种（6）	放巢箱（2）	产仔（2）		产仔（2） 催情（7）	摸胎（5） 发情检查（7）	
第8周	配种（7）	放巢箱（3）	产仔（3）		产仔（3） 催情（1）	摸胎（6） 发情检查（1）	
第9周	配种（1）	放巢箱（4）	产仔（4）		产仔（4） 催情（2）	摸胎（7） 发情检查（2）	
第10周	配种（2）	放巢箱（5）	产仔（5）		产仔（5） 催情（3）	摸胎（1） 发情检查（3）	
第11周	配种（3）	放巢箱（6）	产仔（6）		产仔（6） 催情（4）	摸胎（2） 发情检查（4）	
第12周	配种（4）	放巢箱（7）	产仔（7）		产仔（7） 催情（5）	摸胎（3） 发情检查（5）	

注：1. 表中（ ）内的数字代表母兔的批次；

2. 产仔占用3天时间是考虑到母兔因个体差异产仔时间有所不同而计划的。

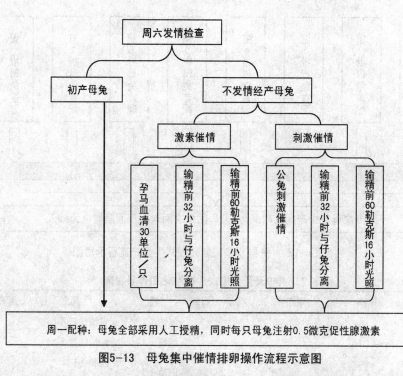

图5-13　母兔集中催情排卵操作流程示意图

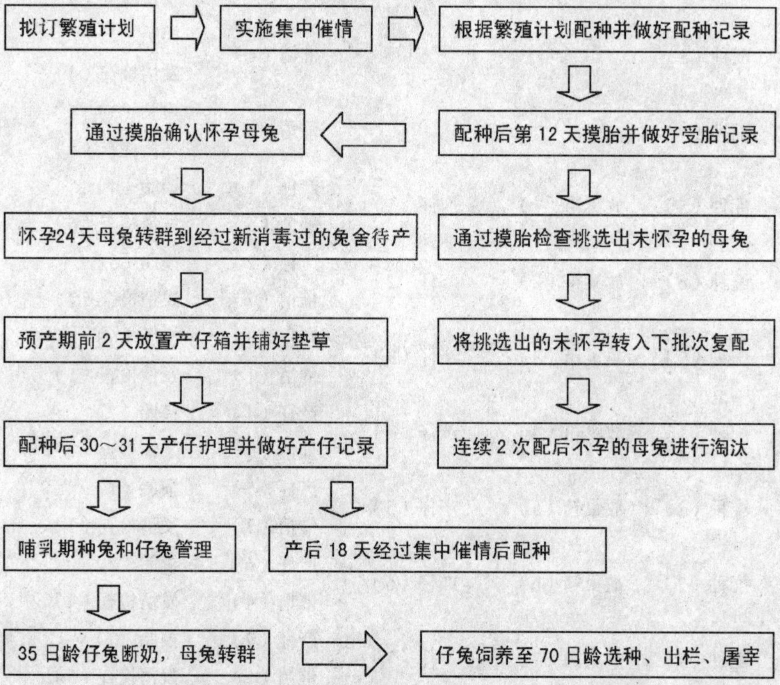

图5-14　家兔"49天繁育模式"生产流程示意图

二、56天繁育周期模式

"56天繁育周期模式"也是工厂化高效繁育技术措施之一，是将母兔分为8组，每周给1组母兔配种，进行轮流繁育，56天为一个繁育周期。母兔年均繁殖6.5胎。"56天繁育周期模式"工作流程见表5-8所示。

表5-8　"56天繁育周期模式"标准化工作日程表

周次	周一	周二	周三	周四	周五	周六	周日
第1周	配种（1）						
第2周	配种（2）					摸胎（1）	
第3周	配种（3）					摸胎（2）	
第4周	配种（4）					摸胎（3）	
第5周	配种（5）	放巢箱（1）		产仔（1）	产仔（1）	摸胎（4）	
第6周	配种（6）	放巢箱（2）		产仔（2）	产仔（2）	摸胎（5）	
第7周	配种（7）	放巢箱（3）		产仔（3）	产仔（3）	摸胎（6）	
第8周	配种（8）	放巢箱（4）	放巢箱（1）	产仔（4）	产仔（4）	摸胎（7）	
第9周	配种（1）	放巢箱（5）	放巢箱（2）	产仔（5）	产仔（5）	摸胎（8）	断奶（1）
第10周	配种（2）	放巢箱（6）	放巢箱（3）	产仔（6）	产仔（6）	摸胎（1）	断奶（2）
第11周	配种（3）	放巢箱（7）	放巢箱（4）	产仔（7）	产仔（7）	摸胎（2）	断奶（3）
第12周	配种（4）	放巢箱（8）	放巢箱（5）	产仔（8）	产仔（8）	摸胎（3）	断奶（4）
第13周	配种（5）	放巢箱（1）	放巢箱（6）	产仔（1）	产仔（1）	摸胎（4）	断奶（5）
第14周	配种（6）	放巢箱（2）	放巢箱（7）	产仔（2）	产仔（2）	摸胎（5）	断奶（6）
第15周	配种（7）	放巢箱（3）	放巢箱（8）	产仔（3）	产仔（3）	摸胎（6）	断奶（7）
第16周	配种（8）	放巢箱（4）	放巢箱（1）	产仔（4）	产仔（4）	摸胎（7）	断奶（8）
第17周	配种（1）	放巢箱（5）	放巢箱（2）	产仔（5）	产仔（5）	摸胎（8）	断奶（1）

注：1. 表中（）内的数字代表母兔的批次；

　　2. 产仔占用2天时间是考虑到母兔因个体差异产仔时间有所不同而计划的。

三、家兔高效繁育模式的优点

（一）制订繁殖计划时可以准确到每天的工作内容和工作量，便于生产的组织管理。

（二）发情鉴定、配种、摸胎等操作集中进行，饲养员从繁琐零散的工作中解放出来，抽出更多的时间管理种兔和仔兔。

（三）批次化全进全出，能实现兔舍、笼具及设备的彻底清扫、清理及消毒，减少疾病，提高成活率。

（四）采用人工授精新技术，减少了种公兔饲养量，降低饲养成本，而且降低了疾病的传播机会。

（五）实现标准化和规律化生产，便于培训饲养员，况且可以给饲养员留出休息日和节假日。

第六章 家兔营养需要与饲料生产技术

根据家兔各生理阶段的营养需要，选择适宜的饲料原料，配制加工成营养均衡的饲料，来满足家兔维持、生长、繁殖和生产所需的营养物质，是保证兔群健康及养兔生产获得效益的基础。为此，了解家兔的营养需要、常用饲料原料的营养特性，掌握家兔配合饲料的配制技术及加工工艺，是十分重要的。

第一节 家兔消化系统及消化生理特点

一、家兔消化系统及其主要消化生理特点

（一）消化道解剖特点

1. 口腔

（1）具有草食动物的典型齿式：成年兔共有32枚牙齿。门齿（成年兔有6枚门齿，其中上门齿2对，1对大门齿后面有1对小门齿，下门齿1对）呈凿形咬合，便于切断和磨碎食物；无犬齿；臼齿发达，咀嚼面宽而有横脊，适合于研磨草料。

（2）特有的"豁唇"嘴：兔上唇有一纵向裂，形成豁唇，便于采食地面上的矮草和啃咬树皮。

（3）舌头肌肉发达并布满众多的味蕾：兔舌头肌肉发达而活动灵活，就像搅拌器，能将口腔内的食物轻松地送到牙齿之间；同时，家兔舌头表面分布有众多的味觉感受器（味蕾），能灵敏地辨别饲料的不同味道。

（4）独有的唾液腺体：兔口腔内有包括耳下腺、颌下腺、舌下腺和眶下腺在内的4对唾液腺，其中眶下腺位于内眼角底部，属于兔子特有。

2. 胃

（1）单胃而容积大：兔属于单胃动物，胃的容积比较大，占消化道总容积的36%左右。

（2）构造特殊而不能嗳气和呕吐：兔胃的入口处有一肌肉皱褶，加上贲门括约肌的作用,使得兔不能嗳气和呕吐,所以家兔易发生腹胀等消化道疾病。

（3）蠕动力小而饲料滞留时间长：兔胃肌肉层比较薄,蠕动力小,饲料在胃内滞留的时间比较长。饲料在胃内滞留的时间也与饲料种类有关,一般情况下,粗饲料对胃壁的刺激比较强烈,能使胃蠕动速度加快,在胃内滞留时间就会减少,而精饲料对胃壁刺激比较弱,其运行速度就会比较慢。

3. 肠

家兔的肠分为小肠和大肠,总长度相当于体长的10倍左右,介于反刍动物与食肉动物之间（表6-1）,长期采食饲草的家兔可达到14倍。

表6-1 常见动物肠道总长度与体长比例

动物类型	比例	动物类型	比例
兔	10：1	羊	27：1
马	12：1	狗	8：1
猪	14：1	猫	2：1
牛	20：1		

家兔的小肠分为十二指肠、空肠和回肠,是消化和吸收营养物质的主要部位。十二指肠呈"U"字形弯曲,位于腹腔右侧,全长约50厘米；紧接着十二指肠的是空肠,空肠全长约200厘米,位于腹腔左侧,可形成许多弯曲,壁厚而富有血管；回肠是小肠的最后一部分,较粗,长度约40厘米。

家兔的大肠分为盲肠、结肠和直肠三部分。家兔的盲肠是一个很粗大的盲囊,相当于一个大发酵口袋,极为发达,其容积占消化道总容积的1/2,其长度约50厘米,与兔体长相当；盲肠内含有大量的微生物,是消化食物残渣（粗纤维）的主要场所；盲肠与回肠交界处膨大形成一厚的球形囊状物,这就是兔特有的圆小囊（淋巴球囊）,圆小囊以一大孔开口于盲肠；盲肠游离的末端变得细而长,形似蚯蚓,故称为蚓突。圆小囊和蚓突这两个特殊结构含有的丰富淋巴组织,是肠道的主要防御组织,因此当发生消化道疾病时,盲肠的病变比较明显（如魏氏梭菌病,盲肠出血是典型病变特征）；圆小囊和蚓突还可以分泌碱性（pH值8.1～9.4）黏液,来中和盲肠的酸性环境,利于有益微生物的活动。紧接着盲肠的是结肠,结肠以结肠系膜连到腹腔侧壁,长度约105厘米,分为升结肠、横结肠和降结肠三部分；结肠前部有三条纵向肌带,两条在背面,一条在腹面,在肌带之间形成一系列的肠带；结肠特殊的结构和运动方式，决定了家兔粪便形态为球状。直肠位于肠道的最末端，长约30~40厘米；直肠末端侧壁有一对细长形、暗灰色的直肠腺（皮肤腺），可分泌有特异臭味的油脂；直肠末端以肛门开口于体表。

（二）消化腺

家兔的消化腺根据所在位置不同，有壁内腺和壁外腺之分。

1. 壁内腺

是分布在各段消化道管内的小腺体，主要包括有胃黏膜内的胃腺、肠黏膜内的肠腺等。

2. 壁外腺

是位于消化管壁以外的大型腺体，这些腺体以导管通到消化管腔内，主要包括有开口于口腔的唾液腺、开口于十二指肠的肝脏和胰腺。

（1）唾液腺：家兔的唾液腺有四对，包括：腮腺、颌下腺、舌下腺和眶下腺。唾液腺分泌的唾液浸润食物后，利于咀嚼和吞咽；唾液并有清洁口腔的作用；唾液更重要的作用是参与消化。

（2）肝脏：肝脏是体内最大的的腺体，呈褐红色，约为体重的3.7%。

胆囊是肝脏的重要组成部分，位于肝脏的右内叶脏面，形似长形茄子。胆囊具有浓缩和贮存胆汁的作用。发自胆囊的胆囊管延伸到肝门，在肝门处与来自肝脏的肝管汇合成胆总管。

肝脏的功能很多，分泌大量的胆汁参与脂肪的消化；贮存在肝脏内的肝糖原可调节血糖；很强的解毒功能参与机体防卫；胎儿时期的肝脏还具有造血功能；新生仔兔的肝脏占消化器官的42.5%左右，起着主要的屏障作用。

（3）胰腺：也称胰脏，位于十二指肠间的肠系膜上。胰管开口于十二指肠的肠升支，距总胆管开口处约30厘米。胰腺由外分泌部和内分泌部组成：外分泌部为消化腺，占腺体的大部分，分泌的胰液含有多种消化酶，参与蛋白质、脂肪和糖类的消化；内分泌部称胰岛，分泌的胰岛素和胰高血糖素直接进入血液，调节机体糖的代谢。

（三）饲料在家兔消化道中的消化过程

饲料在口腔内经咀嚼和唾液浸润形成食团，此过程几乎不发生化学变化。之后进入胃部，食团在胃部呈分层分布。单胃动物中，兔子的胃容积占消化道总容积的比例最大。由于兔子具有吞食自己粪便的习性，胃内容物排空速度是很缓慢的。试验表明，饥饿两天的兔子，胃中内容物只能减少50%。胃腺分泌的胃蛋白酶原必须在胃内盐酸的作用下（pH值为1.5）才具有活性。15日龄以前仔兔的胃液中缺乏游离的盐酸，对蛋白不能进行消化；16日龄以后仔兔胃液中才有少量的盐酸；30日龄兔子胃的功能才基本发育完善。

小肠是肠道的第一部分，食糜在小肠内经过消化液的作用分解成简单的营养物质，通过肠道吸收进入血液被机体吸收。小肠是家兔消化饲料和吸收营养的主要场所。

饲料经过小肠消化和吸收后的剩余部分（多数为难以被消化的粗纤维）到达盲肠。盲肠是一个巨大的"发酵罐"，由小肠过来的残渣，在盲肠内经过微生物分解酶的作用而发酵分解为能被机体利用的营养物质后被机体吸收。盲肠内具有适宜于微生物活动所需的环境：较高的温度（39.6～40.5℃，平均40.1℃）、稳定的酸碱度（pH为6.6～7.0，平均为6.79）、厌氧和适宜的湿度（含水率75%～86%），为厌氧为主的微生物提供了适宜的活动环境。盲肠内微生物不仅可以分泌纤维素酶，将难以被利用的粗纤维分解成低分子的有机酸（乙酸、丙酸和丁酸）而被肠壁吸收，而且能提高饲草中粗蛋白质的利用率。

大肠是肠道的最后部分，其主要作用是吸收水分和无机盐，并分解少部分纤维素。兔子粪便的形状（"软粪"或"硬粪"）也在大肠中形成。

二、家兔的消化生理特点

（一）家兔的食粪性

家兔具有嗜食自己部分粪便的本能特性，这就是所说的食粪性。家兔食粪时具有咀嚼的动作，因此被人们称为假反刍，也有人称之为食粪癖。但与其他动物食粪癖所不同的是，家兔的这种行为不是病理现象，属于正常的消化生理现象。

食粪行为对家兔本身来说。具有十分重要的生理意义。

1. 家兔硬粪和软粪及其组成成分

家兔排除的粪便通常有两种，一种就是日常生产中在兔舍常见的颗粒状的硬粪，量大（占总粪量的80%）、较干燥、表面粗糙，因家兔所食草料种类的不同而呈现深、浅不同的褐色，家兔排硬粪既无规律，也无特殊的排粪姿势；另一种是团状的软粪，约占总粪量的20%，多呈念珠状，有时多达40粒，质地软、流体状、表面细腻，犹如涂油状，通常呈灰黑色，软粪一经排出，便被兔子自己从肛门处吃掉了，所以通常在兔舍内不易看到软粪。

兔子软粪中含有丰富的营养物质，有关测定结果表明，每克硬粪中含有27亿个微生物，微生物占粪球中干物质的56%；而每克软粪中有95.6亿个微生物，占软粪中干物质的81%。家兔硬粪与软粪的组成成分如表6-2所示。

表6-2 不同形状兔粪的组成成分

项目	软粪	硬粪	项目	软粪	硬粪
干物质（%）	38.6	52.7	硫（%）	1.57	1.05
粗蛋白质（%）	37.4	18.7	钾（%）	1.0	0.38
粗脂肪（%）	3.5	4.3	钠（%）	1.83	0.42
粗灰分（%）	13.1	13.2	微生物（亿个/克）	95.6	27.0
粗纤维（%）	27.2	46.6	烟酸（VPP，毫克/千克）	139.1	39.7
无氮浸出物（%）	11.3	4.9	核黄素（VB$_2$，毫克/千克）	30.2	9.4
钙（%）	1.22	2.0	泛酸（VB$_3$，毫克/千克）	51.6	8.4
磷（%）	2.42	1.53	维生素B$_{12}$（毫克/千克）	2.9	0.9

2. 食粪的行为习性

兔子的食粪行为均发生在静坐休息期间。在食粪行为出现之前，都有站起、舔毛和转圈等行为。食粪时，兔子呈犬坐姿势，背脊弯曲，两后肢向外侧张开；肛门朝向前方，两前肢移向一侧，头从另一侧伸向肛门处采食粪便，然后又恢复到原来的犬坐姿势，经10～60秒钟的咀嚼动作后将软粪球囫囵吞咽入胃。

3. 食粪的规律性

家兔的食粪与喂食时间密切相关，一昼夜可以出现3次食粪高峰，白天2次，时间分别在上午11点左右和下午5点左右，白天主要吃的是硬粪，是将硬粪嚼碎后吞入胃内；晚上的食粪高峰时间在夜间的2点钟左右，这是最明显的一次食粪高峰，主要吃的是软粪，并且不经咀嚼直接吞咽入胃。通常情况下，夜间食粪量多于白天。正在食粪的兔子受到惊吓时，会立即停止食粪，因此，在食粪高峰时间段，应尽量保持兔舍安静。

仔兔哺乳期间未开始采食之前是不食粪的，开始采食后的第4～6天开始食粪。这说明，兔子食粪行为的发生与其盲肠的发育及盲肠内微生物的活动有关系。

4. 家兔食粪的生理意义

（1）补偿营养，缓解由于饲料搭配不当而引起的营养缺乏症：通过食软粪，家兔不仅可从中获得生物学价值较高的菌体蛋白质，同时还可以获取由肠道微生物合成的B族维生素、维生素K以及生物活性物质，这些营养物质能很快被胃和小肠消化、吸收后利用。因此，在正常饲养条件下，即使饲料中少添加或不添加B族维生素和维生素K，家兔也不会发生B族维生素和维生素K缺乏症，只有在高集约化生产条件下，才需要考虑添加这些维生素。据报道，通过食粪，每只家兔每日可获得2克蛋白质（相当于需要量的10%）；与不食粪家兔相比，食粪家兔每天可以多获得83%的烟酸（VPP）、100%的核黄素（VB$_2$）、165%的泛酸（VB$_3$）和42%的维生素B$_{12}$。另外，通过食粪，还可以补充一部分矿物质元素，如磷、钾、钠等。总之，通过食粪补偿营养，可以有效缓解由于饲料搭配不当而引起的营养缺乏症。

（2）延长饲料通过消化道的时间：试验表明，在家兔食粪的情况下，早晨8时随饲料被家兔食入的染色颗粒，要经过7.3小时排除体外；下午4点摄入的染色颗粒，需要经过13.6小时排除。在禁止食粪的情况下，上述指标分别为6.6小时和10.8小时。说明家兔食粪，可延长饲料通过消化道的时间。

（3）相当于多次消化，能有效提高饲料的利用率：通过食粪，饲料中的营养物质至少两次通过消化道，从而有效提高饲料的利用率（表6-3）。家兔不能正常食粪时，饲料中营养物质的利用率便会降低。

表6-3　饲料在家兔正常食粪与禁止食粪状态下利用率比较（%）

项目	营养物质	粗蛋白质	粗脂肪	粗纤维	粗灰分	无氮浸出物
正常食粪	64.6	66.7	73.9	15.0	57.6	73.3
禁止食粪	59.0	50.3	71.7	6.9	46.1	70.6

（4）通过食粪，弥补饲料中粗纤维的不足。兔粪中含有一定量的粗纤维，当饲料中粗纤维含量不足时，有可能导致兔腹泻，家兔可以通过食粪，来弥补饲料中粗纤维的不足。

（5）增强家兔对恶劣环境的适应能力。野生条件下，兔子的食物获取没有任何保障，或家兔饲喂不足时，通过食粪，可以减少兔子的饥饿感，增强兔子对恶劣环境的适应能力。在断水断料的情况下，兔子的寿命可以延缓1周时间。这对野生条件下兔子的生存是十分重要的。

（6）有助于维持家兔消化道正常的微生物群系和数量，减少腹泻。禁止食粪，不仅能降低营养物质的利用率，而且还可导致消化道微生物群系和数量的减少，从而导致幼兔生长发育受阻、成年兔消瘦或死亡、妊娠母兔胎儿发育受阻、母兔产仔数减少等。

（7）促进胃中消化酶的分泌，提高胃及血液中的乳酸浓度，促进肠胃蠕动，利于营养物质的消化吸收（表6-4）。

表6-4　抑制家兔食粪对胃内容物及血液中乳酸浓度的影响

项　目	部　位	食　粪	抑制食粪
饲料采食量（克/天）		124	127
胃中乳酸含量（毫摩尔/升）	胃基底部	4.7	1.9
	胃体	3.4	1.9
	胃腔	2.4	1.6
血液中乳酸含量（毫摩尔/升）	静脉	3.4	1.9
	胃	3.8	2.1
	回肠	2.8	1.9
	盲肠	3.6	2.5
	门静脉	3.0	1.8

资料来源：李福昌主编. 家兔营养. 北京：中国农业出版社，2009

食粪是兔子的正常消化生理现象，是兔子的本能特性。正常情况下，禁止家兔食粪会产生消化器官的容积和重量减少、营养物质消化利用率降低、血液生理指标发生变化、消化道内微生物群系和菌群数量减少等不良影响，从而导致生长兔增重减少、成年兔消瘦甚至死亡、妊娠母兔胎儿发育不良、产仔数量少等。因此，通常情况下，不得人为限制家兔食粪。也有人担心，家兔食粪，会诱发球虫病和其他消化道疾病的发生，这样的担心大可不必。研究发现，只有健康的兔子才具有食粪行为，而患病兔子尤其是患有消化道疾病的兔子，其食粪行为已经失去。球虫的发育分为体内发育和体外发育两个阶段，而且只有经过体外发育阶段之后的球虫对机体才具有侵害性。所以，食粪是健康兔子的正常行为，也是衡量家兔是否健康的重要指标，食粪不会造成球虫病和其他疾病的发生。实际生产中，应尽量保持兔舍环境的安静，以保证家兔食粪行为的正常进行。

5. 兔软粪形成的机理

关于兔软粪形成的机理，目前有两种学说。一种是德国人G. Jornhag于1973年提出来的的吸收学说，他认为软粪和硬粪都是盲肠内容物，其形成是由于通过盲肠的速度不同而造成，快速通过时，食糜的成分尚未发生变化而形成软粪；而慢速通过时，水分和营养物质被吸收，则形成了硬粪。另一种是英国人E. Leng于1974年提出来的分离学说，他认为兔子的软粪是由于大结肠的逆蠕动和选择作用而形成。在肠道中，分布着许多粗细不一的食糜微粒，粗的食糜微粒由于大结肠的正蠕动和选择作用进入小肠，形成硬粪；而细的食糜微粒由于大结肠的逆蠕动或选择作用返回盲肠继续发酵后形成软粪，粪球表面包上一层由细菌蛋白和黏液膜组成的薄膜，防止水分、维生素的吸收。事实上，到目前为止，关于软粪的形成机理，尚无一个明确的结论。

（二）有效利用低质高纤维饲料

普遍认为，家兔依靠结肠和盲肠中的微生物，并在淋巴球囊的协同作用下，能很好地利用饲料中的粗纤维。但是，诸多研究表明，家兔不同于其他草食家畜（马、牛、羊、驼等），其对饲料中的粗纤维利用能力是有限的。如对苜蓿干草中粗纤维的利用率，马可以达到34.7%，而家兔只有16.2%。但这不能算作是家兔利用粗饲料的一个弱点，因为粗纤维具有快速通过家兔消化道的特点，在这一过程中，其中大部分的非纤维养分被迅速消化、吸收，排出的只是那些难以被消化的纤维部分。

（三）充分利用粗饲料中的蛋白质

与猪等单胃动物相比较而言，家兔更能有效利用粗饲料中的蛋白质。家兔对优质饲草中的蛋白质利用能力与马相似，苜蓿干草中蛋白质消化率，猪低于50%，家兔则可以达到75%，大体与马的相似；家兔对低质量的饲草（如农作物秸秆等）中蛋白质的利用能力更是高于马。由于家兔具有充分利用粗饲料中蛋白质的生理特性，使其能够在采食大量粗饲料的情况下，也能保持一定的生产水平。

（四）饲料中粗纤维对家兔必不可少

饲料中一定量的粗纤维对维持家兔正常消化机能有着十分重要的意义。

研究证实，粗纤维能预防肠道疾病。如果饲喂高能量低纤维的饲料，家兔的肠炎发病率会明显增高；而提高饲料中粗纤维的含量，可以大大降低家兔肠炎的发病率。

（五）能忍耐饲料中的高钙

与其他动物相比，兔子的钙代谢具有十分显著的特点。

1. 家兔对钙的净吸收能力特别高，而且可以不受体内钙代谢需要的调节。

2. 家兔血钙可以不受体内钙平衡水平的调节，直接和饲料钙水平成正比。

3. 家兔血钙的超过滤部分很高，其结果是肾脏对血钙的消除率很高。

4. 家兔对过量钙的排除途径主要是尿，而其他动物主要是通过消化道排泄。生产实践中，经常看到兔笼内有白色粉末状物，就是由尿排出的钙盐。

由于以上特点，即使饲料中钙含量高达4.5%，钙磷比例高达12：1，也不影响家兔的生长发育，骨质也会很正常。

（六）可以有效利用饲料中的植酸磷

植酸是植物性饲料原料中的一种有机物质，它与植物中的磷形成的复合物质称之为植酸磷。植物中磷都是以植酸磷的方式存在，而一般的非反刍动物对植酸磷只有1/3的利用率。而家兔则可以借助盲肠和结肠中的微生物，将植酸磷转变为有效磷，使其得到充分的利用。因此，降低饲料中无机磷的添加量，不仅不会对家兔生长发育产生不良影响，而且能减少粪便中磷的排泄量，降低对环境、土壤及水质的磷污染。

（七）能利用无机硫

在家兔饲料中添加硫酸盐或硫磺可以促进兔的增重。同位素示踪试验表明，经口服的硫酸盐（^{35}S）可被家兔利用，合成胱氨酸和蛋氨酸，这种由无机硫向有机硫的转化，与家兔盲肠微生物的活动和家兔的食粪习性有关。胱氨酸和蛋氨酸都属于含硫氨基酸，是家兔的限制性氨基酸，饲料中要通过添加人工合成产品来保证含量。生产中，利用家兔能将含硫无机盐转化成含硫氨基酸这一特点，通过在饲料中加入价格低、来源广的硫酸盐来补充含硫氨基酸的不足，从经济方面考虑是十分有意义的。

（八）消化道疾病发病率高

家兔很容易发生消化道疾病，尤其是腹泻。仔、幼兔一旦发生腹泻，死亡率会很高。引起家兔腹泻的原因很多，包括：高碳水化合物、低纤维饲料；断奶不当；腹部着凉；饲料过细；体内温度突然降低；饮食不卫生和饲料突变等。

1. 饲喂高碳水化合物、低纤维饲料引起腹泻

高碳水化合物、低纤维饲料可以引起家兔腹泻的解释各不相同，美国养兔专家Patton教授提出的"后肠碳水化合物过度负荷引起腹泻"学说得到了多数人的认可。家兔饲喂高碳水化合物（即高能量）、高蛋白质、低纤维的饲料，饲料通过小肠的速度会加快，未经消化的碳水化合物（即淀粉）可以迅速进入盲肠，而盲肠中有大量淀粉时，会导致一些产气杆菌（如大肠杆菌、魏氏梭菌等）的大量繁殖和过度发酵，不仅破坏盲肠内正常的微生物群系，这些产气杆菌同时会产生毒素被肠壁吸收，使肠壁受到破坏，肠黏膜的通气性增高，大量毒素被吸收进入血液，造成全身性中毒，引起腹泻并导致死亡。此外，由于肠道内过度发酵，产生的大量挥发性脂肪酸，增加了后肠内液体的渗透压，大量水分从血液中进入肠道，造成腹泻。因此，饲料中粗纤维对维持家兔肠道内正常消化功能有着非常重要的意义，通常家兔饲料中粗纤维含量在10%以上对预防腹泻有较好的效果。

2. 断奶不当引起腹泻

断奶时，由液态食物（乳汁）完全转变成固体食物（饲料），不仅会改变肠道内的生理平衡，引起断奶仔兔的应激反应，而且肠道绒毛容易被固体饲料破坏，肠壁的吸收能力显著降低。而且断奶后，一方面减少了胃内抗微生物奶因子的作用，另一方面乳兔胃内盐酸的酸度达不到成年兔胃内的酸度水平而有效杀死进入胃内的微生物（致病菌）的能力降低。同时，断奶仔兔对有活力的病原微生物或细菌毒素也比较敏感。所以，断奶仔兔特别容易发生腹泻和患其他胃肠道疾病。

因此，采取措施，过好断奶关，能有效预防断奶腹泻、提高乳兔成活率。实践中，多采取以下措施来降低因断奶不当造成的腹泻。

（1）适时补料：在仔兔18日龄时，喂给易消化、营养价值高的诱食饲料（如小麦片等），使仔兔从吸吮乳汁到采食饲料有一个过渡期，同时可以刺激胃肠发育及盲肠微生物群系的迅速形成。

（2）断奶时"离奶不离窝"：断奶时，挪走母兔，使乳兔"离奶不离窝"，可以尽量减少断奶后环境变化带来的应激。

（3）药物预防：断奶后，饲料中添加抗生素（如喹乙醇），能防止大肠杆菌、魏氏梭菌以及外源菌的侵害。

3. 腹部着凉引起腹泻

家兔腹壁肌肉比较薄，尤其是仔兔的肚脐周围被毛稀少，当兔舍温度低或家兔卧在温度比较低的地面（如水泥地面）时，肠壁会受到寒冷刺激而肠蠕动加快，小肠内尚未消化吸收的营养物质便进入盲肠，由于水分吸收减少，使盲肠内容物迅速变稀而影响肠内环境，小肠内消化不良的内容物刺激大肠，使大肠的蠕动亢进而造成腹泻。仔兔对冷热刺激的适应性和自我调节能力又差，所以幼兔更容易着凉而腹泻。另外，着凉引起的腹泻很容易造成继发感染而造成大的损失。所以，保持兔舍温度，避免兔子着凉腹泻是十分重要的。对于腹泻的兔子，可以用抗生素进行治疗。

4. 饲料过细引起腹泻

过细的饲料进入胃后，会形成紧密而坚实的食团，胃液难以渗透进食团，使胃内食团的pH值长时间保持在较高的水平，利于胃内微生物的繁殖，并允许胃内细菌进入小肠，细菌产生毒素，导致兔子的腹泻或死亡。

盲肠的生理特点是能选择性吸收小颗粒，结肠袋能选择性地保留水分和细小颗粒，并通过逆蠕动又送回盲肠。颗粒太细的话，会使盲肠负荷加大，而利于诱发盲肠内细菌的暴发性生长，大量的发酵产物和细菌毒素损害盲肠和结肠的黏膜，导致异常的通透性，使血液中的水分和电解质进入肠壁，使胃肠道功能紊乱，引起兔的胃肠炎症和腹泻。为此，在用粉状饲料直接饲喂家兔时，粉碎粒度不宜过细，一般以能通过2.5毫米筛网即可。

5. 体内温度突然降低引起腹泻

兔子对外界温度变化具有较强的耐受能力，但对体内温度变化的抵抗力却很弱。寒冷季节，幼兔采食较多量冰冻过的湿料或含水分高冰冻过的湿菜、多汁饲料后，会消耗体内大量热能，而兔子（尤其是幼兔）又不能补充这些失去的热量，就会引起肠道过敏，特别是受凉肠道的运动增强而使内部机能失去平衡，并诱发肠道内细菌的活动异常地增强，从而造成肠壁炎症性病变而发生腹泻。养兔生产实践中，当饲料中干物质与水分的比例大于1∶5时，就容易发生腹泻，尤其是寒冷季节，在饲料选择及饲养过程中要多加注意。

6. 饲料突变引起腹泻

家兔饲料的突然变化，不仅会引起肠胃的不适应而产生应激，而且会改变消化道内环境而破坏正常肠道微生物群系，导致消化道功能紊乱，诱发大肠杆菌病、魏氏梭菌病等消化道疾病，发生腹泻。因此养兔生产实践中，应尽量保持饲料的相对稳定。

7. 饮食不洁引起腹泻

家兔采食卫生条件差的饲料或引用不卫生的饮水，一方面很容易使肠胃受到病原微生物的侵害，另一方面会由于外来微生物的侵入，导致消化道正常微生物群系失衡，消化功能紊乱而发生消化道疾病，发生腹泻。实际生产中，必须注意保持家兔饲料和饮水的卫生。

三、家兔的采食习性

（一）草食性

特异的口腔构造，较大容积的消化道，特别是发达的盲肠和特异淋巴球囊的功能等，决定了家兔的草食特性。家兔属于单胃草食动物，以植物性饲料为主，采食植物的根、茎、叶和种子。食草对于家兔来说是必不可少的。

（二）择食性

1. 喜食植物性饲料

家兔像其他草食性动物一样，喜欢吃素食——植物性饲料，不喜欢吃鱼粉、肉骨粉等动物性饲料。因此，加工家兔饲料时，尽量避免添加动物性饲料，确实需要添加时，必须搅拌均匀，添加量要由少到多逐步增加，或者加入适量的调味剂（大蒜素、甜味剂等）。

2. 喜食多叶性饲草

在各类饲草中，家兔喜欢吃多叶性饲草（如豆科牧草），不太喜欢吃叶脉平行的草类（如禾本科牧草）。

3. 各类原料性饲料中，喜食整粒的大麦、燕麦，而不喜欢吃整粒的玉米

4. 多汁饲料中，喜食胡萝卜

5. 喜食带甜味的饲料。有条件的地方，将制糖副产品或甜菜丝拌入饲料

中，可提高适口性

6. 喜食添加植物油脂的饲料，家兔饲料中粗脂肪含量以5%～10%为宜

7. 喜食颗粒状饲料

与粉状饲料相比较，家兔更喜欢吃颗粒状饲料。多个试验结果表明，在饲料配方相同的情况下，制作成颗粒状后的饲喂效果要好于粉状湿拌料，且饲喂颗粒状饲料后，家兔很少患消化道疾病，饲料浪费也大大减少。

（三）夜食性

家兔是由穴居野生兔驯化而来，至今仍保留着昼伏夜行的行为习性。家兔夜间十分活跃，采食、饮水频繁（占全天采食量和饮水量的3/4左右），而白天除少量的采食和饮水活动外，大部分时间处于静卧和睡眠状态。根据这一习性，实际生产中，应合理安排兔的饲养日程和工作人员的作息时间，晚上要喂给充足的饲料和饮水，尤其是冬季夜长昼短更是如此。白天除饲喂和必要的管理工作外，尽量保持兔舍安静，别影响兔的休息和睡眠。

（四）啃咬性

兔的大门齿是恒齿，在不断生长，必须通过经常地啃咬硬物磨损牙齿来保持上下颌牙齿齿面的吻合。当饲料硬度小、牙齿得不到磨损的时候，就会寻找易咬物品（如食槽、笼门、产箱、脚踏板等木质物品）来磨牙齿。因此，加工兔饲料时，尽量制作成颗粒状，并要经常检查颗粒的硬度，如果硬度小而粉料多，应通过及时调整饲料的水分或更换制粒机的压模等方法来保证颗粒饲料一定的硬度。

饲喂粉状饲料时，可以在兔笼内放入一些易咬物（如木棍、木板、树枝等），以方便兔子啃咬磨牙。

鉴于家兔喜啃咬的习性，在制作兔笼、用具时，选材应坚固，笼内要平整，尽量不留棱角，以避免被兔啃咬，延长其使用寿命。

（五）异食癖

除正常采食饲料和吞食粪便外家兔有时会出现食仔、食毛等异常现象，称之为异食癖。

1. 食仔癖

引起家兔食仔的原因主要包括以下几种：

（1）饲料营养不平衡：蛋白质和B族维生素缺乏或其他营养物质供应不足时，可以引起家兔食仔；钙、磷、盐长期补充不足时，可以造成母兔自身缺乏，也会引起家兔食仔。

（2）缺水：母兔产前、产后得不到充足的饮水，口渴难挡而食仔。

（3）受惊扰：母兔产仔时受到惊扰，易发生食仔。

（4）异味：用来产仔的巢箱、垫草或仔兔带来的异味，易引起母兔食仔。

（5）死胎：产仔过程中出现死胎，或死仔未及时拣出，都会引起母兔食仔。

食仔现象以初产母兔居多，而且多发生在产后3天之内。出现食仔现象时，要进行分析，查找原因、积极预防。对具有食仔恶癖的母兔，应采取人工催产、人工辅助哺乳和母仔分开饲养等措施加以控制，对食仔恶癖严重难以控制的母兔做淘汰处理。

2. 食毛症

兔的食毛现象多发生在深秋、冬季和早春等气候多变季节，以1~3月龄的幼龄兔多发。兔的食毛分为自食和互食两种。引起食毛现象的主要原因是饲料中蛋白质、含硫氨基酸不足，也与饲料粗纤维含量不足有关。预防家兔食毛症的方法有：

（1）供给营养平衡的配合饲料，其中含硫氨基酸含量要达到0.5%~0.6%。

（2）气候多变的季节，在幼龄兔饲料中添加1%~2%的动物性饲料。

（3）兔群出现食毛现象后，首先将主动食毛的兔子从兔群中取出单笼饲养，然后在饲料中补加1%~1.5%的硫酸盐（硫酸钠或硫酸钙），或1%~2%的硫磺，或0.2%~0.3%的含硫氨基酸，或0.5%~1%的羽毛粉。一般一周左右可以得到控制。

第二节　家兔的营养需要与饲养标准

家兔需要的营养物质主要包括：能量、蛋白质和氨基酸、脂肪、纤维、矿物质、微量元素及维生素等，水也是家兔不可缺少的营养元素之一（图

6-1）。研究家兔的营养需要，是为制定家兔饲养标准、科学设计饲料配方及针对性制定饲养方案提供重要依据。

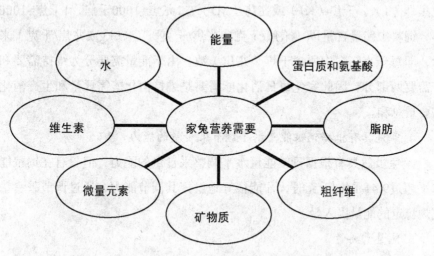

图6-1　家兔营养需要示意图

一、家兔的营养需要

（一）能量需要

1. 能量及其生理意义

能量是家兔一切生命和生产活动的动力，是家兔维持生命和生产活动（生长、繁殖、泌乳等）的首要营养因素，配制日粮时首先要满足能量需要。蕴藏在饲料的多种营养物质（脂肪、蛋白质、碳水化合物等）中的能量，通过家兔的消化吸收，转化成家兔自身的能量，这些能量中的一部分用来维持基本的生命活动，称之为维持需要能量，另一部分用于生产（如生长发育、妊娠、泌乳、产毛、配种等）活动，称之为生产需要能量。

2. 饲料中的能量功能物质

家兔所需能量大部分由碳水化合物提供，少量由脂肪提供，有时也可由过量的蛋白质提供。蛋白质作为能量来源时，在机体内的转化是一个十分复杂的过程，成本十分高，为此配制饲料时能量蛋白比十分重要，否则会造成很大浪费。对家兔而言，最主要的能量来源是从谷物类饲料（玉米、大麦等）中的多糖体（淀粉和纤维素）的分解产物葡萄糖中获得，体内能量贮存的主要形式是糖原和脂肪。

3. 能量的表示方法

目前，家兔的能量需要一般用"消化能（DE）"来表示，消化能的单位是焦耳（J）、千焦（KJ）或兆焦（MJ），1兆焦=1000千焦，1千焦=1000焦耳。饲料中能量含量以"千焦/千克或兆焦/千克"（KJ/kg或兆焦/千克）来表示，即每千克饲料中所含千焦（兆焦）数。由于能量需要分为维持需要和生产需要两部分，因此家兔每日消化能需要是维持消化能需要量和生产消化能需要量总和。

4. 家兔具有根据饲粮能量水平调节采食量的能力

家兔虽然具有根据日粮能量水平调整采食量的能力，但只有在饲粮能量水平超过9.41兆焦/千克时，才能很好地发挥其调节能力，通过调节采食量来实现稳定的能量摄入量。

5. 能量需要量

影响家兔能量需要量的因素包括：品种、性别、年龄、生理及生产阶段、生产目的、体型大小及环境温度等。

（1）家兔能量维持需要量：家兔的维持需要量与体重（W）有关，国内外大量研究表明，维持需要与代谢体重（LW）成正比。所谓代谢体重，即为体重的0.75次方，表6-5列出了体重与代谢体重的换算结果。

表6-5　家兔体重与代谢体重换算结果表（单位：千克）

体重	代谢体重	体重	代谢体重	体重	代谢体重
0.5	0.5946	2.75	2.1355	5.00	3.3437
0.75	0.8059	3.00	2.2795	5.25	3.4683
1.00	1.0000	3.25	2.4205	5.50	3.5915
1.25	1.1822	3.50	2.5589	5.75	3.7132
1.50	1.3554	3.75	2.6948	6.00	3.8337
1.75	1.5215	4.00	2.8284	6.25	3.9528
2.00	1.6818	4.25	2.9600	6.50	4.0708
2.25	1.8371	4.50	3.0897	6.75	4.1877
2.50	1.9882	4.75	3.2175	7.00	4.3035

家兔对能量的维持需要，受品种和测定方法不同的影响，不同的试验结果不尽一致。不同生理阶段能量维持需要量范围如表6-6所示。

表6-6　不同生理阶段家兔每天维持消化能需要的范围

表6-6　不同生理阶段家兔每天维持消化能需要的范围
（单位：兆焦/千克代谢体重·$W^{0.75}$）

生理阶段	生长家兔	成年家兔	妊娠母兔	泌乳母兔
能量维持需要	381～552	326～398	352～452	413～500

　　Lebas（1989）总结前人的研究资料，建议非繁殖和泌乳母兔的维持消化能（DEm）需要量分别为每天400千焦/千克代谢体重和460千焦/千克代谢体重。Xiccato（1996）建议非繁殖母兔每天的DEm需要量为400千焦/千克代谢体重，妊娠和泌乳母兔的维持消化能需要量为460千焦/千克代谢体重。众多学者测定生长家兔每天的维持消化能需要量平均为431千焦/千克代谢体重（表6-7）。

表6-7　新西兰白兔或杂交生长兔维持能量平衡（RE=0）时的能量需要量

研究者及发表年份	DEm （千焦/日·代谢体·LW）	MEm[a] （千焦/日·代谢体重·LW）
Isar（1981）	470	446
Scheele等（1985）（17℃）	413	392
Parigi Bini和Xiccao（1986）[b]	425～454	400～431
Partrdge等（1989）	381	362
Nizza等（1995）	441～454	419～432
平均	431	409

注：（1）资料来源：李福昌主编.家兔营养.北京：中国农业出版社，2009，
　　（2）表中"a"假设ME（代谢能）=DE（消化能）；
　　　　　"b"由空代谢体重（$EBW^{0.75}$）的最初数据重新计算而来。

　　按照以上估计，1只4千克标准体重的母兔在不同生理阶段，和1只1.5千克体重生长育肥兔维持需要的消化能，及满足该维持需要消化能所需标准饲料（消化能水平为10.4兆焦/千克）的饲喂量如表6-8所示。

表6-8　不同生理阶段家兔维持消化能及其需要的饲料饲喂量

生理阶段	维持需要代谢能（DEm）	体重/代谢体重（千克） 千焦/日·$W^{0.75}$	千焦/日	饲喂量（克/日）
母兔空怀期	4/2.8284	400	1131.36	107.75
母兔妊娠期	4/2.8284	430	1216.21	115.83
母兔泌乳期	4/2.8284	430	1216.21	115.83
母兔妊娠泌乳期	4/2.8284	460	1301.06	123.91
肉兔生长育肥期	1.5/1.3554	431	584.18	55.64

（2）家兔能量生产需要量：家兔生产能量需要量因生产阶段的不同而不同。

① 兔生长能量需要量。研究证明，当日粮的可消化蛋白与可消化能比保持不变、且蛋白质所含氨基酸平衡时，日粮消化能浓度介于11兆焦/千克和11.5兆焦/千克之间，可获得最大水平的日增重。日粮能量浓度低于以上水平，消化能摄入量不足，兔的生长速度会变慢；而日粮能量浓度超过12兆焦/千克时，生长速度也会下降。但事实上，由于我国优质牧草资源匮乏，用于家兔饲草的主要是以秸秆为主的农作物产品下脚料，所以，通常很难以达到标准要求。根据生产调查，我国家兔饲料的转化率普遍偏低。

生长兔体内能量沉积的主要形式是蛋白质，其次是脂肪。据估测，以蛋白质形式沉积的消化能利用率为38%～44%，而以脂肪形式沉积的消化能的利用率为60%～70%。利用析因法、能量利用系数及DEm（维持消化能）值，就可以估算出生长家兔的消化能需要值。DeBlas（1985年）提供的研究资料表明，家兔生长过程中，用于生长的饲料消化能利用率为52.5%。

② 母兔妊娠能量需要量。妊娠兔能量需要包括胎儿、子宫、胎衣等沉积的能量和母兔本身沉积的能量。妊娠母兔组织DE（消化能）的利用率估计为49%，用于胎儿生长的日粮DE（消化能）利用率较低，妊娠母兔为31%，泌乳同时又妊娠的母兔仅为27%。

妊娠母兔能量沉积的速度和方式是不同的。Parigi-Bini等（1986）用屠宰试验测定了新西兰白兔初产母兔妊娠期间的体内组织和胎产物中沉积的营养物质（表6-9）。

表6-9　新西兰白兔初产母兔妊娠期间体内营养成分沉积（/日）

妊娠时间	蛋白质（克）	脂肪（克）	能量（千焦）
妊娠的前20天	0.9	0.46	37.69
妊娠的后10天	5.4	2.4	213.38
妊娠全期平均	2.4	1.11	96.23

由表6-9可以看出，母兔妊娠前期的能量沉积量较少，后期较多。

并有试验显示，母体全期平均每日沉积蛋白质1.3克，沉积能量66.94千焦。可见母兔妊娠前期主要是母体增重沉积营养成分，胎产物的沉积量可以忽略不计；妊娠后期，胎儿发育迅速，营养需要量急剧增加，日粮所能提供的营养已不能满足需要，母体便动用体内已经贮备的营养来满足胎儿的生长发育。

③ 母兔泌乳能量需要量。泌乳能量需要是指母兔所分泌乳汁中所含的能量。泌乳能量需要量取决于泌乳量的多少，而泌乳量的多少与哺乳仔兔的数量有着密切的关系，所哺乳的仔兔数量越多，其泌乳量就会相应提高，所需的能量就会越高。泌乳能量需要量计算公式：母兔泌乳能量需要量（千焦/日·只）=日泌乳量（克）×乳成分能量含量（千焦/克），兔乳成分中能量含量为7.53千焦/克。例如：某只泌乳母兔，日泌乳量为200克，那么该母兔每日产乳提供的能量为200克×7.53千焦/克=1 506千焦。

研究者对日粮中用于产奶DE（消化能）的利用率方面的研究很多，Parigi-Bini等（1991，1992）对泌乳非妊娠期和泌乳同时妊娠母兔的估测值为63%，与Lebas（1989）所估测的值相符；Partrdage等（1986）建议常规日粮中的消化利用率按61%~62%计算。泌乳母兔和泌乳同时妊娠的母兔，其体内贮存能量的利用率为75%。刘世民等（1989）根据对安哥拉毛兔妊娠期屠宰试验，计算出日粮消化能用于胎儿生长的利用效率为27.8%，用于母体体内能量沉积的效率为74.7%。与估测生长兔相似，也可计算繁殖母兔的能量需求和体内能量平衡。

④ 毛兔产毛能量需要量。据刘世民等（1989）研究报道，兔毛含能量约为21.1千焦/克，而日粮消化能（DE）用于兔毛中能量沉积的效率为19%，所以，每产1克兔毛，大约需要供给111.21千焦的消化能。根据采食量便可估算出要求的日粮消化能水平，或者根据日粮消化能水平确定采食量。

6. 能量不足或过剩的后果

当家兔能量摄入量低于维持机体各种功能活动需要时，就是能量摄入不足。能量摄入不足时，机体会动用体内贮存的能量，通过分解体脂肪、体蛋白等作为能源来维持机体各种机能活动，从而会逐渐消瘦、出现病态甚至死亡。能量摄入不足时，体内贮存的能量被利用的顺序为：首先消耗机体内正常贮存的少量糖原；耗尽正常贮存的少量糖原后，开始消耗机体内贮存的脂肪；脂肪被耗尽后，最后利用蛋白质组织来维持血糖，并支持其他生命活动功能。

当家兔能量摄入量相对其他营养物质的比例超过家兔正常生命、生产活动所需的比例时，就是能量摄入过剩。能量摄入过剩，机体脂肪沉积会增加，而且由于过高能量水平，会使家兔采食量减少，从而导致蛋白质和其他营养物质摄入量不足，不能满足家兔正常生产的最佳需要，使家兔的遗传潜力得不到充分发挥，达不到最佳生产状态，但并不引起可觉察的缺乏症状。

当日粮中能量水平严重超高时，家兔采食量严重减少，而因为采食量的严重减少会造成蛋白质、氨基酸、矿物质元素、维生素等严重缺乏。家兔会很肥，但出现对蛋白质和维生素等的"饥饿"症状，生长可能完全停止，对繁殖力的影响也会很严重，出现受胎率降低、产仔数量减少、死胎增加等现象。

（二）蛋白质需要

1. 蛋白质及其生理意义

蛋白质是一类庞大数量的由氨基酸组成的物质总称。蛋白质是一切生命的物质基础，是机体细胞的重要组成部分，是机体内功能物质的主要成分，是组织更新修补的重要原料。另外，蛋白质还可转化为糖原和脂肪，并提供能量。

2. 蛋白质组成

蛋白质的组成成分是氨基酸，主要组成元素是碳、氧、氢、氮，大多数蛋白质还含有硫，少量含有磷、铜、铁、锌、锰、碘等元素。各种氨基酸的含氮量差别不大，一般都按16%计算。

3. 氨基酸营养

组成蛋白质的氨基酸有24种，按其酸碱性可分为酸性氨基酸、碱性氨基酸和中性氨基酸三类（表6-10）。

表6-10　二十四种氨基酸及其分类

分类	氨基酸	
酸性氨基酸（2）	天冬氨酸、谷氨酸	
碱性氨基酸（4）	赖氨酸、精氨酸、瓜氨酸、组氨酸	
中性氨基酸（18）	含硫氨基酸（3）	胱氨酸、半胱氨酸、蛋氨酸
	酰胺型氨基酸（2）	天冬酰胺、谷氨酰胺
	芳香族氨基酸（2）	苯丙氨酸、酪氨酸
	杂环氨基酸（4）	色氨酸、酪氨酸、羟脯氨酸、脯氨酸
	中性脂肪氨基酸（7）	甘氨酸、丙氨酸、缬氨酸、亮氨酸、异亮氨酸、丝氨酸、苏氨酸

蛋白质品质的好坏取决于组成蛋白质的氨基酸种类、数量及氨基酸之间的比例合适与否。体内合成的量不能满足机体需要，必须从食物中摄取的氨

基酸，称为必需氨基酸。家兔有10种必需氨基酸，包括：蛋氨酸、赖氨酸、精氨酸、苏氨酸、组氨酸、异亮氨酸、亮氨酸、苯丙氨酸、色氨酸和缬氨酸。生产中使用常规饲料原料制作日粮时，缬氨酸、含硫氨基酸和苏氨酸是第一限制性氨基酸。

4. 蛋白质营养

氨基酸是蛋白质的基础组成成分，而且氨基酸的种类、数量及之间的比例决定着蛋白质的品质和消化利用率，所以，蛋白质营养实际上就是氨基酸营养。家兔对蛋白质的需要不仅要求有一定的数量，更重要的是要求一定的品质，品质不好的蛋白质，其消化利用率不高，不仅起不到应起的作用，反而会增加机体的代谢负担。不同生产目的、不同用途种类及不同生理阶段的家兔，其蛋白质的需要量不同。

5. 蛋白质需要量

（1）家兔蛋白质维持需要量：有关家兔维持蛋白质需要量的资料比较少，多以生长家兔粗蛋白维持需要量按2.9克可消化粗蛋白质/千克代谢体重·天，而妊娠和泌乳母兔按3.7～3.8克，作为参考来配制家兔日粮。

（2）家兔生产蛋白质需要量

① 生长蛋白质需要量。综合多个试验结果，生长兔（无论肉用兔、毛用兔、皮用兔或兼用兔）饲粮中的粗蛋白质水平以15%～16%为宜，但同时要考虑赖氨酸及其他几种必需氨基酸的含量应满足要求。低于这个水平，家兔的生长潜力便会受到很大的影响；而水平过高，将造成浪费，无为地提高成本。

② 母兔繁殖蛋白质需要量。由于妊娠期比较短，所以妊娠期营养水平的变化对妊娠母兔生产性能的影响并不大。Youo（1988）等用苜蓿粉和粗面粉为主要原料配制的含粗蛋白为16%的妊娠母兔日粮，与加入豆饼、粗蛋白含量21%的饲粮进行了连续5胎的对比试验，试验结果表明，日粮粗蛋白水平对母兔受胎率、胎次间隔时间、窝产仔数、产仔窝重、初生仔兔个体重、死亡率、断奶前后仔兔生产性能等都没有明显影响；另有试验结果表明，当日粗蛋白质水平低至13%时，母兔妊娠期间增重减少、甚至出现失重现象，说明蛋白水平低至13%时，不能满足妊娠母兔对蛋白质的需要；也有试验（李宏，1990）结果显示，当妊娠母兔日粮粗蛋白质水平提高到17%后，死

胎率有增加的趋势，同样的结果在刘世民（1990）所做的安哥拉毛兔妊娠母兔试验中得到证实。由此可见，妊娠母兔对粗蛋白的需要量并不是太高，15%~16%即能满足需求。

虽然有试验（Youo，1988）结果表明，给予哺乳母兔16%粗蛋白含量的日粮便可以获得比较满意的哺乳结果，但大部分试验结果显示，提高日粮粗蛋白水平能提高哺乳母兔的泌乳量。谷子林（1998）对獭兔的试验结果表明，母兔妊娠期日粮粗蛋白水平以16%为宜，而母兔泌乳期日粮粗蛋白水平以17.5%为佳。

③ 毛兔产毛蛋白质需要量。有关家兔产毛生产蛋白质需要量研究资料极少。刘世民等（1989）的测定结果表明，每克兔毛中蛋白质含量为0.86克，可消化粗蛋白用于产毛的效率（产毛效率=兔毛中蛋白质÷用于产毛的可消化粗蛋白质）约为0.43，也就是说，生产1克兔毛大约需要2.33克可消化粗蛋白。

6. 家兔对氨基酸的需要

随着对家兔蛋白质需要研究的不断进展，对氨基酸需要的研究也做了大量工作。目前，生产中研究比较多的是家兔对赖氨酸、精氨酸和含硫氨基酸（蛋氨酸、胱氨酸）的需要量，近年来也有少量对家兔苏氨酸、色氨酸需要方面的研究结果。

用肉用兔进行实验的多数结果表明，高赖氨酸（0.7%）日粮对母兔生产性能并没有改善作用；低蛋白日粮中添加赖氨酸和含硫氨基酸能提高生长兔的生产性能，生长兔日粮中赖氨酸和含硫氨基酸的最佳水平应为0.6%~0.85%。研究结果表明，过量赖氨酸所造成的不良影响并不严重，但含硫氨基酸一旦过量，很容易引起厌食和生产性能下降。我国毛用兔饲养数量很多，生产中很重视含硫氨基酸的添加，而有试验表明，安哥拉毛兔日粮中含硫氨基酸不宜超过0.8%，配制毛兔饲料时应该注意。现实生产实践中，根据我国饲料饲草条件，以常用饲料原料配制的家兔饲粮中含硫氨基酸一般为0.4%~0.5%，为此普通的做法是配制饲粮时，常规性添加0.2%~0.3%的含硫氨基酸。添加含硫氨基酸对提高毛兔产毛量的有效性，已在实践中得到了证明。

部分试验表明，日粮中精氨酸含量达到0.54%以上即可获得理想的增重效果。一方面，我国兔饲料多以杂粕类作为蛋白质来源，而杂粕内的精氨酸含量都很高，因此，一般家兔饲料中精氨酸含量均在0.75%以上；另一方面，家兔体内可以合成精氨酸已经得到证实。所以，家兔很少出现精氨酸缺乏现象。

7. 蛋白质或氨基酸不足或过量的后果

蛋白质缺乏，意味着日粮中能量与蛋白质之间（能蛋比或蛋能比）出现不平衡，这将使机体组织脂肪沉积增加，从而降低饲料的转化率。

生长家兔日粮中轻微缺乏蛋白质或某种必需氨基酸时，只表现与缺乏程度相应的生长速度降低；但当严重缺乏蛋白质或某种必需氨基酸时，则会导致生长立即停止和惊人的生长损失。

蛋白质缺乏时，机体血红蛋白和免疫抗体合成就会减少，出现贫血，抗病力降低，并严重影响生殖功能（受胎率降低、产弱仔或死胎等），甚至危及生命。

蛋白质过量时，即使所有必需氨基酸都很平衡，也会导致生长速度轻微降低，体内组织脂肪沉积减少，而血液中含氮物质浓度升高，增加肝、肾代谢负担，使家兔处于亚健康状态。

由此可见，保持家兔日粮中适宜的蛋白质水平是十分必要的。

（三）碳水化合物需要

饲料中的碳水化合物按其营养功能可分为两类：一是可被动物肠道分泌的酶水解的碳水化合物，主要是位于植物细胞内的多糖，这类碳水化合物以淀粉为主；二是只能被微生物产生的酶水解的碳水化合物，主要是组成植物细胞壁的多糖，以纤维素为主。

1. 淀粉需要

淀粉可以被家兔肠道完全消化吸收，所以粪便中淀粉含量极少。淀粉主要在小肠内消化，胃和大肠也有降解淀粉的作用。

小肠内不消化的淀粉发酵可影响家兔盲结肠内微生物的活性和菌群稳定性，是诱发家兔消化道疾病的重要因素。虽然成年兔盲结肠发酵的淀粉只占到采食淀粉的很少比例，但即使是淀粉发酵的很小变化却能影响到纤维的分解活性和常见的消化道疾病。研究证明，日粮淀粉含量不影响仔兔从开始采食到断奶这一段时间的死亡率，但断奶后随着淀粉采食量增加家兔死亡率会显著升高，这也与不同纤维来源有关。Maertens（1992）建议，家兔日粮中淀粉最大量为135克/千克。

2. 纤维素需要

家兔属于单胃草食动物，因此粗纤维对家兔而言具有特殊的生理意义。家兔消化道不仅能有效利用植物性饲料，同时机体也具有对植物纤维的生理需求。

（1）粗纤维的生理作用：对于家兔而言，粗纤维具有以下生理作用：① 提供能量；② 维持正常胃肠消化生理机能：粗纤维在保持消化物黏稠度、形成粪便及食物在消化道运转等方面都起着一定作用；③ 预防毛球病；④ 减少异食癖。

（2）粗纤维的消化：家兔体内不分泌纤维素酶，只能借助于盲结肠内微生物来对纤维素进行消化。研究证明，4周龄以后的仔兔，盲肠内的细菌便具有了较强分解粗纤维的能力。

粗纤维在盲肠的微生物的作用下，分解为挥发性脂肪酸。谷子林（2004）研究表明，生长兔盲肠中总挥发性脂肪酸为1.1～1.3克/升，其中：乙酸占85%左右，丙酸占9%左右，丁酸占6%左右，这些挥发性脂肪酸被盲肠黏膜吸收进入血液，参与机体代谢。每1克乙酸、丙酸、丁酸氧化产生的热能分别为：14.43千焦、19.08千焦和24.9千焦。家兔通过这些脂肪酸获得的能量相当于每日能量需求的10%。

乙酸和丁酸还可在乳腺中合成乳脂，丙酸在肝脏中合成葡萄糖。未被消化的粗纤维随粪便排出体外。

（3）纤维的需要量：以往人们研究家兔的纤维营养时，多以粗纤维作为衡量指标，所以以粗纤维作为衡量指标来评定纤维营养在世界范围内被广泛采用，在常规饲料营养成分表中也就多有粗纤维含量数据。实际上，粗纤维是一个笼统的概念，而不是化学成分，不同饲料粗纤维中化学组成有着较大的差异，所以有关家兔对粗纤维的需要量的研究结果因研究不同而差异很大（表6-11）。

传统观念认为，家兔饲粮中粗纤维含量以12%～16%为宜，粗纤维含量如果低于6%会引起家兔腹泻，但如果过高生产性能会下降。

表6-11 不同研究家兔对粗纤维需要量推荐量　　　　（单位：%）

研究者	年份	适宜的粗纤维水平				备 注
		生长兔	空怀母兔	妊娠母兔	泌乳母兔	
邵庆梅等	2000	14.9~16				大耳白
何瑞国等	2000	14				大耳白
王士长等	2000	7				肉兔
王士长等	1999	17				新西兰
汤宏斌等	1999	12.51				大耳白
张 伟等	1999	9				新西兰
朱国江	1998	11.57				大耳白
谷子林等	1998	12~14	15~18	14~16	12~14	家兔、肉兔
张 力等	1996	8~14	14~20	14	10	综述
廖维和等	1995	11				新西兰
Blas E	1995	15.3				杂交肉兔
窦家海等	1994	11~14		12~14	10~12	新西兰、加利福
	1995					尼亚
金玲梅等	1994	12				肉兔
唐良梅等	1994			9~12	9~12	ZIKA
NRC	1994	10~12	14	10~12	10~12	肉兔
刘世民等	1990	14~16		14~15	12~13	德系安哥拉
		13~17（产毛兔）	16~17（种公兔）			
李宏	1990	15		15	12	肉兔
张晓玲	1988	12~12.8	12（种公兔）	12	12	肉兔
W. Scholaut	1988	9~12		10~14	10~14	肉兔
丁晓明等	1987	8~10		10~14	10~12	安哥拉
INRA	1984	14	15~16	14	12	母仔混养

　　现代家兔营养研究结果表明，传统概念的"粗纤维"已经不能评价家兔日粮的纤维营养状况，取而代之的是"膳食纤维"营养概念。近年来，被众多人采纳的范苏氏特（Van Soest）粗饲料分析方法，使得评价家兔纤维营养的指标发生了变化，多数人认为，纤维推荐量应以中性洗涤纤维（NDF）、酸性洗涤纤维（ADF）、酸性洗涤木质素（ADL）、淀粉和纤维颗粒大小等多个指标来表示，家兔饲粮中纤维含量为每千克干物质中150~500克（表6-12）。

表6-12　生长兔全价日粮中纤维水平　　　　（单位：克/千克DM）

项目	纤维水平
粗纤维	140~180
酸性洗涤纤维（ADF）	160~210
中性洗涤纤维（NDF）	270~420
水不溶性细胞壁（WICW）	280~470
总日粮纤维（TDP）	320~510

资料来源：李福昌主编.兔生产学.北京：中国农业出版社，2009

①NDF、ADF和ADL的需要。研究表明，细胞壁成分（粗纤维或ADF）含量高的饲粮可以降低兔的死亡率。纤维的保护性作用表现为刺激回肠—盲肠运动，避免食糜存留时间过长。饲粮中的纤维不仅在调节食糜流动中起到重要作用，而且也决定了盲肠微生物增值范围。家兔饲粮中不仅要有一定量的粗纤维，而且其中的木质素也要达到一定水平。饲粮中ADL（酸性洗涤木质素）含量对维持家兔消化系统正常机能具有重要的作用，法国的某个研究小组已经证实了饲粮中ADL含量对食糜流通速度的重要作用及其防止腹泻的保护作用，消化道功能紊乱所导致的死亡率与他们试验饲粮中ADL含量水平密切相关（$r=0.99$），关系式为：死亡率（%）$=15.8-1.08 \times ADL$（%）（$n>2000$只兔）。关系式表明，随着饲粮中ADL水平的提高，家兔因消化道疾病导致的死亡率呈现下降趋势。

②淀粉与纤维的互作。除饲料纤维外，淀粉在营养与肠炎的互作中也起着重要作用。青年兔的胰腺酶系统尚不完善，当饲粮中淀粉含量高的时候，可能会导致大量淀粉进入盲肠（尤其是抗水解能力很强的饲粮淀粉—玉米淀粉），使盲肠中淀粉过量。在回肠中，如果纤维摄入量的增加不能与淀粉的增加同步，就可能造成盲肠微生物区系的不稳定。因此，保持饲粮中淀粉与纤维摄入量的平衡，关注饲粮中纤维与淀粉的互作，是十分重要的，尤其是青年兔饲粮，淀粉含量高的玉米比例不宜过高。

③较大颗粒纤维的比例。在考虑家兔对纤维需要的时候，必须考虑对纤维颗粒大小的推荐值。养兔生产实践中，由于粉碎条件所限，或只使用一些颗粒细小的木质化副产品（稻壳、米糠或红辣椒粉），虽然饲粮中含有大量木质素，也可能出现大颗粒纤维含量不足，使大量的纤维也起不到应有的生理作用。为使兔发挥最佳的生产性能，体现最佳的生产水平，降低消化道功能紊乱

风险，家兔饲粮中必须有足量的较大颗粒纤维，饲粮中大颗粒纤维（＞0.315毫米）的最低比例是25%（DeBlas）。生产中经常出现饲粮中粗饲料比例很高也会导致消化机能紊乱的现象，可能是与粗饲料粉碎粒度过小有关。

为确保食糜以正常流通速度通过消化道，饲粮中的各种纤维成分（ADF、ADL、ADF-ADL）及淀粉都必须保持一定水平，表6-13给出了饲粮中纤维含量的最小值。表中纤维推荐量是以平均水平为基础，养殖生产实践中，可根据兔的健康状况做适当调整。

表6-13　饲粮中纤维和淀粉的推荐量　　　　　　（单位：%）

项　目	繁殖母兔	断奶青年兔	肥育兔
淀粉	自由采食	13.5	18.0
酸性洗涤纤维（ADF）	16.5	21.0	18.0
酸性洗涤木质素（ADL）	4.2	5.0	4.5
粗纤维（ADF-ADL）	12.0	16.0	13.5

资料来源：Maertens

（4）纤维水平高低对家兔的影响：纤维水平过高，会降低饲粮消化率，从而降低生产水平。研究证明，粗纤维水平对饲料消化率有负效应。也就是说随着纤维水平的提高，饲料消化率会下降。每增加一单位的粗纤维，就会导致饲粮干物质消化率下降1.2～1.5个百分点；而NDF（中性洗涤纤维，包含半纤维素）对于干物质的消化率仅有稀释效应，每增加10克NDF可使干物质消化率降低1个百分点；其他木质化纤维因含有ADL、苯酚化合物（如鞣酸），而可降低回肠内蛋白质的利用率。

纤维水平过低，含量不足，易导致消化机能紊乱，消化道功能失调，消化道疾病增多，死亡率提高。实践证明，日粮纤维水平过低时，家兔易患消化系统疾病，而且一旦发生腹泻或肠炎等消化道疾病，其治愈率比较低，死亡率较高。

关于低纤维日粮引起腹泻的原因，美国著名养兔专家Patton教授提出的"后肠过度负荷学说"被多数人所认可。日粮粗纤维水平对盲肠内容物成分的影响是十分巨大的（表6-14）。饲喂低纤维、高能量、高蛋白日粮，使过量的碳水化合物在小肠内没有被完全吸收而进入盲肠，大量非纤维性碳水化合物进入盲肠后，会导致一些产气杆菌（如大肠杆菌、魏氏梭菌等）大量繁殖和过度发酵，破坏了盲肠内正常的微生物群系和盲肠的正常内环境，那些具有致病作用的产气杆菌在发酵碳水化合物的过程中产生大量的毒素，毒素被肠道吸收，并致使肠道壁受到破坏，肠黏膜的通透性增高，大量毒素被吸收进入血液，造成全身性中毒。同时，肠道内过度发酵，产生小分子有机酸，使后肠内渗透压增高，大量水分进入肠道。又由于毒素的刺激，使肠壁蠕动加快，造成急性腹泻，继而转变成肠炎。因此，日粮中的粗纤维，不仅仅是提供一些营养，更重要的是对维持肠道内正常消化功能起到举足轻重的作用。实践中，许多养兔者试图通过提高营养水平（降低纤维，提高能量和蛋白质）来提高生产水平，结果令人失望，不仅没有提高生长速度，反而会使兔群在短短数日内发生腹泻和肠炎，造成大批死亡；而对发生腹泻的兔群，只需要增加粗饲料（自由采食粗饲料）而不投喂任何药物，患兔会慢慢恢复健康。由此可见，粗纤维在保持家兔正常消化系统机能、维持正常消化功能方面发挥着其他营养元素不可取代的重要作用。

表6-14　日粮粗纤维水平对盲肠内容物营养成分的影响　　（单位：%）

盲肠内容物成分	日粮粗纤维水平			
	7	9	12	14
粗蛋白质	19.24 ± 1.74	19.20 ± 2.16	17.35 ± 1.64	18.73 ± 1.71
粗脂肪	2.94 ± 0.40	2.90 ± 0.72	2.40 ± 0.87	2.45 ± 1.33
粗灰分	21.30 ± 2.11	20.45 ± 2.23	18.97 ± 3.99	19.03 ± 2.17
无氮浸出物	47.75 A ± 3.14	43.50A ± 3.29	40.34 B ± 3.85	43.85A ± 3.32
粗纤维	10.86 Aa ± 1.99	15.47Ba ± 2.85	15.19ABa ± 2.70	17.57Bb ± 1.95

资料来源：谷子林等（2008）

（四）脂肪的需要

1. 脂肪及其生理意义

脂肪对家兔具有营养功能，是家兔能量的重要来源，也是必需脂肪酸和脂溶性维生素（维生素A、维生素D、维生素E和维生素K）的溶剂来源。

脂肪是一类不溶于水而溶于有机溶剂（乙醚、笨等）的有机物质。脂肪根据结构分为可皂化和非皂化两大类。其中的可皂化脂类包括简单脂和复合脂，非皂化脂类包括固醇类、类胡萝卜素及脂溶性维生素类。简单脂即甘油三酯，是动物体内贮存能量的主要形式，主要参与能量代谢。每千克甘油三酯中平均含消化能31.3～41.7兆焦，是玉米的2.5倍；复合脂除含有疏水基团外，并含有亲水极性基团，包括磷脂、糖脂和脂蛋白，复合脂共同构成动植物细胞成分（细胞核、线粒体等）的生物膜，参与复杂的生物合成和分解代谢的各种酶，通常集中在生物膜的表面，因此这类脂具有重要的作用。

2. 脂肪的消化与吸收

脂肪的消化吸收主要在十二指肠。脂肪和其他养分的机械分离在胃中就已经开始，初步的乳化在胃及十二指肠中就已开始，进一步的乳化是在和胆盐接触之后，乳化后的脂肪微粒和胰脂酶接触的面积最大。与胰脂酶接触后，在胰脂酶的作用下，脂肪中的脂肪酸从甘油三酯分子上被水解下来。脂肪被吸收的主要形式是甘油一酯和脂肪酸，少量甘油二酯也可被吸收。甘油一酯和脂肪酸被吸收后，在肠道黏膜内重新合成甘油三酯，并重新形成乳糜微粒后运往全身各个组织。在肝脏中，用以合成机体需要的各类物质，或在脂肪组织中贮存下来，或用于供能，产生二氧化碳和水。

3. 影响脂肪和脂肪酸利用率的因素

（1）脂肪链长度：长链不饱和脂肪酸的吸收率比低熔点短链不饱和脂肪酸吸收率低。

（2）脂肪酸中双键数量：不饱和脂肪酸含量高的植物油脂吸收率高于动物油脂，其消化率为83.3%～90.7%。

（3）家兔年龄：幼龄家兔对饱和脂肪酸的吸收能力差，随着年龄的增加而提高。

4. 脂肪的需要

脂肪对家兔具有营养功能，如构成机体组织，贮存和供应能量，促进脂溶性维生素的吸收等；兔产品中也含有一定量的脂肪，如兔肉中含8.4%的脂蛋白，兔乳中含13.2%的乳脂肪，兔毛中含0.3%的油脂。因此，脂肪的供给量必须满足这些功能的需求。

一般认为，家兔日粮中粗脂肪的适宜含量为3%～5%。最新研究表明，育肥兔日粮中粗脂肪水平提高到5%～8%，可促进育肥性能，提高皮毛质量。

家兔日粮中添加适量的脂肪，不仅可以提高饲料能量水平，改善颗粒饲料质地和适口性，促进脂溶性维生素的吸收，提高饲料转化率和促进生长，同时能够增加皮毛的光泽度。但在我国养兔生产实践中，很少有人在饲料中添加脂肪，一方面，人们认为正常情况下家兔日粮结构中多以玉米作为能量饲料原料，其脂肪含量一般可以满足家兔需要；另一方面，饲料中添加的脂肪必须是食用脂肪，否则质量难以保证，所以价格较高，添加脂肪必将提高饲料成本。实际上，我国养兔生产实践中，无论是养殖户自配料，还是市场上众多的商品饲料，其能量水平均难以达到家兔的饲养标准，所以有必要在家兔饲料中添加适量油脂。

5. 脂肪含量过低或过高的影响

日粮脂肪含量过低时，会影响脂溶性维生素的吸收，引起脂溶性维生素缺乏症。脂肪含量过高时，会增加饲粮成本，加大饲料制粒难度，影响饲粮贮藏时间，增加酮体脂肪含量。

（五）矿物质需要

矿物质是家兔机体的重要组成部分，也是机体不可缺少的营养物质，矿物质在家兔机体内的含量占到5%。家兔至少需要14种矿物质元素，这些矿物质元素用于：骨骼和牙齿的形成，多种酶的组成成分，蛋白质、血液的组成成分，肌肉及神经系统功能发挥，机体代谢机能和渗透压平衡维持等。

家兔需要的矿物质元素按其需要量分为常量矿物质元素和微量矿物质元素。其中，需要量大的称为常量矿物质元素（简称常量元素），包括：钙（Ca）、磷（P）、镁（Mg）、钠（Na）、氯（Cl）、钾（K）、硫（S）等；需要量很小的称为微量矿物质元素（简称微量元素），包括：铁（Fe）、铜（Cu）、锌（Zn）、锰（Mn）、碘（I）、硒（Se）、钴（Co）等。

日粮中矿物质元素的利用与矿物质元素的种类、含量及各元素之间比例有关，种类齐全、数量充足、比例合理时，利用率就会高，否则就低。各种元素的生理功能、推荐量和缺乏、过量症状如表6-15（a）和表6-15（b）所示。

表6-15（a）　常量元素生理功能、家兔推荐量及缺乏、过量症状

矿物质元素	主要生理功能	饲料中含量推荐		缺乏和过量症状
		生长兔	泌乳母兔	
钙（Ca）和磷（P）	占机体矿物质70%以上，其80%~90%以羟基磷灰石形式存在于骨骼和牙齿中，其余10%~20%分布于软组织和体液中。钙在血液凝固、调节神经和肌肉组织的兴奋性及维持体内酸碱平衡等方面起重要作用，同时参与磷、镁及氯的代谢；磷是细胞核中核酸、神经组织中磷脂、磷蛋白及其他合成物的成分，参与调节蛋白质、碳水化合物和脂肪代谢，磷还是血液中重要的缓冲物质成分	钙0.5%磷0.3%	钙1.1%磷0.8%	缺乏钙、磷及维生素D时，可引起幼兔佝偻病、成年兔溶骨症、怀孕母兔产前产后瘫痪；过高的钙可引起钙质沉着症
钠（Na）和氯（Cl）	钠和氯在维持细胞外液渗透压中起着重要作用；钠离子与其他离子一起参与维持肌肉、神经正常的兴奋性，参与机体组织的物质传递，并保持消化液呈碱性；氯离子参与胃酸的形成，保证胃蛋白酶作用所需的正常pH，与消化功能有关	食盐0.5%	食盐0.3%	长期缺乏会影响仔兔的生长发育和母兔泌乳量，并使饲料利用率降低；过高会引起家兔中毒，病初食欲减退，结膜潮红，腹泻、口渴；随后兴奋不安，头部震颤，步履蹒跚；严重时呈癫痫样痉挛，呼吸困难；最后因全身麻痹而站立不稳，昏迷死亡
镁（Mg）	是骨骼和牙齿组成成分，为骨骼正常发育所必需；作为多种酶的活性剂，在蛋白质和糖代谢中起着重要作用；保证神经、肌肉的正常机能	0.03%	0.04%	不足时，家兔生长停滞，嚼毛，神经、肌肉兴奋性提高，发生痉挛。日粮中镁含量低于5.6毫克/千克时，则会发生脱毛，耳朵苍白，被毛结构与光泽变差
钾（K）	在维持细胞内液渗透压、酸碱平衡和神经、肌肉兴奋性中起重要作用；参与糖代谢；促进粗纤维消化	0.8%	0.9%	缺乏时会发生严重的进行性肌肉发育不良等病理变化；过量时损害肾脏
硫（S）	硫的作用主要通过含硫有机物来实现：含硫氨基酸参与合成体蛋白、被毛和多种激素；硫胺素参与碳水化合物代谢；作为多糖的成分参与胶原和结缔组织的代谢等。硫对毛、皮生长有重要作用，对皮、毛兔有特殊意义	0.04%	—	缺乏时，皮毛质量下降，表现为粗毛率提高，皮张质量下降，毛产量下降

表6-15（b）　微量元素生理功能、家兔推荐量及缺乏、过量症状

矿物质元素	主要生理功能	饲料中含量推荐		缺乏症状
		生长兔	泌乳母兔	
铁（Fe）	形成血红蛋白和肌红蛋白所必需，是细胞色素和多种氧化酶的成分	50毫克/千克	50千克/千克	缺乏时发生低血红蛋白性贫血和其他不良现象。初生仔兔体内储有铁，一般断奶前不会患缺铁性贫血
铜（Cu）	多种氧化酶的组成成分，参与机体许多代谢；在造血、促进血红素合成过程中起重要作用；与骨骼正常发育、繁殖和中枢神经系统机能密切相关；还参与毛中蛋白质的合成	10毫克/千克	10毫克/千克	缺乏时会引起家兔贫血，生长发育受阻，有色毛脱毛，毛质粗糙，骨骼发育异常，异食，运动失调和神经症状，腹泻及生产力下降
锌（Zn）	机体内多种酶的组成成分；其功能与呼吸有关；为骨骼正常生长发育所必需，也是上皮组织形成和维持其正常机能所不可缺少的；对家兔繁殖有重要作用	50毫克/千克	70毫克/千克	缺乏时表现为掉毛，皮炎，体重减轻，食欲下降，嘴周围肿胀，下颏及颈部毛湿而无光泽，繁殖机能受阻；母兔拒配，不排卵，自发流产率提高，分娩时大量出血；公兔睾丸和附性腺萎缩等。饲料中钙含量过量时，极易出现锌缺乏症
锰（Mn）	参与骨骼基质中硫酸软骨素的形成，为骨骼正常发育所必需；与繁殖、神经系统及碳水化合物和脂肪代谢有关	8.5毫克/千克	8.5毫克/千克	缺乏时，骨骼发育不正常，繁殖机能下降。表现为腿弯曲，骨脆，骨骼重量、密度、长度及灰分量减少等；母兔不易受胎或产弱小仔兔。过量时能抑制血红蛋白的形成，甚至还可能产生其他副作用
碘（I）	是甲状腺的组成成分，还参与机体几乎所有物质的代谢	0.2毫克/千克	0.2毫克/千克	缺乏时，甲状腺明显增大，母兔产弱仔或死胎，仔兔生长发育受阻。过量时能导致新生仔兔死亡率增高，并引起碘中毒
硒（Se）	是机体过氧化酶的成分，参与组织中过氧化物的解毒，但家兔防止过氧化物损害主要依赖维生素E	—	—	缺乏时肌肉营养不良。一旦缺乏，只能通过添加维生素E才能缓解和治疗，加入硒没有任何效果
钴（Co）	是维生素B_{12}的组成成分，也是很多种酶的成分，与蛋白质、碳水化合物代谢有关；家兔消化道微生物利用无机钴合成维生素B_{12}	0.1毫克/千克	0.1毫克/千克	很少患缺乏症。

(六) 维生素需要

维生素是维持家兔正常生命和生产活动的一类必需低分子有机化合物。维生素分为脂溶性维生素和水溶性维生素两大类。其中，脂溶性维生素包括有：维生素A（VA）、维生素D（VD）、维生素E（VE）和维生素K（VK）4种；水溶性维生素包括有B族维生素和维生素C，B族维生素包括有：硫胺素（维生素B_1，VB_1）、核黄素（维生素B_2，VB_2）、吡哆醇（维生素B_6，VB_6）、维生素B_{12}、烟酸（尼克酸，维生素PP，VPP）、泛酸、生物素、叶酸和胆碱等13种。

家兔对维生素的需要量虽然不大，但不能缺乏，否则会引起生产性能降低、机体抵抗力降低，甚至引起某些疾病。家兔可以通过肠道微生物、皮肤等合成维生素K、B族维生素、维生素D和维生素C，一般不需要另外添加，但对集约化设施饲养兔群，则必须另外添加。其他维生素（维生素A和维生素E）要完全依赖日粮供给，所以必须另外添加。各种维生素的生理功能、家兔需要量及缺乏、过量症状如表6-16（a）和表6-16（b）所示。

表6-16（a） 脂溶性维生素的生理功能、推荐量及缺乏、中毒症状

维生素种类	生理功能	机体合成	日粮中推荐含量	缺乏、中毒症
维生素A	防止夜盲症和干眼病，保证家兔正常生长，骨骼和牙齿正常发育，保护皮肤、消化道、呼吸道和生殖道完整。增强机体免疫力	—	6000～12000国际单位/千克	缺乏易引起繁殖力下降、眼病和皮肤病；过量时易引起中毒
维生素D	对钙、磷代谢起重要作用	+（皮肤）	900～1000国际单位/千克	缺乏时引起佝偻病和产后瘫痪等。过量时可诱发钙质沉着症。日粮中添加高铜可抑制该症的发生
维生素E（生育酚）	主要参与维持正常繁殖机能和肌肉的正常发育，在细胞内具有抗氧化作用	—	40～60毫克/千克	缺乏时会引起肌肉营养不良或母兔繁殖力下降；过量会引起中毒
维生素K	与凝血、繁殖有关	+（肠道微生物）	1.0～2.0毫克/千克	母兔缺乏时，会发生胎盘出血或流产。肝型球虫病和某些含有双香豆素饲草（如草木樨）能影响维生素K的吸收和利用

表6-16（b）　水溶性维生素的生理功能、推荐量及缺乏、中毒症状

维生素种类	生理功能	机体合成	日粮中推荐含量	缺乏、中毒症
硫胺素（维生素B_1）	是糖和脂肪代谢过程中某些酶的辅酶	+（肠道微生物）	2.0毫克/千克	缺乏时导致神经炎，食欲下降，痉挛，运动失调，消化不良，母兔繁殖障碍
核黄素（维生素B_2）	构成一些氧化还原酶，参与各种物质代谢	+（肠道微生物）	2.0毫克/千克	缺乏时表现为生长受阻，饲料消耗增加，繁殖性能降低
吡哆醇（维生素B_6）	参与有机体氨基酸、脂肪和碳水化合物的代谢。具有提高生长速度和加速血凝速度的作用，对缓解球虫病的损伤有特殊的意义	+（肠道微生物）	2.0毫克/千克	缺乏时表现为生长速度下降，皮肤发炎，脱毛及毛囊出血，死亡率升高
维生素B_{12}（钴胺素，钴维生素）	有增强蛋白质的效率，促进幼小动物生长的作用	+（肠道微生物，合成与钴有关）	10毫克/千克	缺乏时生长迟缓，贫血，被毛蓬乱，皮肤发炎及后肢运动失调；对母兔受胎率、繁殖率及泌乳有影响
烟酸（尼克酸，维生素B_5）	与体内脂类、碳水化合物、蛋白质代谢有关。	+（肠道微生物，组织内）	50.0～180.0毫克/千克	缺乏时引起食欲下降，生长不良，腹泻，被毛粗糙（癞皮病）
泛酸（维生素B_3，遍多酸）	辅酶A的组成成分。辅酶A在碳水化合物、脂肪和蛋白质代谢过程中有重要作用	+（肠道微生物）	20.0毫克/千克	缺乏时易发生皮肤和眼的疾病
叶酸	叶酸的作用与核酸代谢有关，对正常血细胞的生长有促进作用	+（肠道微生物）	5.0毫克/千克	缺乏时血细胞的发育和成熟受到影响，发生贫血和血细胞减少症
生物素（维生素B_4）	参与体内脂肪酸代谢	+（肠道微生物）	0.2毫克/千克	缺乏表现为皮肤发炎和脱毛等
胆碱	卵磷脂及乙酰胆碱的组成成分，可以防止脂肪肝的发生，作为乙酰胆碱的成分则和神经冲动的传导有关	+（肠道微生物）	1300～1500毫克/千克	缺乏时生长迟缓，脂肪肝和肝硬化，以及肾小管坏死，发生进行性肌肉营养不良
维生素C（抗坏血酸）	参与细胞间质的生成及体内氧化还原反应，具有抗热应激的作用	+（肠道微生物）		缺乏时发生坏血病，生长停滞，体重降低，关节变软，身体各部位出血，导致贫血

（七）水的需要

水是家兔机体的主要组成成分，约占体内瘦肉重量的70%。水是家兔最基本、最重要的，同时也是最容易被忽视的营养成分。

1. 水的生理功能

水是组成体液的主要成分，对家兔正常的物质代谢具有重要作用。

（1）水是机体内的重要溶剂，机体内各种营养物质的代谢都离不开水。

（2）水可调节体温。水的比热比较大，体内产热过多时，会被水吸收，通过体温交换和血液循环，经皮肤或呼气散发而维持正常体温。

（3）水可保持机体的形状。机体内水分参与细胞内、外的化学作用，促进新陈代谢，调剂组织的渗透压，维持细胞的正常形状、硬度和弹性，从而保持机体形状。

（4）水是润滑剂。以水为主要成分的唾液、关节囊液等可以起到润滑作用，便于吞咽或减少摩擦。

（5）水是机体内化学反应的媒介。机体内一切化学反应均在水中进行。

2. 家兔体水来源

（1）饮水：饮水是家兔体内水分的主要来源。家兔在食粪的情况下，每千克活重需要饮水12～16克。家兔越小，单位体重需水量会越大。在15～25℃温度环境下，家兔饮水量一般为采食干草量的2.0～2.5倍，哺乳母兔和幼兔可达3.0～3.5倍。

（2）饲料水：各类饲料中均含有一定量的水分，其中青绿饲料含水量为70%～95%；谷物类饲料含水量为12%～14%；饼粕类饲料含水量为10%左右；粗饲料含水量为12%～20%。饲料中这部分水分也是机体内水分的另一个主要来源。

（3）代谢水：代谢水是指机体营养物质代谢过程中所产生的水。每氧化1克脂肪、碳水化合物和蛋白质分别会产生1.19升、0.56升和0.45升水。代谢水只占家兔体水来源的16%～20%。

3. 影响需水量的因素

水的需要量因品种、年龄、体重、生理和生产阶段、生产水平、饲料特性及环境气候条件等的不同而有所不同。一般来说，幼兔需水量比成兔多，泌乳母兔比育肥兔多，夏季比冬季多，日粮中蛋白质量高时需水量多。

4. 水的需要量

适宜环境温度条件下，青年兔采食量与饮水量的比率稍低于1：1.7，成年兔接近1：2；环境温度为20℃以上时，采食量随着温度升高而趋于下降，而饮水量增加；高温时（≥30℃），采食量和饮水量都会下降，而会影响到生长和泌乳母兔的生产性能。有试验表明，正常情况下不同生理阶段兔饮水量见表6-17所示。

表6-17　不同生理阶段家兔饮水量　　　　（单位：升）

生理 阶段	空怀 母兔	种公兔	泌乳 母兔	育肥兔				
				0.5千克	1.0千克	1.5千克	2.0千克	2.5千克
饮水量	0.6	0.6	1.2~2.5	0.08	0.18	0.24	0.28	0.32

5. 缺水的影响

家兔缺水或长期饮水不足，表现食欲减退，消化功能减弱，生长缓慢，抗病能力下降。时间稍长，会导致血液黏稠，代谢紊乱，正常生理机能遭破坏，健康受影响；体内缺水5%时，表现严重干渴；体内缺水20%时，出现病态；缺水达体重的20%时，引起死亡。

二、家兔的饲养标准

（一）饲养标准

饲养标准，也即营养需要量。是通过长期研究、无数试验，给不同畜种、不同品种、不同生理状态、不同生产目的和不同生产水平的家畜，科学地规定出应该供给的能量及其他各种营养物质的数量和比例，这种按家畜不同情况规定的营养指标，便称为饲养标准。饲养标准中规定了能量、粗蛋白、氨基酸、粗纤维、粗灰分、矿物质、维生素等营养指标的需要量，通常以每千克饲粮中的含量和百分比数来表示。家兔饲养标准是设计家兔饲料配方的重要依据。

（二）使用饲养标准应注意的问题

1. 因地制宜，灵活运用

任何饲养标准所规定的营养指标及其需要量只是个参考，实际生产中要根据自身的具体情况（品种、管理水平、设施状态、生产水平、饲料原料资源等）灵活应用。

2. 实践检验，及时调整

应用饲养标准时，必须通过实践检验，利用实际运用效果及时进行适当调整。

3. 随时完善和充实

饲养标准本身并非永恒不变的，需要通过生产实践的不断检验、科学研究的深入和生产水平的提高来进行不断修订、充实和完善。

（三）国内外家兔饲养标准

1. 部分国外家兔饲养标准

国外对家兔营养需要量研究较多的国家有法国、德国、西班牙、匈牙利、美国及前苏联，在此罗列部分国外家兔饲养标准供参考，其中有美国的NRC饲养标准、法国的AEC饲养标准、法国克里莫育种公司饲养标准等（表6-18至表6-24）。

表6-18 美国NRC（1977）建议的家兔营养需要

营养成分	生理阶段			
	维持	生长	妊娠	泌乳
消化能（兆焦/千克）	8.79	10.46	10.46	10.46
总消化养分（%）	55.0	65.0	58.0	70.0
粗纤维（%）	14.0	10~12	10~12	10~12
粗脂肪（%）	2.0	2.0	2.0	2.0
粗蛋白质（%）	12.0	16.0	15.0	17.0
赖氨酸（%）	—	0.65	—	—
蛋氨酸+胱氨酸（%）	—	0.60	—	—
精氨酸（%）	—	0.60	—	—
组氨酸（%）	—	0.30	—	—
亮氨酸（%）	—	1.10	—	—
异亮氨酸（%）	—	0.60	—	—
苯丙氨酸+酪氨酸（%）	—	1.10	—	—
苏氨酸（%）	—	0.60	—	—
色氨酸（%）	—	0.20	—	—
缬氨酸（%）	—	0.70	—	—
钙（%）	—	0.40	0.45	0.75
磷（%）	—	0.22	0.37	0.50

（续表）

营养成分	生理阶段			
	维持	生长	妊娠	泌乳
镁（毫克/千克）	300～400	300～400	300～400	300～400
钾（%）	0.6	0.6	0.6	0.6
钠（%）	0.2	0.2	0.2	0.2
氯（%）	0.3	0.3	0.3	0.3
铜（毫克/千克）	3.0	3.0	3.0	3.0
碘（毫克/千克）	0.2	0.2	0.2	0.2
锰（毫克/千克）	2.5	8.5	2.5	2.5
维生素A（国际单位/千克）	—	580.0	>1160.0	—
胡萝卜素（毫克/千克）	—	0.83	0.83	—
维生素E（毫克/千克）	—	40.0	40.0	40.0
维生素K（毫克/千克）	—	—	0.2	—
维生素B_6（毫克/千克）	—	39.0	—	—
烟酸（毫克/千克）	—	180.0	—	—
胆碱（毫克/千克）	—	1.2	—	—

资料来源：张宏福，张子仪．动物营养参考与饲养标准．北京：中国农业出版社，1998

表6-19　美国《动物营养学》建议的家兔饲养标准

营养成分	生理阶段		
	成年兔/妊娠初期母兔	妊娠后期/哺乳母兔	生长/肥育
消化能（兆焦/千克）	11.42	12.30～14.06	14.06
粗蛋白质（%）	12～16	17～18	17～18
粗纤维（%）	12～14	10～12	10～12
粗脂肪（%）	2～4	2～6	2～6
钙（%）	1.0	1.0～1.2	1.0～1.2
磷（%）	0.4	0.4～0.8	0.4～0.8
镁（%）	0.25	0.25	0.25
钾（%）	1.0	1.5	1.5
食盐（%）	0.50	0.65	0.65
锰（毫克/千克）	30.0	50.0	50.0
锌（毫克/千克）	20.0	30.0	30.0

营养成分	生理阶段		
	成年兔/妊娠初期母兔	妊娠后期/哺乳母兔	生长/肥育
铁（毫克/千克）	100.0	100.0	100.0
铜（毫克/千克）	10.0	10.0	10.0
赖氨酸（%）	0.6	0.8	0.8
蛋氨酸+胱氨酸（%）	0.5	0.5	0.5
维生素A（国际单位/千克）	8000.0	9000.0	9000.0
维生素D（国际单位/千克）	1000.0	1000.0	1000.0
维生素E（毫克/千克）	20.0	40.0	40.0
维生素K（毫克/千克）	1.0	1.0	1.0
维生素B$_6$（毫克/千克）	1.0	1.0	1.0
维生素B$_{12}$（毫克/千克）	10.0	10.0	10.0
烟酸（毫克/千克）	30.0	50.0	50.0
胆碱（毫克/千克）	1300.0	1300.0	1300.0

表6-20　德国 W. SeHolaut 建议的家兔营养饲养标准

营养成分	生理阶段		
	育肥兔	繁殖兔	产毛兔
消化能（兆焦/千克）	12.40	10.89	9.63～10.89
粗蛋白质（%）	16～18	15～17	15～17
粗纤维（%）	9～12	10～14	14～16
粗脂肪（%）	3～5	2～4	2.0
钙（%）	1.0	1.0	1.0
磷（%）	0.5	0.5	0.3～0.5
镁（%）	300.0	300.0	300.0
钾（%）	1.0	0.7	0.7
食盐（%）	0.5～0.7	0.5～0.7	0.5
锰（毫克/千克）	30.0	30.0	30.0
锌（毫克/千克）	50.0	50.0	50.0
铁（毫克/千克）	100.0	50.0	50.0
铜（毫克/千克）	20～200	10.0	10.0
赖氨酸（%）	1.0	1.0	0.5

（续表）

营养成分	生理阶段		
	育肥兔	繁殖兔	产毛兔
蛋氨酸+胱氨酸（%）	0.4～0.6	0.7	0.7
精氨酸（%）	0.6	0.6	0.6
维生素A（国际单位/千克）	8000.0	8000.0	6000.0
维生素D（国际单位/千克）	1000.0	800.0	500.0
维生素E（毫克/千克）	40.0	40.0	20.0
维生素K（毫克/千克）	1.0	2.0	1.0
烟酸（毫克/千克）	50.0	50.0	50.0
胆碱（毫克/千克）	1500.0	1500.0	1500.0
生物素（毫克/千克）	—	—	25.0

表6-21　法国AEC（1993）建议的家兔营养需要量

营养成分	生理阶段	
	泌乳兔及乳兔	生长兔（4～11周）
消化能（兆焦/千克）	10.46	10.46～11.30
粗蛋白质（%）	17.0	15.0
粗纤维（%）	12.0	13.0
钙（克/天）	1.10	0.80
有效磷（克/天）	0.80	0.50
钠（克/天）	0.30	0.30
赖氨酸（毫克/天）	0.75	0.70
蛋氨酸+胱氨酸（毫克/天）	0.65	0.60
苏氨酸（毫克/天）	0.90	0.90
色氨酸（毫克/天）	0.65	0.60
精氨酸（毫克/天）	0.22	0.20
组氨酸（毫克/天）	0.40	0.30
异亮氨酸（毫克/天）	0.65	0.60
亮氨酸（毫克/天）	1.30	1.10
苯丙氨酸+酪氨酸（毫克/天）	1.30	1.10
缬氨酸（毫克/天）	0.85	0.70

表6-22　法国某家兔营养需要推荐量

营养成分	生理阶段				
	维持	生长	妊娠	哺乳	母仔混养
消化能（兆焦/千克）	9.21	10.41	10.46	10.88	10.46
代谢能（兆焦/千克）	8.87	10.0	10.05	10.46	10.05
粗脂肪（%）	3.0	3.0	3	3	3
粗纤维（%）	15.0～16.0	14.0	14	12	14
难消化粗纤维（%）	13.0	11.0	12	10	11
粗蛋白质（%）	13.0	16.0	16	18	17
赖氨酸（%）	—	0.65	—	0.90	0.75
含硫氨基酸（%）	—	0.60	—	0.60	0.60
色氨酸（%）	—	0.13	—	0.15	0.15
苏氨酸（%）		0.55	—	0.70	0.60
亮氨酸（%）	—	1.05	—	1.25	1.20
异亮氨酸（%）	—	0.60	—	0.70	0.65
缬氨酸（%）	—	0.70	—	0.85	0.80
组氨酸（%）	—	0.35	—	0.43	0.40
精氨酸（%）	—	0.90	—	0.80	0.90
苯丙氨酸+酪氨酸（%）	—	1.20	—	1.40	1.25
钙（%）	0.40	0.50	0.80	1.10	1.10
磷（%）	0.30	0.30	0.50	0.70	0.70
钠（%）		0.30	0.30	0.30	0.30
钾（%）		0.60	0.90	0.90	0.90
氯（%）		0.30	0.30	0.30	0.30
镁（%）		0.03	0.04	0.04	0.04
硫（%）		0.04		—	0.04
铁（毫克/千克）	50.0	50.0	50.0	100.0	100.0
铜（毫克/千克）	—	5.0	—	5.0	5.0
锌（毫克/千克）	—	50.0	70.0	70.0	70.0
锰（毫克/千克）	2.5	8.5	2.5	2.5	2.5
钴（毫克/千克）	—	0.1	—	0.1	0.1
碘（毫克/千克）	0.2	0.2	0.2	0.2	0.2

（续表）

营养成分	生理阶段				
	维持	生长	妊娠	哺乳	母仔混养
氟（毫克/千克）	—	0.5			0.5
维生素A（国际单位/千克）	6000	6000	12000	12000	10000
维生素D_3（国际单位/千克）	900	900	900	900	900
维生素E（毫克/千克）	50.0	50.0	50.0	50.0	50.0
维生素K（毫克/千克）	0.0	0.0	2.0	2.0	2.0
硫胺素（VB_1，毫克/千克）	0.0	2.0	0.0	0.0	2.0
核黄素（VB_2，毫克/千克）	0.0	6.0	0.0	0.0	4.0
泛酸（毫克/千克）	0.0	20.0	0.0	0.0	20.0
吡哆醇（VB_6，毫克/千克）	0.0	2.0	0.0	0.0	2.0
维生素B_{12}	0.0	0.01	0.0	0.0	0.01
烟酸（毫克/千克）	—	50.0	—	—	50.0
叶酸（毫克/千克）	0.0.0	5.0	0.0	0.0	5.0
生物素（毫克/千克）	—	0.2	—	—	0.2

表6-23 著名法国营养学家F.Lebas推荐的家兔饲养标准

营养成分	生理阶段				
	4～12周龄	泌乳	妊娠	成年	育肥
消化能（兆焦/千克）	10.47	11.3	10.47	10.47	10.47
粗纤维（%）	14	12	14	15～16	14
粗脂肪（%）	3	5	3	3	3
粗蛋白质（%）	18	18	15	13	17
赖氨酸（%）	0.6	0.75	—	—	0.7
蛋氨酸+胱氨酸（%）	0.5	0.6	—	—	0.55
精氨酸（%）	0.9	0.8	—	—	0.9
组氨酸（%）	0.35	0.43	—	—	0.4
亮氨酸（%）	1.5	1.25	—	—	1.2
异亮氨酸（%）	0.6	0.7	—	—	0.65
苯丙氨酸+酪氨酸（%）	1.2	1.4	—	—	1.25
苏氨酸（%）	0.55	0.7	—	—	0.6
色氨酸（%）	0.18	0.22	—	—	0.2

营养成分	生理阶段				
	4~12周龄	泌乳	妊娠	成年	育肥
缬氨酸（%）	0.7	0.85	—	—	0.8
钙（%）	0.5	1.1	0.8	0.6	1.1
磷（%）	0.3	0.8	0.5	0.4	0.8
镁（毫克/千克）	0.03	0.04	0.04	—	0.04
钾（%）	0.8	0.9	0.9	—	0.9
钠（%）	0.4	0.4	0.4	0.4	0.4
氯（%）	0.4	0.4	0.4	0.4	0.4
硫（%）	0.04	—	—	—	0.04
锌（毫克/千克）	50	70	70	—	70
铜（毫克/千克）	5	5	—	—	5
钴（毫克/千克）	1	1	—	—	1
铁（毫克/千克）	50	50	50	50	50
锰（毫克/千克）	8.5	2.5	2.5	2.5	8.5
碘（毫克/千克）	0.2	0.2	0.2	0.2	0.2
维生素A（国际单位/千克）	6000	12000	12000	—	10000
胡萝卜素（毫克/千克）	0.83	0.83	0.83	—	0.83
维生素D（单位/千克）	900	900	900	—	900
维生素E（毫克/千克）	50	50	50	50	50
维生素K（毫克/千克）	0	2	2	0	2
维生素B_1（毫克/千克）	2	—	—	—	2
维生素B_2（毫克/千克）	6	—	—	—	4
维生素B_6（毫克/千克）	40	—	—	—	2
维生素B_{12}（毫克/千克）	0.01	—	—	—	—
叶酸（毫克/千克）	1	—	—	—	—
泛酸（毫克/千克）	20	—	—	—	—

第六章 家兔营养需要与饲料生产技术

表6-24 法国克里莫育种公司高产肉兔营养供给标准

营养成分	生理阶段			
	泌乳早期	母仔	育肥前期	育肥后期
	0～21天	21～35天	36～50天	51天至出栏
可消化能（KC/千克）	2600	2400	2400	2600
（兆焦/千克）	10.9	10.0	10.0	10.9
粗蛋白质（%）	17～17.5	14.5～15	16～16.5	16～16.5
粗纤维（%）	13.5～14	16.5～17	19～19.5	16～17
粗脂肪（%）	3.3	3.0～3.2	3.0～3.2	3.0～3.5
矿物质（%）	7.5～8.0	9.0	8.4	8.0
维生素A（国际单位/千克）	10000.0	10000.0	5000.0	10000.0
维生素D（单位/千克）	1200.0	1200.0	1000.0	1200.0
维生素E（毫克/千克）	60.0	20.0	40.0	20.0
维生素K（毫克/千克）	2.0	1.0	1.0	1.0
维生素B_1（毫克/千克）	2.0	2.0	2.0	2.0
维生素B_2（毫克/千克）	6.0	6.0	6.0	6.0
维生素B_6（毫克/千克）	2.0	2.0	2.0	2.0
维生素B_{12}（毫克/千克）	0.01	0.01	0.01	0.01
泛酸（毫克/千克）	20.0	20.0	20.0	20.0
胆碱（毫克/千克）	100.0	200.0	200.0	200.0
铜（毫克/千克）	15.0	15.0	15.0	15.0
食盐（克/千克）	2.5	2.2	2.2	2.2
氯（克/千克）	3.5	2.8	2.8	2.8
钙（克/千克）	12.0	7.0	7.0	8.0
磷（克/千克）	6.0	4.0	4.0	4.5
铁（毫克/千克）	100.0	50.0	50.0	50.0
锌（毫克/千克）	50.0	25.0	25.0	25.0
锰（毫克/千克）	12.0	8.0	8.0	8.0
赖氨酸（克/千克）	8.5	7.5	7.5	8.0
蛋+胱氨酸（克/千克）	6.2	5.5	5.5	6.0
精氨酸（克/千克）	8.0	8.0	8.0	9.0
苏氨酸（克/千克）	7.0	5.6	5.6	5.8

2. 国内部分家兔饲养标准

我国家兔营养需要研究工作，起始于20世纪80年代，但至今尚未形成规范的家兔饲养标准。现罗列部分国内不同研究单位推荐的毛兔、肉兔和獭兔营养需要推荐标准供参考，其中有中国安哥拉毛用兔饲养标准、肉兔和獭兔的建议营养供给量（表6-25至表6-29）。

表6-25　中国安哥拉毛用兔饲养标准

营养成分	生理阶段					
	生长兔		妊娠兔	哺乳兔	产毛兔	种公兔
	断奶-3月龄	4～6月龄				
消化能（兆焦/千克）	10.50	10.30	10.30	11.00	10～11.30	10.00
粗蛋白质（%）	16～17	15～16	16.00	18.00	15～16	17.00
可消化粗蛋白质（%）	12～13	10～11	11.50	13.5	11.00	13.00
粗纤维（%）	14.00	16.00	14～15	12～13	13～17	16～17
粗脂肪（%）	3.00	3.00	3.00	3.00	3.00	3.00
蛋能比（克/兆焦）	11.95	10.76	11.47	12.43	10.99	12.91
蛋氨酸+胱氨酸（%）	0.70	0.70	0.80	0.80	0.70	0.70
赖氨酸（%）	0.80	0.80	0.80	0.90	0.70	0.80
精氨酸（%）	0.80	0.80	0.90	0.90	0.70	0.90
钙（%）	1.00	1.00	1.00	1.20	1.00	1.00
磷（%）	0.50	0.50	0.50	0.80	0.50	0.50
食盐（%）	0.30	0.30	0.30	0.30	0.30	0.20
铜（毫克/千克）	3～5	10.00	10.00	10.00	20.00	10.00
锌（毫克/千克）	50.00	50.00	70.00	70.00	70.00	70.00
铁（毫克/千克）	50～100	50.00	50.00	50.00	50.00	50.00
锰（毫克/千克）	30.00	30.00	30.00	50.00	50.00	50.00
钴（毫克/千克）	0.10	0.10	0.10	0.10	0.10	0.10
维生素A（国际单位/千克）	8000	8000	8000	10000	6000	12000
维生素D（单位/千克）	900	900	900	1000	900	1000
维生素E（毫克/千克）	50.00	50.00	60.00	60.00	50.00	60.00
胆碱（毫克/千克）	1500	1500		1500	1500	
烟酸（毫克/千克）	50.00	50.00			50.00	50.00
吡哆醇（毫克/千克）	400	400			300	300
生物素（毫克/千克）					25	20

资料来源：张宏福，张子仪. 动物营养参考与饲养标准. 北京：中国农业出版社，1998

表6-26 中国兔建议营养供给量

营养成分	生理阶段					
	生长兔		妊娠兔	哺乳兔	成年产毛兔	生长育肥兔
	3~12周龄	12周龄后				
消化能（兆焦/千克）	12.12	10.45~11.29	10.45	10.87~11.29	10.03~10.87	12.12
粗蛋白质（%）	18	16	15	18	14~16	16~18
粗纤维（%）	8~10	10~14	10~14	10~12	10~14	8~10
粗脂肪（%）	2~3	2~3	2~3	2~3	2~3	3~5
蛋+胱氨酸（%）	0.7	0.6~0.7	0.6~0.7	0.6~0.7	0.6~0.7	0.4~0.6
赖氨酸（%）	0.9~1.0	0.7~0.9	0.7~0.9	0.8~1.0	0.5~0.7	1
精氨酸（%）	0.8~0.9	0.6~0.8	0.6~0.8	0.6~0.8	0.6	0.6
钙（%）	0.9~1.1	0.5~0.7	0.5~0.7	0.8~1.1	0.5~0.7	1
磷（%）	0.5~0.7	0.3~0.5	0.3~0.5	0.5~0.8	0.3~0.5	0.5
食盐（%）	0.5	0.5	0.5	0.5~0.7	0.5	0.5
铜（毫克/千克）	15	15	15	10	10	20
锌（毫克/千克）	70	40	40	40	40	40
铁（毫克/千克）	100	50	50	100	50	100
锰（毫克/千克）	15	10	10	10	10	15
镁（毫克/千克）	300~400	300~400	300~400	300~400	300~400	300~400
碘（毫克/千克）	0.2	0.2	0.2	0.2	0.2	0.2
维生素A（K国际单位/千克）	6~10	6~10	8~10	8~10	6	8
维生素D（K国际单位/千克）	1	1	1	1	1	1

资料来源：杨正，现代养兔，1999年6月，中国农业出版社（南京农业大学等单位推荐）

表6-27 獭兔配合饲料建议营养含量

营养成分	生理阶段				
	生长兔		哺乳兔	妊娠兔	空怀兔
	1~3月龄	4月龄至出栏			
消化能（兆焦/千克）	10.46	9.00~10.46	10.46	9.00~10.46	9.00
粗蛋白质（%）	16~17	15~16	17~18	15~16	13
粗纤维（%）	12~14	13~15	12~14	14~16	15~18

营养成分	生理阶段				
	生长兔		哺乳兔	妊娠兔	空怀兔
	1～3月龄	4月龄至出栏			
粗脂肪（%）	3	3	3	3	3
蛋+胱氨酸（%）	0.6	0.6	0.6	0.5	0.4
赖氨酸（%）	0.8	0.65	0.9	0.6	0.4
钙（%）	0.85	0.65	1.10	0.80	0.40
磷（%）	0.40	0.35	0.70	0.45	0.30
食盐（%）	0.3～0.5	0.3～0.5	0.3～0.5	0.3～0.5	0.3～0.5
铜（毫克/千克）	20	10	20	10	5
锌（毫克/千克）	70	70	70	70	25
铁（毫克/千克）	70	50	100	50	50
锰（毫克/千克）	10	4	10	4	2.5
钴（毫克/千克）	0.15	0.10	0.15	0.10	0.10
碘（毫克/千克）	0.20	0.20	0.20	0.20	0.10
硒（毫克/千克）	0.25	0.20	0.20	0.20	0.10
维生素A（K国际单位/千克）	10.0	8.0	12.0	12.0	5.0
维生素D（K国际单位/千克）	0.90	0.90	0.90	0.90	0.90
维生素E（毫克/千克）	50.0	50.0	50.0	50.0	25.0
维生素K（毫克/千克）	2.0	2.0	2.0	2.0	2.0
硫胺素（毫克/千克）	2.0	0.0	2.0	0.0	0.0
核黄素（毫克/千克）	6.0	0.0	6.0	0.0	0.0
泛酸（毫克/千克）	50.0	20.0	50.0	20.0	0.0
吡哆醇（毫克/千克）	2.0	2.0	2.0	0.0	0.0
维生素B_{12}（毫克/千克）	0.02	0.01	0.02	0.01	0.00
烟酸（毫克/千克）	50.0	50.0	50.0	50.0	0.0
胆碱（毫克/千克）	1000.0	1000.0	1000.0	1000.0	0.0
生物素（毫克/千克）	0.20	0.20	0.20	0.20	0.00

资料来源：由河北农业大学山区研究所建议，1998年

表6-28　肉用兔饲养标准

营养成分	生理阶段			
	生长兔	妊娠母兔	哺乳母兔及仔兔	种公兔
消化能（兆焦/千克）	10.46	10.46	11.30	10.04
粗蛋白质（%）	15～16	15.00	18.00	18.00
蛋能比（克/兆焦）	14～16	14	16	18
钙（%）	0.5	0.8	1.1	—
磷（%）	0.3	0.5	0.8	—
钾（%）	0.8	0.9	0.9	—
钠（%）	0.4	0.4	0.4	—
氯（%）	0.4	0.4	0.4	—
含硫氨基酸（%）	0.5	—	0.60	—
赖氨酸（%）	0.66	—	0.75	—
精氨酸（%）	0.90	—	0.80	—
苏氨酸（%）	0.55	—	0.70	—
色氨酸（%）	0.15	—	0.22	—
组氨酸（%）	0.35	—	0.43	—
苯丙氨酸+酪氨酸（%）	1.20	—	1.40	—
缬氨酸（%）	0.70	—	0.85	—
亮氨酸（%）	1.05	—	1.25	—

资料来源：由中国农业科学院兰州畜牧研究所推荐

表6-29　长毛兔饲养标准

营养成分	生理阶段				
	生长幼兔（5～12周龄）	妊娠母兔	哺乳母兔	产毛兔	种公兔（配种期）
消化能（兆焦/千克）	10.38	10.78	10.56	11.50	11.29
粗蛋白质（%）	17.80	15.70	18.00	16.80	17.90
可消化粗蛋白质（%）	12.50	10.70	12.90	11.80	12.90
粗纤维（%）	14.80	12.00	11.00	12.00	11.00
粗脂肪（%）	3.00	3.00	3.00	3.00	3.00
蛋能比（克/兆焦）	12.92	9.93	12.20	10.29	11.48
蛋氨酸（%）	0.60	0.80	0.80	0.90	0.80

营养成分	生理阶段				
	生长幼兔（5~12周龄）	妊娠母兔	哺乳母兔	产毛兔	种公兔（配种期）
赖氨酸（%）	1.00	1.00	1.00	1.10	1.00
精氨酸（%）	0.90	0.80	0.90	0.80	0.90
钙（%）	1.00	0.80	1.00	0.80	1.00
磷（%）	0.60	0.50	0.90	0.60	0.50
食盐（%）	0.30	0.30	0.30	0.30	0.30
铜（毫克/千克）	5.00	5.00	5.00	5.00	5.00
锌（毫克/千克）	50.00	70.00	70.00	70.00	70.00
铁（毫克/千克）	50.00	50.00	100.00	50.00	50.00
锰（毫克/千克）	8.50	8.50	2.50	2.50	2.50
钴（毫克/千克）	0.10	0.10	0.10	0.10	0.10
维生素A（国际单位/千克）	6000.00	6000.00	6000.00	6000.00	8000.00
维生素D（单位/千克）	900.00	900.00	900.00	900.00	1000.00
维生素E（毫克/千克）	50.00	60.00	50.00	50.00	60.00

资料来源：由江苏省饲料食品研究所推荐

第三节　家兔常用饲料原料及其营养利用特点

饲料是养兔生产的基础，饲料成本约占养兔成本的70%以上，良好的饲料供给是获得养兔生产效果和养兔经济效益的重要保证，而优良的原料又是家兔饲料质量的保证。为此，必须了解和掌握各种饲料原料的营养特性和利用特点，以便于更好地开发和利用。

组成家兔饲料的主要原料包括：粗饲料原料，能量饲料原料，蛋白饲料原料、矿物质饲料原料及饲料添加剂等（图6-2）。

一、粗饲料原料及其营养、利用特点

粗饲料原料是指干物质中粗纤维含量在18%以上的饲料原料。粗饲料原料的特点是：体积大，比重轻，难消化粗纤维含量高，可利用成分少。但对家兔而言，由于其消化生理特点所决定，粗饲料是其配合饲料中不可缺少的原料。

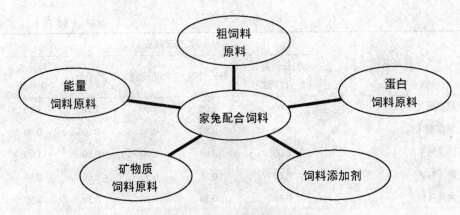

图6-2 家兔饲料组成示意图

粗饲料原料包括：青干草、作物秸秆、作物秧、作物藤蔓、作物荚壳（秕壳）、糠皮类等（图6-3），这些粗饲料原料都具有自己特有的营养特性和利用特点。

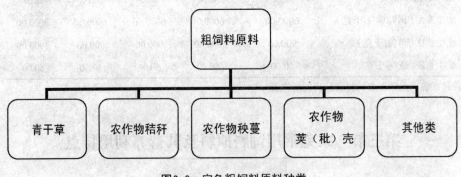

图6-3 家兔粗饲料原料种类

（一）青干草

青干草是指天然草场或人工栽培牧草适时刈割，再经干燥处理后的饲草。晒制良好的青干草，颜色青绿，味芳香，质地柔软，适口性好；叶片不脱落，保持了绝大部分的蛋白质、脂肪、矿物质和维生素。适时刈割晒制的青干草，营养含量丰富，是家兔的优质粗饲料。青干草主要包括两大类，即：豆科青干草和禾本科青干草，也有极少数其他科青干草（图6-4）。

1. 豆科青干草

豆科牧草由豆科饲用植物组成的牧草类群，又称豆科草类。豆科牧草主要有苜蓿、三叶草、草木犀、红豆草、紫云英等属，其中紫花苜蓿和白三叶草是最优良的牧草。大多为草本，少数为半灌木、灌木或藤本。豆科青干草是指豆科牧草干燥后的饲草，其营养特点是：粗蛋白含量高而且蛋白质量好，粗纤维含量较低，钙及维生素含量丰富（表6-30），饲用价值高，所含蛋白可以取代家兔配合饲料中豆饼（粕）等的蛋白而降低饲料成本。

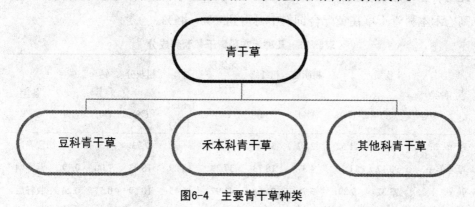

图6-4 主要青干草种类

目前，豆科草以人工栽培为主，如我国各地普遍栽培的苜蓿、红豆草等。豆科牧草最佳刈割时期为现蕾至初花阶段。国外栽培的豆科牧草以苜蓿、三叶草为主，法国、德国、西班牙、荷兰等养兔先进国家的家兔配合饲料中，苜蓿和三叶草的比例可占到45%～50%，有的甚至高达90%。

表6-30 主要豆科青干草的营养成分

种类	干物质 (%)	粗蛋白质 (%)	粗脂肪 (%)	粗纤维 (%)	无氮浸出物 (%)	总能 (兆焦/千克)	粗灰分 (%)	钙 (%)	磷 (%)	备注
苜蓿1	89.10	11.49	1.40	36.86	34.51	17.78	4.84	1.56	0.15	盛花
苜蓿2	91.00	20.32	1.54	25.00	35.00	16.62	9.14	1.71	0.17	现蕾
红豆草	90.19	11.78	2.17	26.25	42.20	16.19	7.79	1.71	0.22	结荚
红三叶	91.31	9.49	2.31	28.26	42.41	15.98	8.84	1.21	0.28	结荚
草木犀	92.14	18.49	1.69	29.67	34.21	16.73	8.08	1.30	0.19	盛花
箭筈豌豆	94.09	18.99	2.46	12.09	49.01	16.58	11.55	0.06	0.27	盛花
紫云草	92.38	10.48	1.20	34.00	35.25	15.81	11.09	0.71	0.20	盛花
百麦根	92.28	10.03	3.21	18.87	34.15	16.48	6.02	1.50	0.19	盛花

2. 禾本科青干草

禾本科青干草来源广泛，数量大，适口性较好，易干燥，不落叶。与豆科青干草相比较，粗蛋白含量低，钙含量低，胡萝卜素等维生素含量高（表6-31）。

目前，禾本科草以天然草场为主，其最佳收割时期为孕穗至抽穗阶段。此时，粗纤维含量低，质地柔软；粗蛋白含量高，胡萝卜素含量也高；产量高。禾本科青干草在兔配合饲料中可占到30%~45%。

表6-31　几种禾本科青干草营养成分

种类	干物质 (%)	粗蛋白质 (%)	粗脂肪 (%)	粗纤维 (%)	无氮浸出物 (%)	总能 (兆焦/千克)	粗灰分 (%)	钙 (%)	磷 (%)	备注
芦苇	90.00	11.52	2.47	33.44	44.84	—	7.73	—	—	营养期
草地羊茅	90.12	11.70	4.37	18.73	37.29	14.29	18.03	1.00	0.29	营养期
鸭茅	93.32	9.29	3.79	26.68	42.97	16.45	10.59	0.51	0.24	收籽后
草地早熟禾	88.90	9.10	3.00	26.70	44.20	—	—	0.40	0.27	

（二）作物秸秆

作物秸秆是农作物收获籽实后的副产品。如玉米秸、玉米芯、稻草、谷草、各种麦秸、豆类和花生秸秆等（图6-5）。这类粗饲料粗纤维含量高达30%~50%，其中的木质素比例大，一般为6%~12%，所以适口性差、消化率低、能量价值低；蛋白质含量只有2%~8%，蛋白质的品质也比较差，缺乏必需氨基酸（豆科作物较禾本科作物的秸秆要好些）；矿物质含量高，如稻草高达17%，其中大部分为硅酸盐，钙、磷含量低，比例也不适宜；除维生素D以外，其他维生素都缺乏，尤其是缺乏胡萝卜素。因此，作物秸秆的营养

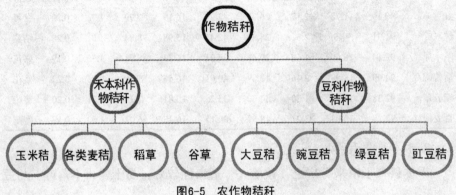

图6-5　农作物秸秆

价值非常低，但由于家兔饲料中需要有一定量的粗纤维，这类饲料原料作为家兔配合饲料的组成部分主要是补充粗纤维。

1. 玉米秸

玉米秸的营养价值因品种、生长时期、秸秆部位、晒制方法等不同而有所差异。一般来说，夏玉米秸比春玉米秸营养价值高，叶片较茎营养价值高，快速晒制比长时间风干的营养价值高。晒制良好的玉米秸秆呈青绿色，叶片多，外皮无霉变，水分含量低。玉米秸秆的营养价值略高于玉米芯，与玉米皮相近。

利用玉米秸作为家兔配合饲料中粗饲料原料时必须注意：

（1）防发霉变质：玉米秸有坚硬的外皮，秸内水分不易蒸发，贮藏备用时必须保证玉米叶和茎都晒干，否则会发霉变质。

（2）加水制粒：玉米秸秆容重小，膨松，为保证制粒质量，可适当增加水分（以10%为宜），同时添加粘结剂（如加入0.7%～1.0%的膨润土），制出的颗粒要注意晾干，水分降至8%～10%。

（3）适宜的比例：玉米秸秆作为家兔配合饲料中粗饲料原料时，其比例可占20%～40%。

2. 稻草

是家兔重要的粗饲料原料。据测定，稻草含粗蛋白质5.4%，粗脂肪1.7%，粗纤维32.7%，粗灰分11.1%，钙0.28%，磷0.08%。稻草作为家兔配合饲料中粗饲料原料时，其比例可占10%～30%。稻草在配合饲料中所占比例比较高的时候，要特别注意钙的补充。

3. 麦秸

麦秸是家兔粗饲料中质量较差的原料，其营养成分因品种、生长时期等的不同而有所差异（表6-32）。

表6-32 麦类秸秆营养成分

种类	干物质（%）	粗蛋白质（%）	粗脂肪（%）	粗纤维（%）	无氮浸出物（%）	粗灰分（%）	钙（%）	磷（%）
小麦秸	89.00	3.00	—	42.50				
大麦秸	90.34	8.50	2.53	30.13	40.41	—	8.76	
荞麦秸	85.30	1.40	1.60	33.40	41.00	7.90	0.51	—

麦类秸秆中，小麦秸的分布最广，产量最多，但其粗纤维含量高，并含有较多难以被利用的硅酸盐和蜡质，长期饲喂容易"上火"和便秘，影响生产性能。麦类秸秆中，大麦秸、燕麦秸和荞麦秸的营养较小麦秸要高，且适口性好。麦类秸秆在家兔配合饲料中的比例以5%左右为宜，一般不超过10%。

4. 豆秸

豆秸在收割和晾晒过程中叶片大部分凋落，剩余部分以茎秆为主，所以维生素已被破坏，蛋白质含量减少，营养价值较低，但与禾本科作物秸秆相比较，其蛋白质含量相对较高（表6-33）。以茎秆为主的豆秸，多呈木质化，质地坚硬，适口性差。豆秸主要有大豆秸、豌豆秸、蚕豆秸和绿豆秸等。

在豆类产区，豆秸产量大、价格低，深受养兔者的欢迎。家兔配合饲料中豆秸可占35%左右，且生产性能不受影响。

表6-33　几种豆秸的营养成分

种类	干物质 (%)	粗蛋白质 (%)	粗脂肪 (%)	粗纤维 (%)	无氮浸出物 (%)	粗灰分 (%)	钙 (%)	磷 (%)
大豆秸	87.70	4.60	2.10	40.10	—	—	0.74	0.12
豌豆秸	89.12	11.48	3.74	31.52	32.33	10.04	—	—
蚕豆秸	91.71	8.32	1.65	40.71	33.11	7.92	—	—
绿豆秸	86.50	5.90	1.10	39.10	34.60	5.80	—	—

5. 谷草

是禾本科秸秆中较好的粗饲料原料。谷草中的营养物质含量相对较高：干物质89.8%，粗蛋白质3.8%，粗脂肪1.6%，粗纤维37.3%，无氮浸出物41.4%，粗灰分5.5%。谷草易贮藏，卫生，营养价值高，用于制粒时制粒效果好，是家兔优质秸秆类粗饲料。家兔配合饲料中，谷草比例可占35%左右。使用谷草作为粗饲料原料，而且比例比较大的时候，注意补充钙。

（三）作物秧及藤蔓

作物秧及作物藤蔓是一类优良的粗饲料原料，主要有：花生秧、甘薯蔓等。

1. 花生秧

是一种优良的粗饲料原料，其营养价值接近豆科干草，干物质含量在90%以上，其中粗蛋白质4.60%～5.00%，粗脂肪1.20%～1.30%，粗纤维31.80%～34.40%，无氮浸出物48.10%～52.00%，粗灰分6.70%～7.30%，钙

0.89%～0.96%，磷0.09%～0.10%，并含有铜、铁、锰、锌、硒、钴等微量元素。花生秧应在霜降前收割，鲜花生秧水分高，收割后要注意晾晒，防止发霉。晒制良好的花生秧应是色绿、叶全、营养损失较小。作为家兔配合饲料中粗饲料原料时，可占35%左右。

2. 甘薯蔓

甘薯又称红薯、白薯、地瓜、红苕等。甘薯蔓可作为家兔的青绿饲料，也可作为家兔的粗饲料。甘薯蔓中含有胡萝卜素3.5～23.2毫克/千克。可作为家兔的青绿饲料来鲜喂，也可晒制后作为粗饲料使用。因其鲜蔓中水分含量高，晒制过程中一定要勤翻，防止腐烂变质。晒制良好的甘薯干蔓营养丰富，干物质占90%以上，其中粗蛋白质6.10%～6.70%，粗脂肪4.10%～4.50%，粗纤维24.70%～27.20%，无氮浸出物48.00%～52.90%，粗灰分7.90%～8.70%，钙1.59%～1.75%，磷0.16%～0.18%。家兔配合饲料中可加至35%～40%。

（四）作物荚（秕）壳

秕壳类粗饲料原料主要是指各种植物的籽实壳，其中含有不成熟的农作物籽实。秕壳类粗饲料原料的营养价值（表6-34）高于同种农作物秸秆（花生壳除外）。

表6-34　秕壳类粗饲料原料的营养成分

种类	干物质 (%)	粗蛋白质 (%)	粗脂肪 (%)	粗纤维 (%)	无氮浸出物 (%)	粗灰分 (%)	钙 (%)	磷 (%)
大豆荚	83.20	4.90	1.20	28.00	41.20	7.80	—	0.12
豌豆荚	88.40	9.50	1.00	31.50	41.70	4.70	—	—
绿豆秸	87.10	5.40	0.70	35.50	38.90	6.60	—	—
豇豆荚	87.10	5.50	0.60	30.80	44.00	6.20	—	—
蚕豆秸	81.10	6.60	0.40	34.80	34.00	6.00	0.61	0.09
花生壳	91.50	6.60	1.20	59.80	19.40	4.40	—	—
稻　壳	92.40	2.80	0.80	41.10	29.20	18.40	0.08	0.07
谷　壳	88.40	3.90	1.20	45.80	27.90	9.50	—	—
小麦壳	92.60	5.10	1.50	29.80	39.40	16.70	0.20	0.14
大麦壳	93.20	7.40	2.10	22.10	55.40	6.30	—	—
荞麦壳	87.80	3.00	0.80	42.60	39.90	1.40	0.26	0.02
高粱壳	88.30	3.80	0.50	31.40	37.60	15.00	—	—
葵花籽壳	—	3.50	3.40	22.10	58.40	—	—	—

豆类荚壳可占兔饲料的10%～20%，花生壳的粗纤维含量虽然高达60%，但生产中以花生壳作为家兔的主要粗饲料原料占30%～40%，对青年兔和空怀兔无不良影响，且兔群很少发生腹泻。但花生壳与花生饼（粕）一样极易感染霉菌，使用时应特别注意。

谷物类秕壳的营养价值比豆类荚壳低。其中，稻谷壳因其含有较多的硅酸盐，不仅会给制粒机械造成损害，也会刺激兔的消化道引起溃疡，稻壳中有些成分还有促进饲料酸败的作用；高粱壳中含有单宁（鞣酸），适口性较差；小麦壳和大麦壳营养价值相对较高，但麦芒带刺，对家兔消化道有一定的刺激。因此，这些秕壳在家兔配合饲料中的比例不宜超过8%。

葵花籽壳在秕壳类粗饲料原料中营养价值较高，可添加10%～15%。

（五）其他类粗饲料原料

还有一些农作物的其他部分，也能做为家兔的粗饲料原料，例如玉米芯等。

玉米芯含粗蛋白质4.6%，可消化能1674千焦/千克，酸性洗涤纤维（ADF）49.6%，纤维素45.65%，木质素15.8%。家兔配合饲料中可加入10%～15%。玉米芯粉碎时要消耗较高的能源。

二、能量饲料原料及其营养、利用特点

通常叫粗纤维含量低于18%、粗蛋白含量低于20%的饲料原料称作能量饲料原料。主要能量饲料原料包括谷物籽实类、糠麸类及油脂类等（图6-6）。能量饲料原料是家兔配合饲料中主要能量来源。能量饲料原料的共同特点是：蛋白含量低、且蛋白质品质较差，某些氨基酸含量不足，特别是赖氨酸和蛋氨酸含量较少；矿物质含量磷多、钙少；B族维生素和维生素E含量较多，但缺乏维生素A和维生素D。

图6-6　能量饲料原料分类

（一）谷物籽实类能量饲料原料

作为家兔能量饲料原料的谷物籽实主要包括：玉米、高粱、小麦、大麦和燕麦等（图6-7）。

图6-7　谷物籽实类能量饲料原料

1. 玉米

是家兔最常用的能量饲料原料之一。其能量含量在谷物籽实类饲料原料中几乎列首位，而且不含营养限制性成分和有毒、有害成分，被誉为"饲料之王"。

玉米不仅常规营养成分含量高（表6-35），而且富含β-胡萝卜素（维生素A原）和维生素E（20毫克/千克），维生素B$_1$较多，但维生素D、维生素K、维生素B$_2$和烟酸缺乏；玉米的钙含量极少（仅0.02%），磷含量（0.25%）中55%～70%为植酸磷；玉米的铁、铜、锌、锰、硒等微量元素含量较低。

表6-35　几种家兔常用谷物籽实类饲料原料主要营养成分

种类	干物质(%)	消化能(兆焦/千克)	粗蛋白质(%)	粗脂肪(%)	粗纤维(%)	无氮浸出物(%)	粗灰分(%)	钙(%)	磷(%)
玉米（G1级）	86.0	14.87	8.7	3.6	1.6	70.7	1.4	0.02	0.27
玉米（G2级）	86.0	14.47	7.8	3.5	1.6	71.8	1.3	0.02	0.27
高粱	86.0	13.31	9.0	3.4	1.4	70.4	1.8	0.13	0.36
小麦	87.0	14.82	13.9	1.7	1.9	67.6	1.9	0.17	0.41
大麦（裸）	87.0	14.99	13.0	2.1	2.0	67.7	2.2	0.04	0.21
大麦（皮）	87.0	13.31	11.0	1.7	4.8	67.1	2.4	0.09	0.33
稻谷（N2级）	86.0	13.00	7.8	1.6	8.2	63.8	4.6	0.03	0.36
燕麦	88.0	13.28	8.8	4.0	10.0	68.9	2.1	0.05	0.21

玉米的营养成分因品种、水分含量、生长期、储藏时间、破碎与否等的不同而有所差异。高赖氨酸玉米，是热能与蛋白质良好组合的一种新型的价廉优质饲料原料，其饲用价值高于普通玉米；随着水分含量的增高，营养成分会相对下降，玉米含水量超过14%，不仅养分含量低，而且易滋生霉菌，严重发霉变质玉米会引起家兔霉菌毒素中毒；玉米生长的区域和生长期长短，对玉米营养成分影响很大，只单独生产一季玉米比小麦和玉米轮作的玉米养分含量高；随着贮藏时间延长，玉米品质相应变差，尤其是维生素A、维生素E和色素含量下降，其有效值也随之降低；玉米破碎后，因失去种皮的保护，极易吸收水分，引起结块和霉变，脂肪酸氧化酸败，故玉米以整粒贮藏为好，现用现粉碎。

玉米适口性好，消化率高，是家畜配合饲料中最主要的能量饲料原料，但由于家兔消化道特点所决定，家兔饲料中玉米比例过高时，容易引起盲结肠碳水化合物负荷过度而引起家兔腹泻，或造成微生物群系紊乱而诱发大肠杆菌和魏氏梭菌病；种用兔饲料能量水平过高还会造成种兔过肥而影响繁殖性能。一般建议，家兔配合饲料中玉米的添加比例以20%～30%为宜。

2. 高粱

也是很好的家兔能量饲料原料之一。其营养成分与玉米相似（表6-35），主要成分是淀粉，粗纤维含量低；蛋白含量略高于玉米，但蛋白质品质差，缺乏赖氨酸、精氨酸、组氨酸和蛋氨酸；脂肪含量低于玉米；矿物质钙少磷多，与玉米相似；除泛酸含量和利用率高外，其余维生素含量都不高。

高粱中的营养限制性成分（抗营养因子）是单宁（鞣酸）。单宁味苦涩，对家兔适口性和养分消化利用率都有明显的不良影响。有报道，高粱有预防腹泻的作用，这与所含的单宁成分也有关系。高粱单宁含量因品种不同而有所差异，一般为0.2%～3.6%。高粱在家兔配合饲料中添加比例以5%～15%为宜。

3. 小麦

小麦是我国人民的主食谷物，极少用于饲用，一般在玉米价格比较高的时候用一部分小麦作为家畜饲用。

小麦与玉米的粗纤维相当，粗脂肪低，粗蛋白高于玉米，是谷物籽实类中含蛋白质最高的（表6-35），但缺乏赖氨酸和苏氨酸，氨基酸平衡性比玉米略差，这主要是因为小麦中含有的粗蛋白主要以谷蛋白为主而决定，谷蛋白中非必需氨基酸含量丰富而必需氨基酸缺乏，如赖氨酸占粗蛋白质的含量仅为2.9%左右；小麦的能量含量也比较高；B族维生素及维生素E含量较高，但是维生素A、维生素D和维生素K缺乏，生物素利用率低（生物素含量比玉米高，但是玉米中生物素几乎100%可利用，而小麦中的生物素利用率非常低）。

小麦不能大量作为饲用的原因，一方面是因为其价格一般比玉米高，另一方面限制小麦大量应用以及引起小麦营养价值变异较大的主要原因是小麦中含有抗营养因子。研究表明，小麦中的抗营养因子是可溶性非淀粉多糖（SNSP），主要包括阿拉伯木聚糖和β-葡聚糖（分别占小麦干物质基础的1.8%和0.4%），其抗营养作用主要与其粘性及对消化道生理、形态和微生物区系的影响有关。

由于其粘性特征，用小麦作为能量饲料原料时，可改善颗粒饲料硬度，减少粉料比例。小麦添加量在家兔配合饲料中可达40%左右。

4. 大麦

大麦是皮大麦（普通大麦）和裸大麦的总称。皮大麦籽实外面包有一层种子外壳，是一种主要的饲用能量饲料原料。

大麦蛋白含量高（表6-35），而且氨基酸中赖氨酸、色氨酸和异亮氨酸等都高于玉米，尤其是赖氨酸高出较多，因此大麦是能量饲料原料中蛋白质品质较好的一种；粗脂肪含量低于玉米，其中一半以上是亚麻酸；碳水化合物主要是淀粉；裸大麦的粗纤维含量（2.0%）与玉米接近，皮大麦粗纤维含量比较高（4.8%）。矿物质钙多磷少；维生素B_1和烟酸含量丰富。

大麦的营养限制因子包括麦角毒和单宁。裸大麦易感染真菌中的麦角菌而得麦角病，这种病可造成籽实畸形并含有麦角毒，麦角毒能降低大麦的适口性，甚至引起家兔中毒，症状表现为：繁殖障碍、生长受阻、呕吐等，因此发现大麦中畸形籽粒多的时候，千万慎用。另外，大麦中也含有单宁，单宁影响适口性和蛋白质的消化利用率。大麦在家兔配合饲料中的比例可占35%。

5.燕麦

是家兔良好的能量饲料原料，粗蛋白含量略高于玉米，而蛋白质品质优于玉米，粗脂肪含量较高，粗纤维含量高于玉米（表6-35）。家兔配合饲料中可占30%。

（二）糠麸类能量饲料原料

糠麸类饲料原料是粮食加工副产品，资源比较丰富。主要有：小麦麸和次粉、米糠、小米糠、玉米糠和高粱糠等（图6-8）。

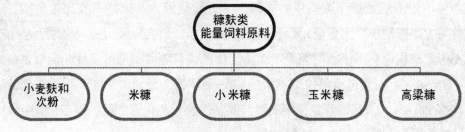

图6-8　糠麸类能量饲料原料

1. 小麦麸皮和次粉

是小麦加工成面粉过程中的副产物。小麦在精制过程中可得到20%～25%的小麦麸皮、3%～5%的次粉和0.7%～1%的小麦胚芽。

小麦麸皮和次粉的营养成分因小麦加工工艺、精致程度、出粉率、出麸率等的不同而差异很大。两者共同特点是：蛋白质含量高，但品质差；脂肪含量与玉米相当；粗纤维含量高于玉米，尤其是麦麸的粗纤维含量远远高于次粉。麦麸富含B族维生素和维生素E，但烟酸利用率低，仅为35%；矿物质元素含量丰富，尤其是铁、锰、锌较高，但缺乏钙，磷含量高但钙磷不平衡，利用时注意补充钙和磷。次粉维生素、矿物质含量不及麦麸。具体营养成分如表6-36所示。

表6-36　小麦麸和次粉营养成分

种类	干物质(%)	消化能(兆焦/千克)	粗蛋白质(%)	粗脂肪(%)	粗纤维(%)	无氮浸出物(%)	粗灰分(%)	钙(%)	磷(%)
小麦麸（NY1级）	87.0	7.72	15.7	3.9	8.9	53.6	4.9	0.11	0.24
小麦麸（NY2级）	87.0	7.57	14.3	4.0	6.8	57.1	4.8	0.10	0.24
次粉（NY1级）	88.0	14.26	15.4	2.2	1.5	67.1	1.5	0.08	0.48
次粉（NY2级）	87.0	13.98	13.6	2.1	2.8	66.7	1.8	0.08	0.48

小麦麸适口性好，是家兔良好的饲料原料。小麦麸物理结构疏松，含有适量的粗纤维和硫酸盐类，有轻泻作用，喂兔可防便秘；小麦麸同时是妊娠后期母兔和哺乳母兔的优良饲料原料。小麦麸在家兔配合饲料中可占10%～20%。

次粉饲喂家兔的营养价值与玉米相当，而且还是很好的颗粒饲料粘结剂，可占家兔配合饲料的10%左右。

2. 米糠

米糠又称稻糠。稻谷去壳后为糙米，糙米再经精加工后成为精米，此加工过程中便得到稻壳和米糠两种副产品。稻壳（又称砻糠）的营养价值极低，一般不作为饲用，也可作为家兔粗饲料原料使用。米糠（又称油糠）是由糙米的皮层、胚、少量胚乳及极少量种壳组成，约占糙米的8%～11%。

生产中也有将砻糠和米糠按一定比例混合后形成所谓的二八糠、三七糠，其营养价值取决于砻糠的比例。

一些小型加工厂采用由稻谷直接出精米工艺，得到的副产品含有谷壳、碎米和米糠的混合物，称之为连糟糠或统糠。统糠营养价值低，属于粗饲料原料。一般100千克稻谷加工后可获得30～35千克统糠。

经脱脂处理后米糠称之为脱脂米糠，用压榨法提取油脂后的产物叫米糠饼，用浸提法提取油脂以后的产物叫米糠粕。经脱脂处理后，米糠的营养成分也发生相应的变化。

米糠及其饼粕的营养成分含量如表6-37所示。

表6-37　米糠及其饼粕的营养成分

种类	干物质	消化能	粗蛋白质	粗脂肪	粗纤维	无氮浸出物	粗灰分	钙	磷
	(%)	(兆焦/千克)	(%)	(%)	(%)	(%)	(%)	(%)	(%)
米糠	87.0	12.53	12.8	16.5	5.7	44.5	7.5	0.07	1.43
米糠饼	88.0	11.36	14.7	9.0	7.4	48.2	8.7	0.14	1.69
米糠粕	87.0	9.25	15.1	2.0	7.5	53.6	8.8	0.15	1.82

米糠的蛋白质和赖氨酸含量都高于玉米；脂肪含量高达16.5%，且大多属不饱和脂肪酸；粗纤维含量低；矿物质钙低磷高，但利用率不高；微量元素中铁、锰含量丰富，而铜含量偏低；富含B族维生素，而缺少维生素A、维生

素D和维生素C。与米糠相比，米糠饼、米糠粕的粗脂肪含量大大减少，尤其是米糠粕的粗脂肪含量只有2%，有效能值降低，而粗纤维、粗蛋白质、氨基酸、微量元素等其他成分均相应有所提高。

米糠中除胰蛋白酶抑制剂、植酸等抗营养因子外，还含有一种尚未得到证实的抗营养因子。

米糠是能值最高的糠麸类饲料原料，新鲜米糠适口性较好。但由于米糠粗脂肪含量较高，且主要是不饱和脂肪酸，容易发生氧化和水解酸败，易发热和霉变。试验证明，碾磨后新鲜米糠放置4周后，60%的脂肪会变质。变质米糠适口性变差，饲喂时会引起青年兔、成年兔腹泻死亡。因此，用米糠喂兔时应该注意：

（1）保证新鲜，不存放过久；

（2）尽量使用脱脂米糠：脱脂米糠宜于长期存放，适口性良好；

（3）添加抗氧化剂：按250克/吨添加乙氧喹能有效防止米糠中脂肪酸败。家兔配合饲料中新鲜米糠或脱脂米糠可占10%～15%。

3. 小米糠

小米糠分为粗谷糠（小米壳糠）和细谷糠，是从谷子制作小米过程中分离出来的副产品。一般所说的小米糠是指细谷糠，是谷子去壳后加工小米过程中分离出来的副产品；从谷子直接加工制作小米，其副产品谷壳和细谷糠的混合物，为粗谷糠，也叫谷壳糠。

细谷糠的营养价值较高，其粗蛋白质约为11%，粗纤维约为8%、总能为18.46兆焦/千克；含有丰富的B族维生素，尤其是硫胺素（维生素B_1）、核黄素（维生素B_2）含量高；粗脂肪含量也很高，故容易被氧化变质，使用时要注意。可占家兔配合饲料的10%～15%。

与细谷糠相比，小米壳糠营养价值较低，含蛋白质5.2%，粗纤维29.9%，粗灰分15.6%。也可作为家兔饲料原料在家兔配合饲料中加入10%左右。

4. 玉米糠

玉米糠是干加工玉米粉过程中的副产品，其中含有玉米种皮、部分麸皮和极少量的淀粉屑。含粗蛋白质7.50%～10.00%，粗脂肪2.60%～6.30%（多为不饱和脂肪酸），粗纤维9.5%，无氮浸出物61.30%～67.40%（在糠麸类饲料原料中最高）。玉米糠的有机物消化利用率较高。生长兔饲粮中加5%～10%，妊娠母兔饲粮中可10%～15%，空怀母兔饲粮中加15%～20%，效果均不错。利用玉米糠作为家兔配合饲料中粗饲料原料时，要注意让兔多饮水。

5. 高粱糠

是高粱精制过程中产生的副产品，其中含有不能使用的高粱壳、种皮和一部分粉屑。高粱糠含总能19.42兆焦/千克、粗蛋白质9.30%、粗脂肪8.90%、粗纤维3.90%、无氮浸出物63.10%、粗灰分4.80%、钙0.30%和磷0.40%。但因含有单宁（鞣酸）适口性差，而且易致便秘，此外高粱糠极不耐贮存。高粱糠一般在饲粮中可占5%～8%。

（三）油脂类能量饲料原料

油脂是最好的一类能量饲料原料，包括植物油脂和动物油脂两大类。特点是能值很高。家兔日粮中添加适量的脂肪，不仅可以提高饲料能量水平，改善颗粒饲料质地和适口性，促进脂溶性维生素的吸收，提高饲料转化率和促进生长，同时能够增加皮毛的光泽度。但在我国养兔生产实践中，很少有人在饲料中添加脂肪，一方面人们认为正常情况下家兔日粮结构中多以玉米作为能量饲料原料，其脂肪含量一般可以满足家兔需要；另一方面饲料中添加的脂肪必须是食用脂肪，否则质量难以保证，所以价格较高，添加脂肪必将提高饲料成本。实际上，我国养兔生产实践中，无论是养殖户自配料，还是市场上众多的商品饲料，其能量水平均难以达到家兔的饲养标准，所以有必要在家兔饲料中添加适量油脂。

三、蛋白质饲料原料及其营养、利用特点

通常将粗蛋白质含量在20%以上的饲料原料称为蛋白饲料原料。蛋白饲料原料是家兔饲粮中蛋白质的主要来源。根据来源不同，蛋白饲料原料分为植物性蛋白饲料原料、动物性蛋白饲料原料和单细胞蛋白饲料原料三大类（图6-9）。

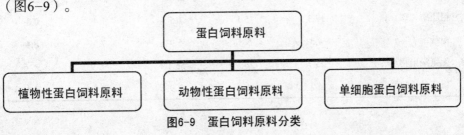

图6-9　蛋白饲料原料分类

（一）植物性蛋白饲料原料

植物性蛋白饲料原料是家兔饲粮蛋白质的主要来源。植物性蛋白饲料原料包括豆类籽实及其加工副产品、各种油料作物籽实加工副产品和其他作物加工副产品等（图6-10）。其营养特点是：粗蛋白质含量高，蛋白品质好；赖氨酸含量高。不足之处是含硫氨基酸含量比较低。

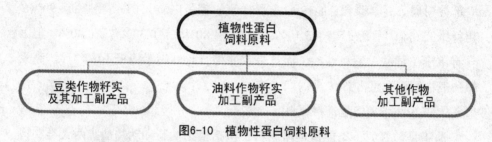

图6-10　植物性蛋白饲料原料

1. 豆类作物籽实及其加工副产品

豆类作物主要包括有大豆、黑豆、绿豆、豌豆、蚕豆等，豆类籽实价格比较高，一般很少用来作为饲料原料。用作饲料原料的只是豆类籽实加工副产品，其中主要以大豆提取油脂以后的副产品—豆饼或豆粕作为饲料原料普遍使用。

（1）大豆及大豆饼（粕）：大豆是重要的油料作物之一。大豆分为黄大豆、青大豆、黑大豆、其他大豆和饲用大豆（秣食豆）五类，其中比例最大的是黄大豆，因此普通人们所说的大豆一般单指黄大豆，也称黄豆。大豆虽然含有较高的蛋白质（表6-38），但价格较高，一般不直接用作饲料原料，而其榨油后的副产品（豆饼或豆粕）是很好的蛋白质　饲料原料如表6-39所示。

表6-38　主要豆类营养成分

营养成分	黄豆（NY2级/2004）	黑豆（2级）	豌豆（2级/1986）	蚕豆（2级/1986）	绿豆
干物质（%）	87.0	88.0	88.0	88.0	88.0
粗蛋白质（%）	35.5	35.7	22.0	24.9	21.6
粗脂肪（%）	17.3	15.1	1.5	1.4	0.8
粗纤维（%）	4.3	5.8	5.9	7.5	6.4
无氮浸出物（%）	25.7	26.3	55.1	50.9	55.6
粗灰分（%）	4.2	4.1	2.9	3.8	3.3

营养成分	黄豆 （NY2级/2004）	黑豆 （2级）	豌豆 （2级/1986）	蚕豆 （2级/1986）	绿豆
钙（%）	0.27	0.25	0.13	0.15	0.08
磷（%）	0.48	0.49	0.39	0.40	0.31
精氨酸（%）	2.57	2.46	2.88	2.40	1.58
苏氨酸（%）	1.41	1.26	0.93	0.94	0.78
胱氨酸（%）	0.70	0.65	0.46	0.52	0.22
缬氨酸（%）	1.50	1.38	0.99	1.18	1.19
蛋氨酸（%）	0.56	0.27	0.10	0.12	0.27
赖氨酸（%）	2.20	2.00	1.61	1.66	1.63
异亮氨酸（%）	1.28	1.36	0.85	1.01	0.98
亮氨酸（%）	2.72	2.42	1.55	1.83	1.76
酪氨酸（%）	0.64	1.18	0.73	0.86	0.69
苯丙氨酸（%）	1.42	1.56	1.05	1.04	1.41
组氨酸（%）	0.59	0.79	0.69	0.64	0.65
色氨酸（%）	0.45	2.42	0.18	0.21	0.25

　　大豆经压榨法或夯榨法榨取油脂后的副产品称为豆饼，用浸提法或预压浸提法提取油脂后的副产品称为豆粕，营养成如表6-39所示。

表6-39　主要豆类加工副产品营养成分

营养成分	大豆饼 （NY2级）	大豆粕 （NY2级）	黑豆饼 （2级/1986）	蚕豆粉 浆蛋白	绿豆粉 浆蛋白	豌豆粉 浆蛋白
干物质（%）	89.0	89.0	88.0	88.0	90.5	92.5
粗蛋白质（%）	41.8	44.0	39.8	66.3	71.7	74.0
粗脂肪（%）	5.8	1.9	4.9	4.7	—	—
粗纤维（%）	4.8	5.2	6.9	4.1	—	—
无氮浸出物（%）	30.7	31.8	29.7	10.3	—	—
粗灰分（%）	5.9	6.1	6.7	2.6	—	—
钙（%）	0.31	0.33	0.42	—	—	—
磷（%）	0.50	0.62	0.48	0.59	—	—

（续表）

营养成分	大豆饼 （NY2级）	大豆粕 （NY2级）	黑豆饼 （2级/1986）	蚕豆粉 浆蛋白	绿豆粉 浆蛋白	豌豆粉 浆蛋白
精氨酸（%）	2.53	3.19	3.02	5.96	6.29	6.77
苏氨酸（%）	1.44	1.92	1.79	2.31	2.69	2.63
胱氨酸（%）	0.62	0.68	0.60	0.57	—	—
缬氨酸（%）	1.70	1.99	1.88	3.20	3.13	3.02
蛋氨酸（%）	0.60	0.62	0.46	0.60	—	—
赖氨酸（%）	2.43	2.66	2.33	4.44	5.01	5.83
异亮氨酸（%）	1.57	1.80	1.85	2.90	3.73	3.92
亮氨酸（%）	2.75	3.26	3.14	2.88	5.55	5.65
酪氨酸（%）	1.53	1.57	3.02	2.21	2.00	2.03
苯丙氨酸（%）	1.79	2.23	2.13	3.34	3.28	3.00
组氨酸（%）	1.10	1.09	1.02	1.66	—	—
色氨酸（%）	0.64	0.64	0.47	—	—	—

大豆蛋白质含量高，而且主要由球蛋白和清蛋白组成，蛋白品质优于其他植物性蛋白饲料原料；必需氨基酸含量高，尤其是赖氨酸含量高，但蛋氨酸含量低；粗纤维含量比较低；粗脂肪含量高达17%，大豆脂肪中约85%属于不饱和脂肪酸，亚油酸、亚麻酸含量较高，脂肪营养价值高；大豆脂肪中含有一定量的磷脂，具有乳化作用；大豆无氮浸出物含量低，仅为26%左右；大豆与其他作物籽实相似，矿物质含量低，钙低磷高。与大豆相比，大豆饼或大豆粕除粗脂肪含量大大降低外，其他成分并无实质性变化，蛋白质和氨基酸含量均相应增加，而有效能值降低，但仍然属于高能饲料原料。

生大豆中存在有多种抗营养因子，如胰蛋白酶抑制因子、大豆凝集素、肠胃胀气因子、植酸等，对家兔健康和正常生产有不利影响，因此不能直接用来饲喂家兔，大豆用作家兔饲料原料时，必须经过热处理（蒸或炒）。豆粕和豆饼都是大豆经过处理后再提取了油脂的副产品，是家兔蛋白质饲料的主要原料，其饲喂价值是各种饼粕类饲料原料中最高的。

豆粕或豆饼在家兔配合饲料中所占比例为10%～20%。

（2）黑豆及黑豆饼：黑豆与黄豆相比较，粗蛋白质含量略高，粗脂肪含量略低，可利用能值小于黄豆，粗纤维含量略高于黄豆（表6-38）。是过去农户大牲畜传统的精补料。营养特点与黄豆相似。黑豆饼是黑豆提取油脂后的副产品（营养成分如表6-39所示）。市场上黑豆饼的数量有限。其营养特性和使用特点同于大豆饼（粕）。

（3）粉浆蛋白粉：是用蚕豆、绿豆和豌豆制作豆类淀粉后，从粉浆内提取的副产品。蚕豆、绿豆和豌豆的共同特点是无氮浸出物比较高，粗蛋白含量低、粗脂肪含量也低（表6-34），是很好的淀粉原料。制作淀粉过程中的粉浆，经过提取可以获得粉浆蛋白，粉浆蛋白粉是比较好的蛋白饲粮原料。粉浆蛋白粉的营养特点（表6-39）是粗蛋白质含量高，但氨基酸含量不太平衡，赖氨酸含量高，缺乏含硫氨基酸。所以作为家兔饲料原料时应注意含硫氨基酸的补充。另外，严禁使用色黑、发霉的粉浆蛋白粉。家兔饲料中比例可用到5%～10%。

（4）豆腐渣：是用大豆或黑豆制作豆腐后的副产品。豆腐渣内容物包括有大豆的皮糠层及其他不溶性成分，新鲜豆腐渣的含水量很高，达到80%～90%。干物质中粗蛋白质、粗脂肪含量高，粗纤维也稍多，兼具能量饲料和蛋白质饲料的特点。其营养成分因所用原料大豆和豆腐制作方法的不同而有所差异。总体来讲，豆腐渣易消化，是富于营养的良好饲料原料。豆腐渣的常规营养成分如表6-40所示。

表6-40　豆腐渣的营养成分

种类	干物质(%)	粗蛋白质(%)	粗脂肪(%)	粗纤维(%)	无氮浸出物(%)	粗灰分(%)	钙(%)	磷(%)	赖氨酸(%)	蛋+胱氨酸(%)
豆腐渣（湿）	16.1	4.7	2.1	2.6	6.0	0.7	—	—	0.18	0.07
豆腐渣（干）	82.1	28.3	12.0	13.0	34.1	3.8	0.41	0.34	1.54	0.59

在利用豆腐渣饲喂家兔时要注意：①豆腐渣中也含有抗胰蛋白酶等有害因子，所以需要加热煮熟后再利用；②在目前主要饲喂新鲜豆腐渣的情况下，要特别注意豆腐渣的品质，尤其是夏天，新鲜豆腐渣容易腐败，所以生产出来以后必须尽快饲喂，数量较大时要晾干饲喂。干豆腐渣可占家兔饲粮的10%～20%。

2. 油料作物籽实加工副产品

（1）花生饼（粕）：是花生脱壳后的花生仁经一定工艺提取油脂后的副产品。其营养成分如表6-42所示。

花生饼（粕）蛋白质含量高，比大豆（粕）高3～9个百分点，但所含蛋白质以不溶于水的球蛋白为主（65%），白蛋白仅占7%，所以蛋白品质低于大豆蛋白；氨基酸组成不佳，赖氨酸和蛋氨酸含量偏低而精氨酸含量很高；粗脂肪含量高，粗脂肪中脂肪酸以油酸为主（53%～78%），容易发生氧化而酸败；矿物质元素钙少磷多，铁含量低。花生粕除脂肪含量较低、粗蛋白质含量等其他营养成分含量相应更高些外，与花生饼的营养特性并无实质性的差异。

生花生中含有胰蛋白酶抑制剂，含量约为生黄豆中的20%，可以在榨油过程中经加热而除去。花生饼（粕）极易感染黄曲霉菌后产生黄曲霉毒素，黄曲霉毒素可引起家兔中毒，也可使人患肝炎。为避免花生饼（粕）感染黄曲霉，应尽量降低水分，使其水分不超过12%。

花生饼（粕）适口性好，香甜可口，家兔特别喜欢吃，可占家兔配合饲料的5%～15%，但应注意与其他蛋白原料搭配，或添加赖氨酸和蛋氨酸，来调整氨基酸的平衡。

（2）葵花籽饼（粕）：葵花籽即向日葵籽，一般含壳30%左右，含油量20%～30%，脱壳后的葵花籽仁含油量高达40%～50%。葵花籽榨油工艺有压榨法、预榨—浸提法、压榨—浸提法。

葵花籽壳的粗纤维含量很高（干物质中达64%），而蛋白质和脂肪含量很低（表6-41），因此脱壳与否对葵花籽饼（粕）的营养成分影响很大（表6-42）。

葵花籽饼和葵花籽粕的蛋白质含量都较高，尤其是脱壳后的葵花籽饼和葵花籽粕的蛋白质高达41%以上，与大豆饼（粕）相当，但葵花籽饼和葵花籽粕缺乏赖氨酸和苏氨酸。

目前葵花籽的榨油工艺都残留有一定量的壳，因此质量参差不齐，不同厂家不同，同一厂家不同批次的都不同。因此，选购时一定注意每批原料的壳仁比例，并测定其蛋白质含量，以便确定购价及在配方中适宜添加比例。

表6-41　脱壳与不脱壳葵花籽饼和葵花籽粕营养成分比较

营养成分	葵花籽饼		葵花籽粕	
	葵花籽未脱壳	葵花籽脱壳	葵花籽未脱壳	葵花籽脱壳
干物质（%）	90.0	90.0	90.0	90.0
粗蛋白质（%）	28.0	41.0	32.0	46.0
粗脂肪（%）	6.0	7.0	2.0	3.0
粗纤维（%）	24.0	13.0	22.0	11.0
粗灰分（%）	6.0	7.0	6.0	7.0
钙（%）	—	—	0.56	—
磷（%）	—	—	0.90	—

　　葵花籽饼和葵花籽粕在家兔配合饲料中可占20%左右。

　　（3）芝麻饼：是芝麻榨油后的副产品。芝麻榨油后可得到52%的芝麻饼和47%的芝麻油。芝麻饼的粗蛋白含量（表6-42）与豆饼相近，蛋氨酸含量高，是所有植物性饲料原料中最高的，精氨酸含量也高，色氨酸也较高，但赖氨酸含量低。芝麻饼钙含量远高于其他饼粕类饲料原料，磷含量也高，并以植酸磷为主，对钙和其养分的利用均有影响。

　　芝麻饼在家兔配合饲料中可占5%～12%。

　　（4）菜籽饼（粕）：是油菜籽榨油后的副产品，蛋白质含量比大豆饼（粕）稍低（表6-42），赖氨酸含量比大豆饼（粕）少，能值比大豆饼（粕）低。含粗纤维较多。菜籽饼（粕）中的营养抑制性因子是芥子苷，芥子苷是有毒物质，长期摄入或过量摄入会影响家兔生产和健康，甚至会因此而致使家兔死亡。因此应严格限制饲喂量，一般不超过5%。生产中可将菜籽饼蒸煮去毒后使用。

　　（5）棉籽饼、棉籽粕：是棉籽经过脱壳榨油后的副产品。在我国，棉籽饼（粕）总产量仅次于豆饼（粕），但价格相对较低，是廉价的蛋白质饲料原料，其营养成分如表6-42所示。

　　棉籽饼（粕）的粗纤维含量较高，所以其能值低于豆饼（粕）。棉籽饼（粕）的蛋白含量与大豆饼（粕）相近，但赖氨酸含量偏低，只相当于大豆饼（粕）的50%～60%，蛋氨酸含量也低，而精氨酸含量高，是饼粕类蛋白饲料原料中精氨酸含量最高的；矿物质元素含量与大豆饼粕相当。

　　棉籽饼（粕）中抗营养因子有游离棉酚、环丙烯脂肪酸、单宁和植酸，其中最主要的是游离棉酚。游离棉酚被动物摄食后主要分布在肝、肾、肌肉组织和血液中，在体内的排泄比较慢，有明显的累积作用，可引起蓄积性中毒。棉酚中毒初期，患兔精神沉郁、食欲减退，震颤；随后胃肠功能紊乱，食欲废绝，尿频，尿液呈红色。棉酚对母兔繁殖性能影响最大，可引起配种受胎率下降，屡配不孕，死胎增多；死亡胎儿四肢、腹部青褐色；严重时母兔因肝脏受损而死亡。剖检可见胃肠呈出血性炎症，肾肿大，水肿，皮质有点状出血。试验证明，家兔长期饲喂添加2.7%的未脱毒棉籽粕的饲料，可导致棉酚中毒。使用前加入0.5%的硫酸亚铁可以去毒，也可在日粮中加入1%氢氧化钠和0.1%的硫酸亚铁去毒。

表6-42 几种油料作物饼（粕）类蛋白饲料原料营养成分

营养成分	花生饼（NY2级）	花生粕（NY2级）	菜籽饼（NY2级）	菜籽粕（NY2级）	棉籽饼（NY2级）	棉籽粕（NY2级）	向日葵饼（NY2级）	向日葵粕（NY2级）	亚麻饼（NY2级）	亚麻粕（NY2级）	胡麻饼（NY2级）	芝麻饼（NY2级）
干物质（%）	88.0	88.0	88.0	88.0	88.0	90.0	88.0	88.0	88.0	88.0	88.0	92.0
粗蛋白质（%）	44.7	47.8	35.7	38.6	36.3	43.5	29.0	33.6	32.2	34.8	33.1	39.2
粗脂肪（%）	7.2	1.4	7.4	1.4	7.4	0.5	2.9	1.0	7.8	1.8	7.5	10.3
粗纤维（%）	5.9	6.2	11.4	11.8	12.5	10.5	20.4	14.8	7.8	8.2	9.8	7.2
无氮浸出物（%）	25.1	27.2	26.3	28.9	26.1	28.9	31.0	38.8	34	36.6	34.0	24.9
粗灰分（%）	5.1	5.4	7.2	7.3	5.7	6.6	4.7	5.3	6.2	6.6	7.6	10.4
钙（%）	0.25	0.27	0.59	0.65	0.21	0.28	0.24	0.26	0.39	0.42	0.58	2.24
磷（%）	0.53	0.56	0.96	1.02	0.83	1.04	0.87	1.03	0.88	0.95	0.77	1.19
精氨酸（%）	4.60	4.88	1.82	1.83	3.94	4.65	2.44	2.89	2.35	3.59	2.97	2.38
组氨酸（%）	0.83	0.88	0.83	0.86	0.90	1.19	0.62	0.74	0.51	0.64	0.63	0.81
异亮氨酸（%）	1.18	1.25	1.24	1.29	1.16	1.29	1.19	1.39	1.15	1.33	1.25	1.42
亮氨酸（%）	2.36	2.50	2.26	2.34	2.07	2.47	1.76	2.07	1.62	1.85	2.02	2.52
赖氨酸（%）	1.32	1.40	1.14	1.30	1.40	1.97	0.996	1.13	0.73	1.16	1.18	0.82
蛋氨酸（%）	0.39	0.41	0.60	0.63	0.41	0.58	0.59	0.69	0.46	0.55	0.44	0.82
胱氨酸（%）	0.38	0.40	0.82	0.87	0.70	0.68	0.43	0.50	0.48	0.55	0.31	0.75
苯丙氨酸（%）	1.81	1.92	1.35	1.45	1.88	2.28	1.21	1.43	1.32	1.51	1.60	1.68
酪氨酸（%）	1.31	1.39	0.92	0.97	0.95	1.05	0.77	0.91	0.50	0.93	0.76	1.02
苏氨酸（%）	1.05	1.11	1.40	1.49	1.14	1.25	0.98	1.14	1.00	1.10	1.20	1.29
色氨酸（%）	0.42	0.45	0.42	0.43	0.39	0.51	0.29	0.37	0.48	0.70	0.40	0.49
缬氨酸（%）	1.28	1.36	1.62	1.74	1.51	1.91	1.35	1.58	1.44	1.51	1.52	1.84

用脱毒棉籽饼（粕）或用低棉酚品种的棉籽饼（粕）替代部分豆饼（粕），可以降低家兔的饲料成本。建议生长兔、商品兔饲料中用量在10%以下，种兔（包括公、母兔）用量不超过5%，且不宜长期饲喂。因其赖氨酸和蛋氨酸含量低，所以配合饲料时要注意适当添加赖氨酸和蛋氨酸。

（6）亚麻饼（粕）：亚麻是我国高寒地区的主要油料作物之一，亚麻按其用途分为：纤用型、油用型和兼用型三种。我国种植亚麻多为油用型，主要分布在西北地区；纤用型也有部分种植，主要在黑龙江和吉林等省。

亚麻饼（粕）是亚麻籽取油以后的副产品。在饼粕类蛋白饲料原料中，亚麻饼（粕）蛋白质含量相对较低，而且蛋白质品质也较差，赖氨酸含量低。粗脂肪含量较高，粗纤维低于菜籽饼（粕），因此有效能相对来说比较高（表6-42）。亚麻籽（尤其是未成熟的亚麻种子）中含有亚麻糖苷，称为氰苷糖。氰苷糖本身无毒，但在适宜条件下（如温度40%~50%，pH值2~8时），易被亚麻种子本身所含的亚麻酶分解，产生氢氰酸。氢氰酸具有毒性，摄入量过大会引起家兔肠黏膜脱落，腹泻，并很快死亡；此外，亚麻籽饼中还含有抗维生素B_6因子。为此，要限制喂量，家兔配合饲料中所占比例不宜超过10%。

（7）胡麻饼：是胡麻籽取油后的副产品。胡麻籽是以亚麻籽为主，混杂有荟芥籽及菜籽等混合油料籽实的总称，混杂比例因地区条件而有所不同，一般为10%，高者达50%。混杂的原因有：①荟芥籽等耐干旱，所以在干旱地区种植油用亚麻时有意掺入荟芥籽等种子，以保证即使在干旱时也能有好收成；②荟芥籽油沸点高于亚麻籽油，因而用含少量荟芥籽油的亚麻油烹炸食品时有利于食品上色；③加工部门收购后造成混杂。

胡麻饼的营养成分因亚麻籽和荟芥籽等的比例不同而有所差异，典型胡麻饼的营养成分如表6-42所示。可见，胡麻饼的营养成分与亚麻饼差别不大。但胡麻饼中的抗营养因子除含有亚麻饼中的氢氰酸外，也含有荟芥籽饼等的抗营养因子。测定结果表明，胡麻饼中氢氰酸含量低于国家标准，一般是比较安全的。胡麻饼在家兔配合饲料中应不超过6%~8%。

（8）荟芥籽饼：是荟芥籽提取油脂后的副产品，其常规营养成分如表6-43所示。

表6-43　荟芥籽饼营养成分

营养成分	粗蛋白质	粗纤维	无氮浸出物	粗灰分
含量（%）	45.2	13.8	32.6	8.4

荟芥籽饼粗蛋白含量高达45%，而且粗纤维含量高，但其含有恶唑烷硫酮和异硫氰酸酯等抗营养因子，因此家兔应限量饲喂。

3. 其他作物加工副产品

除豆类和油料作物加工副产品外，其他作物的加工副产品也是家兔常用的蛋白质饲料原料，例如玉米蛋白粉、玉米蛋白饲料、玉米酒精蛋白（DDGS）、喷浆蛋白（喷浆纤维）、玉米胚芽饼（粕）、麦芽根、小麦胚芽粉等。

（1）玉米蛋白粉：是玉米淀粉厂用玉米生产玉米淀粉和玉米油的同步产品，是玉米去除胚芽、淀粉后的面筋部分。因玉米原料及加工工艺的不同，营养成分含量差别比较大。高蛋白玉米蛋白粉的粗蛋白含量可达63%左右，低的可达40%左右（表6-44）。

正常玉米蛋白粉色泽为金黄色，色泽越鲜艳，其蛋白质含量越高。玉米蛋白粉蛋白质含量高，但氨基酸含量却不甚平衡，蛋氨酸和精氨酸含量高，赖氨酸和色氨酸含量却严重不足。由黄玉米加工后形成的玉米蛋白粉，含有很高的胡萝卜素，但水溶性维生素和矿物质元素含量少。

玉米蛋白粉属于高蛋白、高能量饲料原料，由于其蛋氨酸含量高，用作家兔饲料原料，可节省蛋氨酸添加量。玉米蛋白粉可占家兔饲粮的5%～10%。

（2）玉米蛋白饲料：玉米加工过程中的副产品，是玉米加工过程中去胚芽、去淀粉后的含皮残渣。玉米蛋白饲料，实际上可看作是粗玉米蛋白粉。与玉米蛋白粉相比较，粗纤维、无氮浸出物和粗灰分明显要高，粗蛋白含量低（表6-44）。其粗蛋白含量和残渣中所含物成分有很大关系。应用特性和玉米蛋白粉相同。使用时要进行常规成分的化验。玉米蛋白饲料可占家兔饲粮的5%～10%。

（3）玉米胚芽饼（粕）：玉米胚芽饼是玉米湿磨后的玉米胚芽，经机榨工艺提取油脂后的副产品；而玉米胚芽粕则是玉米湿磨后的玉米胚芽，经浸提工艺提取油脂后的副产品。玉米胚芽饼（粕）的营养成分与玉米蛋白饲料相接近（表6-44），但蛋白品质更好，赖氨酸、蛋氨酸含量比玉米蛋白饲料更高。

此外，维生素含量也高于玉米蛋白饲料。利用特性与玉米蛋白饲料相同，可占家兔饲粮的5%~10%。

玉米胚芽饼（粕）易变质，品质不稳定，使用时应特别注意。

（4）玉米喷浆蛋白：玉米喷浆蛋白也叫喷浆纤维或喷浆玉米皮，是以玉米加湿后生产淀粉及胚芽后的副产品（主要是玉米皮）作为载体，喷上浸泡玉米的玉米浆（蛋白质、能量含量高），干燥后的一种蛋白饲料原料（营养成分如表6-44所示）。喷浆蛋白外观为淡黄色，营养成分可吸收率高、适口性好，是一种理想的蛋白饲料原料。可占家兔饲粮的5%~10%。

（5）麦芽根：麦芽根是大麦制作大麦芽加工过程的副产品。其蛋白含量较高，赖氨酸和蛋氨酸含量均比较高；粗纤维含量高于玉米加工副产品。是家兔优良蛋白饲料原料之一（营养成分如表6-44所示）。可占家兔日粮的5%~10%。

（6）DDGS：DDGS是玉米酒糟蛋白饲料的商品名称，即含有玉米酒糟及可溶固形物的干酒糟。在以玉米为原料发酵制取乙醇和啤酒过程中，其中的淀粉被转化成乙醇和二氧化碳，其他营养成分如蛋白质、脂肪、纤维等均留在酒糟中。同时由于微生物的作用，酒糟中蛋白质、B族维生素及氨基酸含量均比玉米有所增加，并含有发酵中生成的未知促生长因子。市场上的玉米酒糟蛋白饲料产品有两种：一种为DDG（Distillers Dried Grains），是将玉米酒精糟作简单过滤，滤渣干燥，滤清液排放掉，只对滤渣单独干燥而获得的饲料；另一种为DDGS（Distillers Dried Grains with Solubles），是将滤清液干燥浓缩后再与滤渣混合干燥而获得的饲料。后者的能量和营养物质总量均明显高于前者。

由于DDGS的蛋白质含量在26%以上（表6-44），已成为国内外饲料生产企业广泛应用的一种新型蛋白饲料原料，在家兔配合饲料中添加比例最高可达10%左右。

（7）小麦胚芽粉（饼）：是小麦面粉厂加工脱胚过程中产生的副产品。其内容物除小麦胚芽外，并含有少量小麦麸、面粉屑等。小麦胚芽粉含有较高的脂肪（表6-44）、优质蛋白、各种酶类、矿物质、维生素和未知营养因子。小麦胚芽中维生素E含量比较高（3克/千克），是重要的维生素E来源。但未经处理的生小麦胚芽中具有生长抑制因子，加热处理后方能使用。小麦胚芽味甜，因此作为仔幼兔的天然调味剂和维生素E来源，在家兔饲粮中可以适当添加。小麦胚芽粉经过脱脂（压榨）后形成小麦胚芽饼，其粗脂肪由8%下降到4%～5%，粗蛋白质含量由25%提高到30%～33%，粗纤维变化不大。

表6-44 其他作物加工副产品营养成分

营养成分	玉米蛋白粉（高）	玉米蛋白粉（中）	玉米蛋白粉（低）	玉米蛋白饲料	玉米胚芽饼	玉米胚芽粕	DDGS	喷浆蛋白	麦芽根	小麦胚芽粉
干物质（%）	90.1	91.2	89.0	88.0	90.0	90.0	90.0	88.0	89.7	89.5
粗蛋白质(%)	63.5	51.3	44.3	19.3	16.7	20.8	28.3	18.0	28.3	25.0
粗脂肪（%）	5.4	7.8	6.0	7.5	9.6	2.0	13.7	3.0	1.4	8.0
粗纤维（%）	1.0	2.1	1.6	7.8	6.3	6.5	7.1	18.0	12.5	3.0
无氮浸出物（%）	19.2	28.0	37.1	48.0	50.8	54.8	36.8	—	41.4	4.5
粗灰分（%）	1.0	2.0	0.9	5.4	6.6	5.9	4.1	6.0	6.1	0.05
钙（%）	0.07	0.06	—	0.15	0.04	0.06	0.20	—	0.22	1.0
磷（%）	0.44	0.42	—	0.70	1.45	1.23	0.74	—	0.73	—
精氨酸（%）	1.90	1.48	1.31	0.77	1.16	1.51	0.98	—	1.22	—
组氨酸（%）	1.18	0.89	0.78	0.56	0.45	0.62	0.59	—	0.54	—
异亮氨酸(%)	2.85	1.75	1.63	0.62	0.53	0.77	0.98	—	1.08	—
亮氨酸（%）	11.59	7.85	7.08	1.82	1.25	1.54	2.63	—	1.58	—
赖氨酸（%）	0.97	0.92	0.71	0.63	0.70	0.75	0.59	—	1.30	—
蛋氨酸（%）	1.42	1.14	1.04	0.29	0.31	0.21	0.59	—	0.37	—
胱氨酸（%）	0.96	0.76	0.65	0.33	0.47	0.28	0.39	—	0.26	—
苯丙氨酸(%)	4.10	2.83	2.61	0.70	0.64	0.93	1.93	—	0.85	—
酪氨酸（%）	3.19	2.25	2.03	0.50	0.54	0.66	1.37	—	0.67	—
苏氨酸（%）	2.08	1.59	1.38	0.68	0.64	0.68	0.92	—	0.96	—
色氨酸（%）	0.36	0.31	—	0.14	0.16	0.18	0.19	—	0.42	—
缬氨酸（%）	2.98	2.05	1.84	0.93	0.91	1.66	1.30	—	1.44	—

（二）动物性蛋白饲料原料

动物性蛋白饲料原料是指渔业、食品加工业或乳制品加工业的副产品（图6-11）。这类饲料原料蛋白质含量极高（45%～85%），蛋白品质好，氨基酸品种全、含量高、比例适宜；消化率高；粗纤维极少；矿物质元素钙磷含量高且比例适宜；B族维生素（尤其是核黄素和维生素B_{12}）含量相当高。是优质蛋白质饲料原料。

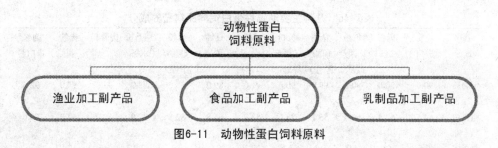

图6-11　动物性蛋白饲料原料

1. 鱼粉

　　鱼粉根据原料、加工工艺等的不同分为普通鱼粉、全鱼粉和粗鱼粉。以全鱼作为原料，经过蒸煮、压榨、干燥、粉碎加工之后的粉状物为普通鱼粉。再将制造鱼粉时产生的蒸煮汁浓缩加工后做成鱼汁，添加到普通鱼粉里，经干燥粉碎所得的鱼粉叫全鱼粉。以鱼下脚物（鱼头、鱼尾、鱼鳍、内脏等）为原料制得的鱼粉为粗鱼粉。各种鱼粉中以全鱼粉品质为最好，普通鱼粉次之，粗鱼粉最差。

　　鱼粉的营养价值因鱼种、加工工艺和贮存条件等的不同而差异很大。鱼粉的含水量4%～15%，平均10%左右。鱼粉粗蛋白质含量40%～70%不等，一般进口鱼粉在60%以上，国产鱼粉在50%左右；蛋白质过低的鱼粉可能不是全鱼粉，是下脚料鱼粉，而粗蛋白含量过高尤其是氨基酸比例不协调，则可能掺假。鱼粉蛋白质品质好，氨基酸含量高，比例平衡，进口鱼粉赖氨酸含量高达5%以上，国产鱼粉3%～3.5%。鱼粉粗灰分含量较高，含钙5%～7%，磷含量2.5%～3.5%，钙磷比例合理，磷以磷酸钙形式存在，利用率高。鱼粉含盐量高，一般为3%～5%，高者可达7%以上，因此使用鱼粉的家兔配合料配方要注意控制食盐添加量。鱼粉中微量元素以铁、锌、硒的含量高，海产鱼粉碘含量也较高。鱼粉中大部分脂溶性维生素在加工过程中被破坏，但保留相当高的B族维生素（尤以维生素B_{12}和维生素B_2含量高）。真空干燥的鱼粉含有丰富的维生素A、维生素D，此外含有未知促生长营养因子。鱼粉的营养成分如表6-45所示。

表6-45　几种主要动物性蛋白饲料原料营养成分

营养成分	鱼粉（进口）	鱼粉（进口）	鱼粉（国产脱脂）	鱼粉（国产普通）	鱼粉（国产等外）	蚕蛹（全脂）	蚕蛹（脱脂）	血粉（喷雾干燥）	羽毛粉（水解）	肉骨粉	肉粉（脱脂）	血浆蛋白粉
干物质（%）	90.0	90.0	90.0	90.0	90.0	91.0	89.0	88.0	88.0	93.0	94.0	92.5
粗蛋白质（%）	64.5	62.5	60.2	55.1	38.6	53.9	64.8	82.8	77.9	50.0	54.0	70.0
粗脂肪（%）	5.6	4.0	4.9	9.3	4.6	22.3	3.9	0.4	2.2	8.5	12.0	—
粗纤维（%）	0.5	0.5	0.5	—	—	—	—	0.0	0.7	2.8	1.4	—
无氮浸出物（%）	8.0	10.0	11.6					1.6	1.4			
粗灰分（%）	11.4	12.3	12.8	18.9	27.3	2.9	4.7	3.2	5.8	31.7	—	—
钙（%）	3.81	3.96	4.04	4.59	6.13	0.25	0.19	0.29	0.20	9.20	7.69	0.14
磷（%）	2.83	3.05	2.90	2.15	1.03	0.58	0.75	0.31	0.68	4.70	3.88	0.13
精氨酸（%）	3.91	3.86	3.57	3.02	2.73	2.86	3.53	2.99	5.30	3.35	3.60	4.79
组氨酸（%）	1.75	1.83	1.71	0.90	0.75	1.29	1.87	4.40	0.58	0.96	1.14	2.50
异亮氨酸（%）	2.68	2.79	2.68	2.23	1.82	2.37	3.39	0.75	4.21	1.70	1.60	1.96
亮氨酸（%）	4.99	5.06	4.80	3.85	2.96	3.78	4.92	8.38	6.78	3.20	3.84	5.56
赖氨酸（%）	5.22	5.12	4.72	3.64	2.12	3.66	4.85	6.67	1.65	2.60	3.07	6.10
蛋氨酸（%）	1.71	1.66	1.64	1.44	0.89	2.21	2.92	0.74	0.59	0.67	0.80	0.53
胱氨酸（%）	0.58	0.55	0.52	0.47	0.41	0.53	0.66	0.98	2.93	0.33	0.60	2.24
苯丙氨酸（%）	2.71	2.67	2.35	2.10	1.49	2.27	3.78	5.23	3.57	1.70	2.17	3.70
酪氨酸（%）	2.13	2.01	1.96	1.63	1.16	3.44	4.71	2.55	1.79	—	1.40	1.33
苏氨酸（%）	2.87	2.78	2.57	2.22	3.05	2.41	3.14	2.86	3.51	1.63	1.97	4.13
色氨酸（%）	0.78	0.75	0.70	0.70	0.60	1.25	1.50	1.11	0.40	0.26	0.35	—
缬氨酸（%）	3.25	3.14	3.17	2.29	1.99	3.44	3.79	6.08	6.05	2.25	2.66	4.12

　　鱼粉腥味大，影响家兔的适口性，因此家兔饲料中一般以1%～2%为宜，且加入鱼粉后要充分混匀。

目前，市场上鱼粉的掺假现象比较严重，所掺物质有血粉、羽毛粉、皮革粉、蹄角粉、菜籽粕、棉籽粕等蛋白饲料原料，尿素、硫酸铵、蛋白精等化学物质，含有石粉、钙粉等价格低廉物质。鱼粉的真伪可以通过感官、显微镜镜检及分析化验等方法来辨别。

2. 蚕蛹粉与蚕蛹饼

蚕蛹是蚕茧制丝后的残留物，蚕蛹经干燥粉碎后得到蚕蛹粉；蚕蛹脱脂后的残留物为蚕蛹饼。蚕蛹粉蛋白含量高，其中40%左右为己丁质氮，其余为优质蛋白质。蚕蛹粉含赖氨酸约为3%，蛋氨酸1.5%，色氨酸高达1.2%，比进口鱼粉高出1倍（表6-45）。蚕蛹粉能值高，含粗脂肪20%～30%，脂肪中不饱和脂肪酸含量高，贮存不当易变质。脱脂的蚕蛹饼，蛋白质量更高，易贮存，但能值低。富含磷，是钙的3.5倍；B族维生素丰富。家兔饲粮中可占1%～3%。

3. 血粉

是畜禽鲜血经脱水干燥加工而成的一种产品，是屠宰场主要屠宰副产品之一。血粉干燥方法有喷雾干燥、蒸煮干燥和瞬间干燥三种。血粉中粗蛋白质、赖氨酸含量高，色氨酸和组氨酸含量也高。但血粉的蛋白品质较差，血纤维蛋白不易消化，赖氨酸利用率低。血粉中异亮氨酸很少，蛋氨酸含量偏低，故其氨基酸不平衡。血粉含磷少，微量元素中铁含量高达2800毫克/千克，其他微量元素与谷物类原料相近。营养成分如表6-45所示。

血粉因其蛋白质和赖氨酸含量高，但氨基酸不平衡，所以须与植物性饲料原料混合使用。血粉味苦，适口性差，家兔饲粮中的用量不宜过高，一般以2%～5%为宜。

4. 羽毛粉

是家禽屠宰脱毛处理所得羽毛，经清洗、高压水解后粉碎所得的产品。羽毛蛋白为角蛋白，家兔不能消化，经高压加热处理可使其分解，提高羽毛蛋白的营养价值，使羽毛粉成为一种可以利用的蛋白原料。营养成分见表6-45。

羽毛粉蛋白质含量高，蛋白中胱氨酸含量高达3%左右，含硫氨基酸利用率在41%～82%。家兔饲粮中添加羽毛粉有利于提高毛产量和皮毛质量。幼兔饲粮中添加2%～4%，成年兔日粮中添加3%～5%可获得良好的生产效果。埃及养兔学者报道，成年肉兔饲粮中添加5.7%～6.0%的鹅、鸭羽毛粉，兔的采食量和饲料消化率均有所提高。

5. 肉骨粉和肉粉

是以畜禽屠宰场副产品中除去可食部分之后的残骨、皮、脂肪、内脏、碎肉屑等为主要原料，经过熬油以后再干燥粉碎而得的混合物。肉骨粉和肉粉除粗灰分有明显区别，钙、磷有区别以外，很难进行区别。肉骨粉的粗灰分明显高于肉粉，钙、磷高于肉粉。一般，含磷在4.4%以上者为肉骨粉，4.4%以下者为肉粉。

肉骨粉、肉粉粗蛋白含量45%～55%，蛋白品质不如鱼粉；钙磷含量高，且比例平衡；磷的利用率高；维生素中，B族维生素含量高，维生素A和维生素D很少。营养成分如表6-45所示。

品质差的肉骨粉、肉粉，卫生条件差，容易引起家兔细菌（沙门氏菌）感染和家兔中毒，使用时一定要谨慎，家兔饲粮中的用量以1%～2%为宜。

6. 血浆蛋白粉

血浆蛋白粉，是将采用无菌法，从卫生检疫合格的屠宰场收集的新鲜血液，加入抗凝剂（如柠檬酸钠）并进行冷却，然后采用高速离心的方法将血细胞从血浆中分离，采用巴氏消毒法进行消毒，经过逆向渗透过程除去部分灰分。最后，将血浆进行喷雾干燥。液态的血浆高压喷洒到干燥塔上，在200℃条件下进行干燥，再经蒸发、冷却后，液态的血浆迅速转变为固态的血浆蛋白粉。

血浆蛋白粉含有丰富的蛋白质，必需氨基酸含量高且比例平衡，蛋白质主要是白蛋白和α-球蛋白、β-球蛋白、γ-球蛋白，其中γ-球蛋白的含量高达20%，可以缓解断奶幼兔免疫系统不健全带来的影响；血浆蛋白粉中的抗体成分（lgG）可以直接透过小肠壁被吸收而参与幼兔的免疫反应，提高免疫功能，同时，血浆蛋白粉可以与病毒、细菌结合，阻止病毒、细菌与小肠壁黏附。所以，血浆蛋白粉能提高仔幼兔的免疫力。

血浆蛋白粉含有的氨基酸比较平衡，赖氨酸、苏氨酸、色氨酸的含量相对较高，异亮氨酸的含量相对较低；血浆蛋白粉中胱氨酸含量丰富，能有效调整含硫氨基酸的需要量，平衡日粮中氨基酸的比例，蛋白粉蛋白利用率高。

饲料中添加血浆蛋白粉可以提高饲料的适口性，对仔幼兔有一定的诱食作用，能有效的吸引仔幼兔采食。

血浆蛋白粉除含有丰富的营养物质（表6-45），适口性好，提供易于仔兔吸收利用的全面营养外，添加血浆蛋白粉并有利于提高仔兔消化系统功能、增强麦芽糖酶和乳糖酶的活性，因此可以促进营养物质的消化吸收。

国外大量研究表明，血浆蛋白粉是早期断奶兔饲粮中的优质蛋白质来源，可作为脱脂奶粉和乳清粉的替代品，适口性比脱脂奶粉好。早期断奶（25天）饲粮中添加4%的血浆蛋白粉，能有效降低幼兔因肠道炎症造成的死亡，同时能促进幼兔消化道的发育。

（三）单细胞蛋白饲料原料

单细胞蛋白，是指单细胞或具有简单构造的多细胞生物的菌体蛋白，由此而形成的蛋白质较高的饲料称为单细胞蛋白（SCP）饲料，又称微生物蛋白饲料。主要有酵母类（如酿酒酵母、热带假丝酵母等）、细菌类（如假单胞菌、芽孢杆菌等）、霉菌类（如青霉、根霉、曲霉、白地霉等）和微型藻类（如小球藻、螺旋藻等）4类。目前，工业生产的单细胞蛋白饲料主要是饲料酵母。饲料酵母是酵母菌属微生物以酿造、造纸、淀粉、糖蜜和石油等工业的副产品或废弃物为原料，经过液体或固体通风发酵培养，分离、干燥后生成的蛋白质饲料。常用的酵母菌有酵母属、球拟酵母属、假丝酵母属、红酵母属、圆酵母属等。酵母菌生产世代周期短，繁殖速度快，生产效率高。菌种不同，发酵工艺不同，生成的饲料酵母营养成分不同（表6-46）。

表6-46 不同种类饲料酵母主要营养成分

营养成分	啤酒酵母	白地霉酵母	半菌属酵母	石油酵母	纸浆废液酵母
干物质（%）	91.7	91.9	91.7	95.5	94.0
粗蛋白质（%）	52.4	41.3	47.1	60.0	46.0
粗脂肪（%）	0.4	1.6	1.1	9.0	2.3
粗纤维（%）	0.6	—	2.0	—	4.6
无氮浸出物（%）	33.6	32.1			
粗灰分（%）	4.7	16.9	6.9	6.0	5.7
钙（%）	0.16	2.20	—	—	—
磷（%）	1.02	2.92	—	—	—
精氨酸（%）	2.67	1.86	—	—	—
组氨酸（%）	1.11	0.73	—	—	—

（续表）

营养成分	啤酒酵母	白地霉酵母	半菌属酵母	石油酵母	纸浆废液酵母
异亮氨酸（%）	2.85	1.80	—	—	—
亮氨酸（%）	4.76	2.78	—	—	—
赖氨酸（%）	3.38	2.32	—	—	—
蛋氨酸（%）	0.83	1.73	—	—	—
胱氨酸（%）	0.50	0.78	—	—	—
苯丙氨酸（%）	4.07	1.42	—	—	—
酪氨酸（%）	0.12	1.40	—	—	—
苏氨酸（%）	2.33	2.12	—	—	—
色氨酸（%）	2.08	0.44	—	—	—
缬氨酸（%）	3.40	2.08	—	—	—

饲料酵母的粗蛋白质含量高，氨基酸含量丰富，氨基酸中赖氨酸含量高，蛋氨酸含量低；矿物质成分含量也比较高，以啤酒酵母为例，钙0.16%，磷1.02%，每千克酵母粉中含铁902.0毫克、铜61.0毫克、锰22.3毫克、锌86.7毫克；含有丰富的B族维生素，每千克饲用酵母中含硫胺素5～20毫克、核黄素40～150毫克、泛酸50～100毫克、烟酸300～800毫克、吡哆醇8～18毫克、生物素0.6～2.3毫克、叶酸10～35毫克、胆碱6克；粗脂肪含量低；粗纤维和粗灰分含量取决于酵母来源。此外，还含有其他生物活性物质。

家兔饲粮中添加饲料酵母，可以促进盲肠微生物生长，减少胃肠道疾病，增进健康，改善饲料利用率，提高生产性能。但家兔饲粮中饲料酵母的用量不宜过高，否则会影响饲粮适口性，降低生产性能。用量以2%～5%为宜。

四、矿物质元素补充饲料及其营养、利用特点

矿物质元素补充饲料是补充矿物质元素的饲料原料。包括提供钙、磷、钠、氯、镁、硫等常量元素的矿物质补充饲料和提供铁、铜、锌、锰、碘、硒、钴等微量元素的无机盐类或其他产品（图6-12）。根据动物体内含量和需要量，矿物质元素分为常量矿物质元素和微量矿物质元素，前者占体重的0.01%以上，在饲料中的添加量以"百分数（%）"表示，后者在机体内的含量在0.01%以下，在饲料中的添加量通常以"每千克中含毫克数（毫克/千克）"表示。

家兔饲料中虽然含有一定量的矿物质元素，而且由于其采食饲料的多样性，在一定程度上可以互相补充而满足机体需要，但在舍饲条件下或对高产

家兔来说，矿物质元素的需要量大大增加，常规饲料中的矿物质元素远远不能满足其繁殖、生长和兔毛、兔皮生产需要，必须另行添加。

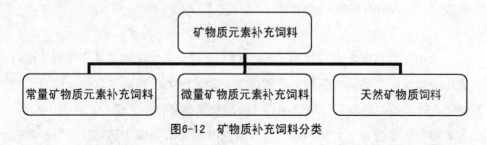

图6-12　矿物质补充饲料分类

（一）常量矿物质元素补充饲料

家兔体内需要的矿物质元素种类虽然很多，但一般饲养条件下需要补充的矿物质元素并不多，一般常见的主要包括钙、磷、钠、氯等，补充这些常量矿物质元素的补充饲料原料主要有下列几种，其矿物质元素含量如表6-47所示。

1. 食盐（氯化钠）

钠和氯是家兔机体必需的无机元素，而植物性饲料原料中含量很少，为了保持机体的生理平衡，对以植物性饲料为主的家兔，必须另外补充。通常，精制食盐含氯化钠99%，粗制食盐含氯化钠95%。纯净的食盐，含氯59.0%、含钠39.5%（表6-47），另外还含有少量的钙、镁、硫等杂质，碘化盐中并含有0.007%的碘元素。

食盐是很好的氯和钠补充原料。根据品种、生理阶段、配合饲料原料等不同，家兔饲料中添加0.3%～0.5%的食盐，便可完全可以满足钠和氯的需要。另外，食盐还可以改善家兔适口性，增强食欲，具有调味作用。但食盐饲喂过量会引起食盐中毒，添加1%以上时便会对家兔的生长产生抑制作用。另外补饲食盐时，一定要保证充足的饮水，以便机体能及时调节体内盐的浓度，维持生理平衡。

2. 钙补充饲料

通常青、粗饲料的矿物质含量比较平衡，尤其钙的含量比较高，基本可以满足生理需要；而精饲料一般含钙量都比较低，需要补充。通常的含钙矿物质补充饲料有碳酸钙、石粉、石灰石、方解石、贝壳粉、蛋壳粉、硫酸钙等（表6-47），其中以石粉和贝壳粉最为常见。在大多数来源的磷酸氢钙、磷酸二氢钙、磷酸三钙、脱氟磷酸钙、碳酸钙、硫酸钙和方解石石粉中，钙的生物学利用率为90%～100%，而在高镁含量的石粉或白云石中石粉的生物学效价较低，只有40%～80%。

3. 磷补充饲料

该类饲料多属于磷酸盐类（表6-47）。富含磷的矿物质补充料有磷酸钙类（磷酸氢钙、磷酸二氢钙、磷酸钙）、磷酸钠类（磷酸二氢钠、磷酸氢二钠）、磷矿石、骨粉等。最常用的是磷酸氢钙类和骨粉。磷补充料多为2种以上矿物质元素补充料，如磷酸钙类、骨粉及磷矿石等属于钙磷补充料，磷酸钠类属于磷钠补充料。

表6-47 常量矿物质补充饲料矿物质元素含量

饲料名称	化学分子式	主要元素	钙(%)	磷(%)	磷利用率(%)	钠(%)	氯(%)	钾(%)	镁(%)	硫(%)	铁(%)	锰(%)
碳酸钙	$CaCO_3$	钙	38.42	0.02	—	0.08	0.02	0.08	1.610	0.08	0.06	0.020
磷酸氢钙	$CaHPO_4$	钙、磷	29.60	22.77	95.100	0.18	0.47	0.15	0.800	0.80	0.79	0.140
磷酸氢钙	$CaHPO_4 \cdot 2H_2O$	钙、磷	23.29	18.0	95.100	—	—	—	—	—	—	—
磷酸二氢钙	$Ca(H_2PO_4)_2 \cdot H_2O$	钙、磷	15.90	24.58	100	0.2		0.16	0.900	0.80	0.75	0.010
磷酸三钙	$Ca_3(PO_4)_2$	钙、磷	38.76	20.0								
石粉、石灰石、方解石等		钙	35.84	0.01		0.06	0.02	0.11	2.060	0.04	0.35	0.020
骨粉		钙、磷	29.80	12.50	80.90	0.04		0.20	0.300	2.40		0.030
贝壳粉		钙	32～35	—								
蛋壳粉		钙	30～40	0.1～0.4								
磷酸氢铵	$(NH_4)_2HPO_4$	磷	0.35	23.48	100	0.2		0.16	0.750	1.50	0.41	0.010
磷酸二氢铵	$(NH_4)_2H_2PO_4$	磷	—	26.93	100							
磷酸氢二钠	Na_2HPO_4	磷、钠	0.09	21.82	100	31.04						
磷酸二氢钠	NaH_2PO_4	磷、钠	—	25.81	100	19.17	0.02	0.01	0.010			
碳酸钠	Na_2CO_3	钠				43.30						
氯化钠	$NaCl$	钠、氯	0.30			39.50	59.00		0.005	0.20	0.01	
氯化镁	$MgCl_2 \cdot 6H_2O$	镁							11.950			
碳酸镁	$MgCO \cdot Mg(OH)_2$	镁	0.02						34.000			0.010
氧化镁	MgO	镁	1.69					0.02	55.000	0.10	1.06	
硫酸镁	$MgSO_4 \cdot 7H_2O$	镁、硫	0.02				0.01		9.860	13.01		
氯化钾	KCl	钾、氯	0.05			1.00	47.56	52.44	0.230	0.32	0.06	0.001
硫酸钾	K_2SO_4	钾、硫	0.15			0.09	1.50	44.87	0.600	18.40	0.07	0.001

补充这类饲料时，除注意不同磷源有着不同的利用率（磷生物学效价估计值通常以相当于磷酸氢钙或磷酸氢钠中磷的生物学效价表示）以外，还要考虑原料中有害物质（如氟、铝、砷等）是否超标，另外也要注意其他矿物质元素的比例。

钙补充料复杂，使用时必须正确计算其用量。如补充碳酸钙，因其几乎不含其他矿物质元素，一般不需要考虑变动其他矿物质元素的供应量；而补充含有其他矿物质元素的钙补充料时，就要考虑其他矿物质元素的比例。磷补充料虽然不是很复杂，但补充时都会引起2种以上矿物质元素比例的变化。如磷酸氢钙，既含磷又含钙，所以计算用量时，只能按营养需要首先补充磷，再调整钙和钠等其他元素。

（二）微量矿物质元素补充饲料

随着集约化养殖业的发展，舍饲家兔基础日粮提供的微量元素量与机体微量元素的需要量差距加大，因此必须通过另外添加来满足。家兔需要的微量元素包括铁、铜、锌、锰、碘、硒、钴等。以添加剂形式提供的并不是这些元素的单质物，而是含有这些元素的化合物，目前这些化合物有3种方式：①无机盐类，包括硫酸盐类、氧化物类、氯化物类和碳酸盐类等，这些盐类有不少缺陷，如易吸湿结块，影响在饲料中的混合均匀度，对维生素也有一定破坏作用；②有机物，如柠檬酸铁、富马酸铁、碱式氯化铜等；③微量元素与氨基酸的螯合物，如苏氨酸铁等。后2种方式的化合物不仅弥补了第一种形式的缺陷，而且能提高微量元素的生物学效价，但因价格偏高，只在特定条件下使用。常用微量元素无机化合物及其微量元素含量如表6-48所示。

表6-48　常用微量元素化合物及其元素含量

元素名称	补充饲料名称	化学分子式	元素含量（%）	相对生物学效价（%）
铁	硫酸亚铁（7水）	$FeSO_4 \cdot 7H_2O$	20.10	100
	硫酸亚铁（1水）	$FeSO_4 \cdot H_2O$	32.90	100
	碳酸亚铁（1水）	$FeCO_3 \cdot H_2O$	41.70	2
铜	硫酸铜（5水）	$CuSO_4 \cdot 5H_2O$	25.50	100
	硫酸铜（1水）	$CuSO_4 \cdot H_2O$	35.80	100
	碳酸铜	$CuCO_3$	51.40	41

（续表）

元素名称	补充饲料名称	化学分子式	元素含量（%）	相对生物学效价（%）
锌	硫酸锌（5水）	$ZnSO_4 \cdot 5H_2O$	22.75	100
	氧化锌	ZnO	80.30	92
	碳酸锌	$ZnCO_3$	52.15	100
锰	硫酸锰（5水）	$MnSO_4 \cdot 5H_2O$	22.80	100
	一氧化锰	MnO	77.40	90
	碳酸锰	$MnCO_3$	47.80	90
硒	亚硒酸钠	Na_2SeO_3	45.60	100
	硒酸钠	Na_2SeO_4	41.77	89
碘	碘化钾	KI	76.45	100
	碘酸钙	$Ca(IO_3)_2$	65.10	100
钴	硫酸钴（7水）	$CoSO_4 \cdot 7H_2O$	25.10	100
	氯化钴（6水）	$CoCl_2 \cdot 6H_2O$	21.30	100

目前，因微量元素添加量比较少，单质微量元素长久贮存后容易出现结块等，因此除大型饲料生产企业和大型规模化养殖场采购单体微量元素化合物外，大部分使用市场上销售的"复合微量元素"添加剂产品。因此，一般也将微量矿物质元素补充饲料归类于"添加剂"类饲料原料。

"复合微量元素"添加剂产品有通用（各种家畜通用），也有各种家畜专用的，而专用产品更具针对性，效果更好，一般建议用家兔专用产品。规模化养兔场也可以委托微量元素添加剂企业代加工自己场专用产品，质量会更稳定，效果会更好。

使用微量元素添加剂时应该注意的问题：①所选用的微量元素化合物中的微量元素要有较高的生物学效价（表6-48）；②化合物的纯度要高，杂质要少，尤其是有毒有害物质必须是在允许范围内；③注意适口性、理化性质、细度及价格等；④严格控制添加量，以防中毒，尤其是化学分析级别的亚硝酸钠和碘化钾等都属于剧毒品（这些元素饲料级化合物一般为1%的预混剂）；⑤配合饲料的加工过程中，必须严把好计量、混合等关键工序的控制关。

（三）天然矿物质饲料

自然界中的一些物质中含有丰富的天然矿物质元素，这些物质包括有稀土、沸石、麦饭石、海泡石、凹凸棒石和蛭石等。

1. 稀土

稀土是稀土元素（或称稀土金属）的简称，是元素周期表中镧系（15种）以及化学性质与它们相似的钪和钇共17种元素的总称。养殖业应用研究表明，稀土对畜禽的生长发育、繁殖等多个生产性能有明显的促进作用，对人畜安全无害。此外，稀土价格低廉，是一种很有前途的天然矿物质饲料原料。

据报道，用白色稍红的粉状硝酸稀土（以氧化物计算，稀土含量为38%）按0.03%的比例添加到肉兔饲料中，日增重提高26.38%，每增重1千克活重，节省0.527千克饲料。生长獭兔饲粮中按0.025%添加硝酸稀土，日增重提高21.44%，饲料转化率提高16.64%，实验兔被毛柔顺，光泽好。毛兔饲料中添加稀土，优质毛比例升高，产毛量也有提高的趋势，产毛率显著提高。饲料中按0.02%比例添加稀土，对热应激公兔睾丸机能恢复有较好的效果。

2. 沸石

沸石是沸石族矿物的总称，是一种含水的碱金属或碱土金属的铝硅酸矿物，被称为"非金属之王"。目前，自然界已发现的沸石有40多种，较常见的有方沸石、菱沸石、钙沸石、片沸石、钠沸石、丝光沸石、辉沸石等，都以含钙、钠为主。沸石含有钙、锰、钠、钾、铝、铁、铜、铬等20余种家兔生长发育所必需的矿物质元素。它们含水量的多少随外界温度和湿度的变化而变化。

沸石的共同特性是具有选择性的吸附性和可逆的离子交换性，因此对家兔营养、养殖环境、饲料质量的改进等具有多种作用。天然沸石中所含的金属元素多以可交换的离子状态存在，饲料在消化过程中产生的氨、二氧化碳、水等极性分子极易与沸石晶体内的金属元素交换，迫使沸石中的大部分离子析出供机体吸收，同时降低了肠胃中氨、硫化氢、二氧化碳的浓度，改善肠胃环境。此外，沸石微粘，还可以刺激胃壁和肠道，促进机体对养分的吸收，提高饲料利用率，沸石还具有吸附肠道中某些病原菌，减少幼兔腹泻，提高兔的抗病能力的性能。俄罗斯研究报道，獭兔饲料中添加3%沸石，兔皮毛质量明显改善。沸石在家兔饲料中用量为3%～5%。

3. 麦饭石

麦饭石是由花岗岩分化后形成的一种对生物无毒、无害并具有一定生物活性的复合矿物或药用岩石。麦饭石的主要化学成分是无机的硅铝酸盐。

其中包括Si_2O_3、Fe_2O_3、FeO、MgO、CaO、K_2O、Na_2O、TiO_2、P_2O_5、MnO等，还含有动物所需的全部常量元素（如：K、Na、Ca、P、Mg等）、微量元素（Cu、Fe、Zn、Mn、I、Cr、Mo、Ni等）和稀土元素，58种之多。麦饭石中各种元素含量因产地不同而有所差异（表6-49）。

表6-49　不同产地麦饭石微量元素含量　　（单位：毫克/千克）

类别	铜	锌	锰	铬	钼	钴	镍	锶	硒	钒
中华麦饭石	80.00	4.81	—	32.00	2.00	3.00	4.20	450.00	0.03	130.00
定远麦饭石	40.82	14.74	383.19	52.64	—	11.18	34.65			

麦饭石在动物肠道内不仅可溶出对动物机体有益的矿物质元素，而且对机体有害的物质（如铅、汞、镉等重金属及砷和氰化物）具有较强的吸附能力和离子交换能力。麦饭石属黏土矿物，在消化道可提高食物的滞留性，使养分在消化道内充分吸收，而提高饲料利用率。麦饭石还具有提高动物机体免疫力的作用。

有研究报道，肉兔饲料中添加4%的麦饭石，日增重提高了44.23%，料肉比降低了11.63%。

4. 海泡石

海泡石是一种富含镁质的纤维状硅酸盐黏土矿物，色浅灰或灰白，呈土状或片状，有蜡状光泽，质地细腻，有特殊的层链结构。海泡石具有良好的吸湿性、流变性、离子交换性、热稳定性，同时具有催化性和黏合调剂作用，添加后可以在饲料中形成胶体，使饲料在肠道的流动速度减慢，从而提高饲料中蛋白质、微量元素和维生素的吸收率；也可以作为粘合剂和抗结块剂提高颗粒饲料的颗粒质量，防止营养物质集成团；还可用于兔舍垫圈，起防臭、吸水作用，降低舍内氨气、硫化氢、二氧化碳浓度，降低兔舍湿度，从而改善兔舍养殖环境。家兔饲料中添加2%～4%的海泡石粉，对促进家兔生长及提高饲料利用率有明显的效果。

5. 凹凸棒石

凹凸棒石又名坡缕石或坡缕缟石，是一种镁铝硅酸盐黏土矿物。凹凸棒石含有多种家兔必需的常量和微量矿物元素成分（表6-50）。

表6-50　凹凸棒石微量元素含量　　　　　　（单位：毫克/千克）

矿物元素	钙	磷	钠	钾	镁	铁	铜	锌	锰	钴	硒	锶	钼	钛
凹凸棒石	124000	480	500	4200	108200	14800	20	41	1380	10	1	500	0.9	150

凹凸棒石呈三维立体全链结构及特殊的纤维状晶体形，具有离子交换、胶体、吸附、催化等特性，饲料中添加后，具有促进兔生长、提高饲料利用率、改善蛋白质等营养物质利用率的作用。有报道，毛兔饲料中添加10%的凹凸棒石，产毛量提高12.2%，日增重提高28.6%，兔毛光泽度好。

6. 蛭石

蛭石是一种含镁的水铝硅酸盐次生变质粘土矿物，呈鳞片状、片状。含有钙、镁、钠、钾、铝、铁、铜、铬等多种动物机体所需的矿物质元素。具有较强的阳离子交换性，能携带某些营养物质（如液体脂肪等）；还具有抑制霉菌生长的作用，是防霉剂很好的载体。

五、饲料添加剂及其营养、利用特点

饲料添加剂是指在饲料加工、制作、使用过程中添加的少量或微量物质。饲料中使用饲料添加剂的目的在于，完善饲料中营养成分的不足或改善饲料品质，提高饲料利用率，抑制有害物质，防止畜禽疾病及增进动物健康，从而达到提高动物生产性能、改善畜产品品质、保障畜产品安全、节约饲料及增加养殖经济效益的目的。饲料添加剂的种类繁多，用途各异，目前国内大多按其作用分为营养性饲料添加剂和非营养性饲料添加剂两大类（图6-13）。添加剂是现代配合饲料不可缺少的组成部分，也是现代集约化养殖不可缺少的内容。

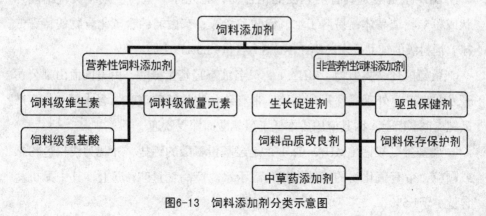

图6-13　饲料添加剂分类示意图

（一）营养性饲料添加剂

营养性添加剂主要是用来补充天然饲料营养（主要是维生素、微量元素、氨基酸）成分的不足，平衡和完善日粮组分，提高饲料利用率，最终提高生产性能，提高产品数量和质量，节省饲料和降低成本。营养性饲料添加剂是最常用而且最重要的一类添加剂，包括氨基酸、维生素和微量元素三大类（图6-13）。

1. 氨基酸添加剂

在动物的必需氨基酸中，若由于一种氨基酸含量不足而导致其他氨基酸的利用率下降时，则称这种氨基酸为限制性氨基酸，赖氨酸、蛋氨酸和色氨酸即为限制性氨基酸。氨基酸之间有互补作用，通过有意识地人为提高某些氨基酸水平后，能提高整个饲料中蛋白质的营养价值；氨基酸也有颉颃作用，即由于一种氨基酸含量的增加导致另外一种或几种氨基酸利用率下降。氨基酸的互相作用对氨基酸的需要量以及在体内的利用率有着巨大的影响，在生产应用中要尽量使氨基酸的平衡达到最佳（最佳含量和比例），才能获得最佳效益。所以，通过人为添加氨基酸调整饲料的氨基酸平衡十分重要。

目前，天然蛋白质中的多种氨基酸人工均可合成，但用作饲料级的氨基酸添加剂主要有赖氨酸、蛋氨酸、色氨酸、苏氨酸、甘氨酸和酪氨酸等，尤其是常规饲料中主要以添加赖氨酸和蛋氨酸为主。

（1）蛋氨酸：主要有DL-蛋氨酸、蛋氨酸羟基类似物及其钙盐和N-羟甲基蛋氨酸钙。此外，一些使用蛋氨酸的金属螯合物，如蛋氨酸锌、蛋氨酸锰、蛋氨酸铜等，也能提供部分蛋氨酸。

DL-蛋氨酸是具有旋光性的化合物，有光泽；呈白色至淡黄色结晶片状或粉末状结晶体；易溶于水、稀酸和稀碱；有微弱的含硫化合物的特殊气味。饲料级的纯品要求（$C_5H_{11}NO_2S$）含量98.5%以上。

蛋氨酸羟基类似物（MHA），又名液态羟基蛋氨酸，由美国孟山都公司开发并生产。外观是深褐色黏液，带有硫化物的特殊气味，含水量12%，产品纯度88%以上，因其应用成本低于蛋氨酸而深受欢迎。

羟基蛋氨酸钙（MHA-Ca），是羟基蛋氨酸的钙盐，外观为浅褐色粉末或颗粒，带有硫化物的特殊气味，溶于水。产品含量97%以上，其中无机盐含量小于1.5%。

N-羟甲基蛋氨酸钙，商品名为麦普伦（Me-pron）。由德国迪高沙公司研制生产，外观为可自由流动的白色粉末，带有硫化物的特殊气味，蛋氨酸含量大于67.6%，其中钙含量小于9.1%。

一般的动物性蛋白质饲料原料中含有丰富的蛋氨酸，而植物性蛋白质饲料原料中相对缺乏，家兔饲料中缺乏动物性饲料原料时要注意补充蛋氨酸。根据饲料组成的原料情况，一般添加量为0.05%～0.3%。

（2）赖氨酸：赖氨酸为碱性氨基酸，属于动物必需氨基酸。目前作为饲料添加剂的赖氨酸主要有L-赖氨酸盐酸盐和DL-赖氨酸盐酸盐。

作为饲料级赖氨酸商品，通常是纯度为98.5%以上的L-赖氨酸盐酸盐，相当于含赖氨酸（有效成分）78.8%以上。为白色至淡黄色颗粒状粉末，稍有异味，易溶于水。除L-赖氨酸盐酸盐这种主要商品形式外，还有一种DL-赖氨酸盐酸盐商品形式，其中的D型是发酵或化工合成工艺中的半成品，没有进行或没有完全转化为L-型的工艺处理，故价格便宜。纯度为65%的赖氨酸有效成分为51%。因动物不能利用D-赖氨酸，因而在利用这种产品时必须要确认L-赖氨酸含量。

除豆饼（粕）外，植物性饲料原料中赖氨酸含量低，尤其是玉米、大麦、小麦中甚至缺乏，麦类原料中赖氨酸的利用率也低；动物性饲料原料中，鱼粉的赖氨酸含量高，肉（骨）粉赖氨酸含量低且利用率也低。因此，饲料中缺乏鱼粉或蛋白质水平较低时，应注意补充赖氨酸，以节省蛋白，促进家兔生长和改善酮体品质。精氨酸与赖氨酸之间有颉颃作用，过量的赖氨酸会抵消精氨酸的作用，应注意两者之间的平衡。根据饲料用途及所用原料不同，一般添加L-赖氨酸量为0.05%～0.3%。

（3）色氨酸：作为饲料添加剂的色氨酸有DL-色氨酸和L-色氨酸，均为无色至微黄色晶体，有特异性气味。色氨酸属于第三或第四限制性氨基酸，具有促进γ-球蛋白的产生，抗应激，增强机体免疫力和抗病力等作用。目前，在特殊饲料（如仔幼畜）中有应用，饲料中添加量一般为0.1%左右。

（4）苏氨酸：作为饲料级添加剂的主要是L-苏氨酸，为无色至微黄色结晶型粉末，有极微弱的特异性气味。在植物性原料为主的低蛋白饲料中添加苏氨酸，有明显的效果。一般饲料中添加量为0.03%左右。

2. 维生素添加剂

维生素是动物正常代谢和机能所必需的一大类低分子有机化合物。大多数维生素是某些酶的辅酶（辅基）的组成部分［具体作用见表6-17（a）和表6-17（b）］。维生素添加剂是指人工合成的各种维生素化合物商品。目前，除大型饲料生产企业、集约化养殖企业和专业的预混料及添加剂生产企业应用单体维生素化合物以外，中小型饲料生产企业和养殖场（户）都是使用复合维生素（也叫复合多维）预混剂作为维生素添加剂。

为了生产方便，可预先按各类动物对维生素的需求，拟制出实用配方，按配方将各种单体维生素化合物与氧化剂、疏散剂加在一起，再加惰性物稀释剂和载体，充分混合均匀，即成为复合多种维生素，也称维生素预混料。

市场上的复合维生素添加剂产品，有通用（各种畜禽通用）型产品，也有针对各种畜禽及不同阶段专用型产品。专用型更有针对性，效果更好，但目前家兔专用维生素添加剂产品极少。集约化程度高的养兔场可与维生素或预混料企业协议代为加工。

下面就各种单体维生素化合物的规格要求及使用维生素添加剂应注意的事项作一简单描述。

（1）各种单体维生素化合物的规格要求

① 维生素A。作为饲料添加剂的维生素A合成制品，以维生素A乙酸酯和维生素A棕榈酸酯居多。维生素A乙酸酯为淡黄色至红褐色球状颗粒，维生素A棕榈酸酯为黄褐色油状或结晶固体。维生素A添加剂型有油剂、粉剂和水乳剂。目前我国生产的维生素A多为粉剂，主要有微粒胶囊和微粒粉剂。

维生素A的稳定性与饲料贮藏条件有关，在高温、潮湿及有微量元素和脂肪酸败的情况下，极易被氧化失效。

② 维生素D。作为饲料添加剂多用维生素D_3。外观呈奶油色细粉状，含量为100千～500千国际单位。剂型有微粒胶囊、微粒粉剂、β-环糊精包被物和油剂。鱼肝油是D_2和D_3的混合物，AD_3制剂也是常用添加形式。

维生素D_3的稳定性也与贮藏条件有关，在高温、高湿及有微量元素的情况下，受破坏速度加快。

③ 维生素E。维生素E添加剂多由D-α-生育酚乙酸酯和DL-α-生育酚乙酸酯制成。外观呈淡黄色粘稠液状。商品剂型有粉剂、油剂及水乳剂。维生素E在45℃的温度条件下可保存3～4个月，在配合饲料中可保存6个月。

④ 维生素K。作为饲料添加剂多为维生素K₃制品。剂型有：亚硫酸氢钠甲萘醌（MSB），包括含量94%的高浓度产品和50%的明胶胶囊包被的产品，前者稳定性差，价格低廉，后者稳定性好；亚硫酸氢钠甲萘复合物（MSBC），是一种晶体粉状维生素K添加剂，稳定性好，是目前使用最广泛的维生素K制剂；亚硫酸嘧啶甲萘醌（MPB），是最新产品，含活性成分50%，是稳定性最好的一种维生素K制剂，但具有一定毒性，要限量使用。

维生素K在粉状饲料中比较稳定，对潮湿、高温及微量元素的存在较敏感，制粒过程中有损失。

⑤ B族维生素和维生素C。B族维生素和维生素C添加剂规格要求如表6-51所示。

表6-51　各种维生素化合物的规格要求

维生素	化合物种类	外观及形状	含量（%）	水溶性
维生素B₁	烟酸B₁	白色粉末	98	易溶于水
	硝酸B₁	白色粉末	98	易溶于水
维生素B₂	维生素B₂	橘黄色到褐色细粉	96	很少溶于水
维生素B₆	维生素B₆	白色粉末	98	溶于水
维生素B₁₂	维生素B₁₂	浅红色到浅黄色粉末	0.1～1.0	溶于水
泛酸	泛酸钙	白色到浅黄色	98	易溶于水
叶酸	叶酸	黄色到橘黄色粉末	97	水溶性差
烟酸	烟酸	白色到浅黄色粉末	99	水溶性差
生物素	生物素	白色到浅褐色粉末	2	溶于水或在水中弥散
胆碱	氯化胆碱	白色到褐色粉末	50/60	部分溶于水
维生素C	维生素C钙	无色结晶，白色到浅黄色粉末	99	溶于水

（2）使用维生素添加剂应注意的事项

① 维生素添加剂应在避光、干燥、阴凉、低温环境下分类贮藏。

② 尚无家兔专用复合维生素产品，使用其他畜禽产品替代时注意折算。

③饲料加工工艺及贮藏条件等对维生素效价影响很大（表6-52、表6-53和表6-54），要根据情况适量增量添加。

表6-52　影响维生素添加量的因素及其增减比例

影响因素	受影响的维生素种类	维生素增量
饲料组成	全部维生素	提高10%~20%
环境温度	全部维生素	提高20%~30%
舍饲笼养	B族维生素和维生素K_3	提高40%~80%
使用未经处理的过氧化脂肪	全部脂溶性维生素	提高100%或更多
采用亚麻酸饼	维生素B_6	提高50%~100%
肠道有寄生虫	维生素A、K_3及其他	提高100%或更多

表6-53　维生素在预混料、颗粒料中的月损失率

饲料种类	维生素相对稳定性及在饲料中的月损失率				
	很高	高	中	低	极低
不含微量元素和胆碱的预混料	0.0	<0.5	0.5	1.0	1.0
含微量元素和胆碱的预混料	<0.5	5	8	15	30
颗粒配合饲料	1.0	3	6	10	25

注：维生素相对稳定性说明

1. 稳定性很高的维生素包括：氯化胆碱；

2. 稳定性高的维生素包括：维生素B_2、烟酸、维生素E、维生素K_3、泛酸、维生素B_{12}和生物素；

3. 稳定性中等的维生素包括：叶酸、维生素A、维生素D_3、维生素B_6和硝酸硫胺素（维生素B_1）；

4. 稳定性差的维生素包括：烟酸硫胺素（维生素B_1）；

5. 稳定性很差的维生素包括：甲萘醌抗坏血酸（维生素C）

表6-54　B族维生素和维生素C添加剂在配合饲料中的稳定性

维生素种类	在配合饲料中的稳定性表现
维生素B_1	月损失1%~2%；对高温、氧化剂、还原剂敏感；pH值3.5时最适宜
维生素B_2	一般年损失1%~2%，但有还原剂和碱存在时稳定性降低
维生素B_6	正常情况下月损失不到1%，对高温、碱和光敏感
维生素B_{12}	月损失1%~2%，但在高浓度氯化胆碱、还原剂及强酸条件下，损失加快，在粉状饲料中很稳定
泛酸	一般月损失1%，在高湿、高温和酸性条件下，损失加快

维生素种类	在配合饲料中的稳定性表现
烟酸	正常情况下月损失不到1%
生物素	正常情况下月损失不到1%
叶酸	在粉状饲料中稳定，对光敏感，pH值<5.0时稳定性差
维生素C	对制粒和微量元素敏感，室温下贮藏4～8周，损失10%

3. 微量元素添加剂

微量元素添加剂的特性和应用特点已在矿物质饲料原料章节中叙述过，在此不再重复。

（二）非营养性饲料添加剂

非营养性饲料添加剂是添加到饲料中的非营养物质，种类很多，其作用是提高饲料利用率、促进动物生长和改善畜产品质量。非营养性饲料添加剂包括：生长促进剂、驱虫保健剂、饲料品质改良剂、饲料保存改善剂和中药添加剂等（图6-13）。各类非营养性添加剂都具有其特有的作用。

1. 生长促进剂类添加剂

这类添加剂的主要作用是促进畜禽生长，提高增重速度和饲料转化率，增进畜禽健康，预防疾病。此类添加剂是非营养性饲料添加剂中最大的一类，在世界范围内消费量最大，也是饲料添加剂中争议最多的一类添加剂。包括抗生素类、合成抗菌药物类、酶制剂类和微生态制剂等（图6-14）。

图6-14 促生长剂的类型

（1）抗生素及合成药物添加剂：抗生素类添加剂和合成药物类添加剂统称为药物添加剂。出于保障畜产品安全的目的，这类添加剂已逐步被限制使用。

家兔饲料中，使用最为普遍的是喹乙醇。喹乙醇又称喹酰胺醇、奥拉金得，商品名有称快育灵的。喹乙醇属于合成类药物，为浅黄色粉末，无臭，味苦，溶于热水，微溶于冷水，是20世纪70年代开发的第二代生长促进剂。

喹乙醇有广谱抗菌作用，对革兰氏阴性菌、阳性菌中的多种菌（如大肠杆菌、巴氏杆菌、沙门氏菌、链球菌等）都有显著的抑制作用，同时对动物有刺激加速生长作用。据报道，兔饲料中按90毫克/千克添加喹乙醇，生长速度较快，腹泻发病率较低。喹乙醇毒性小，口服吸收迅速，并能迅速排出体外，一般停药24小时后，体内残留低于0.1毫克/千克。喹乙醇在饲料中的药物配伍性好，稳定，能耐受制粒处理，因此作为药物添加剂而被广泛应用。

除喹乙醇外，研究者利用抗生素及其他化合物作为添加剂在家兔饲料中进行应用，添加剂量及应用效果汇总如表6-55所示。

表6-55　家兔饲料中部分生长促进剂的作用和添加剂量

药物名称	添加剂量（毫克/千克）	日增重	饲料利用率	腹泻	球虫病
黄霉素	5	±	++	±	±
硫酸铜	100~200	++	+	+	±
盐霉素	25~50	±	++	±	++
土霉素	20	+	++	+	±
维得尼霉素	20	+	+	±	±
杆菌肽锌	50	++	±	±	±
卡巴多	30	++	+	+	±

注："+"表示积极趋势；"++"表示效果明显；"±"表示无作用或效果不明显

现代养殖业，许多药物添加剂的应用都有了限制，在应用时必须注意。铜制剂虽然能促进生长，但高铜会对环境产生污染，必须慎重使用。

（2）饲用酶制剂：酶是一种具有生物催化作用的大分子蛋白质，是一种生物催化剂。酶具有严格的专一性和特异性，动物体内各种化学变化几乎都是在酶的催化作用下完成。利用从生物（动物、植物和微生物）中提取出具有酶特性的制品，称为酶制剂。酶制剂作为一种安全、无毒的新型饲料添加剂，正受到人们的关注。目前饲用酶已达20多种。

酶制剂的作用：

① 弥补幼兔消化酶的不足。动物对营养物质的消化是靠自身的消化酶和

肠道微生物活动产生的酶共同实现的，但动物在出生后的相当一段时间内消化酶分泌机能不完全，各种应急（断奶、刺耳号、免疫等）还会造成消化道内源酶的分泌量降低。因此，幼兔饲粮中加入一定量的外源酶可使消化道较早地获得消化功能，并对外源酶进行调整，使之适应饲料消化特点的要求。

② 提高饲料利用率。植物籽实类是动物的主要营养物质来源，但它们含有复杂的三维结构的细胞壁，是营养成分的保护层，从而影响动物的消化吸收。这些植物性原料的细胞壁都是由抗营养因子非淀粉多糖（NSP）组成，包括阿拉伯木聚糖、β-葡萄糖、戊聚糖、纤维素和果胶质等。因为单胃动物不分泌NSP酶，因此用外源的NSP酶催化细胞壁，有利于细胞内蛋白质、淀粉和脂肪等养分从细胞中释放出来，同时缓解可溶性NSP导致的食糜粘度过大，使之充分发挥消化道内源酶的作用，提高这些养分的消化率。NSP酶可使NSP分解为可利用的糖类。一般来说，添加外源酶能使饲料利用率提高6%～8%，幼年动物比成年动物提高的幅度大。

③ 减少动物体内矿物质的排泄量，减轻对环境的污染。

④ 增强幼畜对营养物质的吸收。

常用的饲用酶制剂：

酶制剂根据其中酶的组成种类多少的不同分为单一酶制剂和复合酶制剂两类（图6-15）。

图6-15　饲用酶制剂的类型

① 单一酶制剂。单一酶制剂是指具有专一、特异作用的单一酶。目前看来，最具应用价值的单一酶制剂大致有五类：蛋白酶——是分解蛋白质或肽键的酶类，有酸性、中性和碱性蛋白酶三种；淀粉酶——是分解淀粉的酶类，主要有α-淀粉酶和糖化酶；脂肪酶——是水解脂肪分子中甘油酯键的一类酶；植酸酶——是水解植酸的酶，可将植酸（盐）水解为正酸磷和肌醇衍生物，其中

磷被动物有效利用；非淀粉多糖酶—对家兔来说，添加此类酶是有效的，包括有纤维素酶、半纤维素酶（包括木聚糖酶、甘露聚糖酶、阿拉伯聚糖酶和聚半乳糖酶等）、果胶酶、葡萄糖酶等。

② 复合酶制剂。复合酶制剂是由一种或几种单一酶制剂为主体，加上其他单一酶制剂混合而成，或由一种或几种微生物发酵获得。复合酶制剂可同时降解饲料中多种需要降解的底物（多种抗营养因子和多种养分），可最大限度地提高饲料营养价值。目前，国内外饲用酶制剂产品多为复合酶制剂，主要有以下几类：以β-葡聚糖酶为主的饲用复合酶制剂—此类酶制剂主要应用于大麦、燕麦为主要原料的饲料；以蛋白酶、淀粉酶为主的复合酶制剂—此类酶制剂主要用于补充动物内源酶的不足；以纤维素酶、果胶酶为主的饲用复合酶制剂—此类酶制剂主要由木霉、曲霉和青霉直接发酵而成，主要作用是破坏植物细胞壁，使细胞中的营养物质释放出来，供进一步消化吸收，并能消除饲料中抗营养因子，降低胃肠道内容物黏稠度，促进动物消化吸收；以纤维素酶、蛋白酶、淀粉酶、糖化酶、果胶酶为主的饲用复合酶制剂—此类复合酶制剂综合了各酶系共同特点，具有更强的助消化作用。

酶制剂在家兔养殖中的使用效果：

生长獭兔饲粮中添加0.75%～1.50%的纤维素酶（活性为40000国际单位/克），日增重提高16.88%～20.55%，效果显著；饲粮中添加0.75%的纤维素酶和1.50%酸性蛋白酶（酶活性为4000国际单位/克），日增重提高22.82%，效果显著；对屠宰性能和产品品质无明显影响。

（3）微生态饲料添加剂：微生态饲料添加剂又叫微生物饲料添加剂、活菌制剂、生菌剂等，是指一种可通过改善肠道菌群平衡而对动物施加有利影响的活微生物制剂。这类添加剂具有无残留、无副作用、不污染环境、不产生抗药性、成本低、使用方便等优点，是近年来出现的一类绿色饲料添加剂。

① 微生态制剂的种类（图6-16）。

② 微生态制剂的主要作用。维持家兔体内正常的微生物区系平衡，抑制、排斥有害病原微生物：提高消化道的吸收功能；参与淀粉酶、蛋白酶以及B族维生素的生成；促进过氧化氢的产生，并阻止肠道内细菌产生氨，减少腐败有毒物质的产生，防止腹泻；有刺激肠道免疫系统细胞提高局部免疫力

及抗病力的作用。

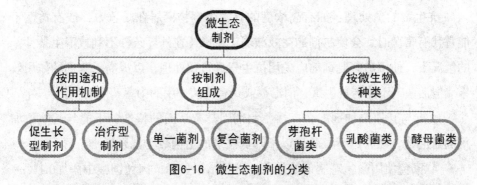

图6-16　微生态制剂的分类

③ 使用微生态制剂时的注意事项。制剂的保存环境：芽孢杆菌类活菌制剂在常温下保存即可，但必须保持厌氧环境，否则会很快繁殖；非芽孢类活菌制剂宜低温避光保存，否则极易死亡。

制剂与饲料的混合：饲料加工过程（如粉碎、制粒等）中会出现瞬间高温，不耐热活菌（如乳酸菌类和酵母菌类）制剂，应在加工后再加入，而芽孢杆菌类和胶囊包被的活菌制剂，因能耐受瞬间高温，可直接混入后加工。另外，饲料混合时，活菌制剂会受到来自饲料原料，尤其是矿物质颗粒的挤压、摩擦，使菌体细胞膜（壁）受损而死亡，故除芽孢杆菌和胶囊包被的活菌制剂外，一般制剂应先用较软的饲料原料（如玉米面等）混合后再与其他原料混合。饲料中的微量元素、矿物质元素、维生素等均会发生一系列的"氧化—还原"反应及pH值变化，从而对活菌制剂产生一定的影响，所以活菌制剂混入饲料后最好当天用完。

菌种选择：不同菌种其作用和效果不同。如粪链球菌在消化道内生长速度最快，与大肠杆菌相似，且能分泌大肠杆菌干扰素，故该制剂防治腹泻效果最好；其他菌种的生长速度依次为：乳酸菌、酵母菌，而芽孢杆菌在肠道中不能繁殖，对治疗腹泻效果差。此外，动物种类不同，对菌种的要求也不同，适宜于家兔的菌株一般为乳酸菌、芽孢杆菌、真菌等。

制剂的含量及保存期：我国规定，芽孢杆菌制剂每克含菌量不少于5亿个。用作治疗时，动物每天用量（以芽孢杆菌为例）为15亿～18亿个；用作饲料添加剂时，一般按配合饲料的0.1%～0.2%添加。若产品中活菌数量不足会影响使用效果。此外，随着保存时间的延长，活菌数不断减少，所以微生态制剂应在保存期内使用。

抗生素的预处理：如有高浓度的有害微生物栖居在肠道中，或有益菌不能替代有害菌时，会使制剂的功效减弱。所以，在外界条件不利或卫生条件差的情况下，使用活菌制剂前应先用抗生素进行预处理，以提高活菌剂的作用效果。但活菌剂不能与抗生素、消毒剂或具有抗菌作用的中草药同时使用。

慎重与其他添加剂配合：活菌制剂因具有活菌的特性，不能与其他添加剂随意混合，须先进行试验，以不降低制剂的活菌数为混合标准。

④家兔使用微生态制剂的效果。试验结果显示，肉兔饲粮中添加0.1%～0.2%的益生素（山西省农业科学院生物工程室提供），兔的腹泻发病率降低；另有报道，肉兔饲粮中添加0.2%的益生素（由2株蜡样芽孢杆菌和1株地衣芽孢杆菌组成，活菌含量为1×10^9个/克），试验35天，日增重较对照组提高11.9%，料肉比下降约10%。

（4）低聚糖：低聚糖又称寡糖，是由2～10个单糖通过糖苷键连接起来形成直链或支链的一类糖。低聚糖不仅具有低热、稳定、安全、无毒等良好的理化性质，还具有整肠和提高免疫等保护功效，作用效果优于抗生素和益生素，被称为新型绿色饲料添加剂。低聚糖是动物肠道内有益的增殖因子，大部分能被有益菌发酵，从而抑制有害菌的生长，提高动物的防病能力。目前的低聚糖主要有低聚果糖、半乳聚糖、葡萄糖低聚糖、大豆低聚糖、低聚异麦芽糖等。

低聚果糖是广泛存在于菊芋、芦苇、洋葱、大蒜、黑麦等的一种天然生物活性物质。低聚果糖作为一种功能性低聚糖，能促进如双歧杆菌等有益菌增殖，抑制有害菌的发育，促进钙、磷等矿物质元素的吸收，提高动物的生产性能。

据报道，家兔饲粮中添加1%～2%的低聚果糖，日增重提高11%～16.45%，饲料利用率提高17.8%～24.1%，腹泻发病率降低40%～58.1%。

2. 驱虫保健剂

驱虫保健剂的主要作用就是维持机体内环境的正常平衡，保证动物健康生长发育，并预防和治疗各种寄生虫疾病。在生长促进剂类添加剂中，部分抗生素、合成抗菌素以及生菌剂类，除具有促进动物生长的效果外，还具有防止动物疾病的功能，因而驱虫保健剂与生长促进剂之间在某些方面没有截然的界限，这就是添加剂多能化作用的体现。

（1）驱虫保健剂的分类：驱虫保健剂包括驱蠕虫剂和抗球虫剂两类（图6-17）。

图6-17　驱虫保健剂的分类

（2）驱蠕虫剂：蠕虫是一些多细胞寄生虫，其大小、形状、结构以及生理上都很不相同，主要有线虫、吸虫、绦虫等。蠕虫病是家兔普遍感染，也是危害较大的一类寄生虫病。大多数蠕虫通过虫体寄生在宿主体内夺取营养，而且幼虫在移行期还能引起广泛的组织损伤和释放蠕虫毒素对机体造成危害，使生长速度和生产性能下降，严重影响家兔的健康和生产。某些蠕虫病还能危害人类健康。

驱蠕虫剂的主要作用是驱除家兔体内寄生的蠕虫，保证家兔健康，同时降低环境中虫卵的污染，降低再次感染家兔甚至感染人的机会，对其他健康家兔起到预防的作用。常用的驱蠕虫剂及其特性和作用如表6-56所示。

表6-56　主要驱蠕虫剂的特性、作用及使用方法

名称	类别	性状与特性	主要作用	使用方法及剂量	备注
噻苯咪唑	苯咪唑类驱虫药	稳定的白色或米黄色粉末或结晶性粉末，味微苦，无臭	为广谱、高效、低毒驱虫药，对动物的多种胃肠线虫高效，对肺线虫和矛形双腔吸虫有一定作用	30～50毫克/千克体重，内服	屠宰前最少1周为停药期
甲苯咪唑	苯咪唑类驱虫药	淡黄色无定形粉末，无臭，无味。微溶于水，溶于甲酸	对多种线虫有效，对兔豆状囊尾蚴也有效	30毫克/千克体重，1次口服	用药后7天内不得屠宰供人食用
丙硫苯咪唑	苯咪唑类驱虫药	白色粉末，无臭，无味。不溶于水，微溶于有机溶剂	主要用于兔线虫、豆状囊尾蚴、肝片吸虫病等	按20毫克/千克体重，每天2次，内服	用药后10天内不得屠宰供人食用

（续表）

名称	类别	性状与特性	主要作用	使用方法及剂量	备注
氟苯咪唑	苯咪唑类驱虫药	白色或类白色粉末，无味。不溶于水、甲醇和氯仿，略溶于稀盐酸	用于治疗兔各种线虫	按5毫克/千克体重，1次口服	用药后7天内不得屠宰供人食用
三氯苯咪唑	苯咪唑类驱虫药	商品名为肝蛭净。白色或类白色粉末。不溶于水，溶于甲醇。新型驱虫药	唯一一种对各期肝片吸虫均有杀灭作用的药物。对兔肝片吸虫的童虫、成虫有很好的驱杀作用	10～12毫克/千克体重，1次内服	屠宰前最少1周为停药期
左旋咪唑	噻咪唑的左旋异构体	常用其盐酸盐和磷酸盐	属于广谱、高效、低毒的驱虫药。用于治疗家兔各种线虫病	片剂，按25毫克/千克体重，内服，每天1次	用药后28天内不得屠宰供人食用
伊维菌素	阿维菌素半合成衍生物	白色结晶性粉末。微溶于水，易溶于乙醇等有机溶剂。剂型有针剂（皮下注射）、粉剂、片剂、胶囊、预混剂以及浇泼剂（外用）	广谱、高效的抗寄生虫药物，对各种线虫、昆虫和螨均具有驱虫活性。多用于兔体内线虫以及体外疥癣病的治疗	按产品说明	屠宰前最少1周为停药期
吡喹酮	环吡异喹酮	白色、类白色结晶性粉末，味苦，不溶于水，易溶于乙醚	主要用于兔血吸虫、豆状囊尾蚴病等	按100毫克/千克体重，内服，第一次给药后间隔24小时再给药一次	屠宰前最少1周为停药期
硝氯酚	商品名拜耳9015	黄色结晶性粉末，无臭，不溶于水	用于治疗兔肝片吸虫病，具有疗效高、毒性小、用量少等特点	按1～2毫克/千克体重，肌肉注射	用药后15天内不得屠宰供人食用
溴酚磷	又名蛭得净	白色或类白色粉末，几乎不溶于水，易溶于甲醇、丙醇	为新型驱肝片吸虫药。对成虫效果好，对童虫效果差	按12毫克/千克体重，加水口服	屠宰前最少1周为停药期
氯硝柳胺	也名灭绦灵	淡黄色粉末，无味。几乎不溶于水，微溶于乙醇等	为新型的灭绦虫药，对多种绦虫均有高效，也具有杀灭钉螺的作用	片剂，按100毫克/千克体重，每天1次，可有效治疗兔绦虫	屠宰前最少1周为停药期

（3）抗球虫剂：兔的球虫病是危害家兔生产的重要疾病之一，常造成幼兔的大批死亡，给养兔业造成巨大损失。在目前尚未研制出家兔球虫疫苗的情况下，用药物预防和治疗兔球虫病仍然是最重要、也是最有效的方法。

抗球虫药种类繁多，防治效果多呈动态变化，因此了解药物的特性和效果，选择适合的药物和用药方法，是十分重要的。理想的抗球虫药应该是"广谱、高效、低毒、低残留"，不容易造成家兔对球虫产生免疫力，性能稳定，便于贮藏，适口性好，价格低廉。

常用的抗球虫药及其特性、作用和注意事项详如表6-57所示。

表6-57　主要抗球虫药的特性、作用及使用方法

名称	类别	特性、使用方法和剂量及注意事项
磺胺喹噁啉（SQ）	磺胺类药	预防剂量：0.05%；治疗剂量：0.1%。二甲氧苄氨嘧啶（DVD）对 SQ 有促进作用，配合比例为：SQ：DVD=4：1，按 250 毫克 / 千克体重剂量使用，能取得满意效果。该药使用时间过长，会引起家兔的循环障碍，肝、脾出血或坏死
磺胺二甲氧嘧啶（SDM）	磺胺类药	是一种新型最有效的磺胺类药物，特别适合哺乳和怀孕母兔。加入饮水中使用时，治疗剂量为 0.05% ~ 0.07%，预防剂量为 0.025%；按体重使用时，第 1 天 200 毫克 / 千克体重，以后 200 毫克 / 千克体重；药品鱼饲料的比例为第 1 天 0.32% 浓度拌料，而以后 4 天的剂量为 0.15% 浓度拌料。SDM 和 DVD 的比例为 3：1 配合，拌料浓度 0.25%，抗球虫效果更好，用于治疗兔球虫病的程序是用药 3 天，停药 10 天
甲醛磺胺嘧啶	磺胺类药	是一种很好的抗球虫药，不溶于水。预防量：300 ~ 500 毫克 / 千克饲料；治疗量：500 ~ 800 毫克 / 千克饲料
磺胺二甲嘧啶（SM₂）	磺胺类药	该药宜早用。饲料中按 0.1% 加入，可预防兔球虫；以 0.2% 饮水能治疗严重感染兔，连续饮水 3 周可控制临床症状，并能使兔对球虫产生免疫力
磺胺嘧啶钠	磺胺类药	按 100 ~ 500 毫克 / 千克体重使用，对兔肝球虫病有良效
复方磺胺甲基异噁唑	磺胺类药	即复方新诺明（SMZ+TMP）。预防：按 0.02% 加入饲料中，连用 7 天，停药 3 天，再用 7 天，为一个疗程，可根据居停情况进行 1 ~ 2 个疗程；治疗：按 0.04% 加入饲料中，连用 7 天，停药 3 天，再用 7 天，能降低病兔死亡率
磺胺氯吡嗪（SCP·ESb₃）	磺胺类药	商品名又名三字球虫粉，是一种较好的抗球虫药。预防：按 0.02% 饮水或按 0.1% 拌料，从断奶到 2 月龄，有预防感染球虫的效果；治疗：按 50 毫克 / 千克体重的剂量混入饲料中给药，连用 10 天，必要时停药 1 周后再用 10 天。该药宜早用
氯苯胍		又名盐酸氯苯胍或双氯苯胍。属于高效低毒抗球虫药。白色结晶性粉末，有氯化物的特殊臭味，遇光后颜色变深。饲料中按 0.015% 添加，从开食连续到断奶后 45 天，可预防球虫；紧急治疗时剂量为 0.03%，用药 1 周后改为预防剂量。氯苯胍还有促进家兔生长和提高饲料利用率的功效。氯苯胍有异味并可在兔肉中体现，所以屠宰前 1 周停药。长期使用易产生抗药性
莫能霉素		也称莫能菌素。按 0.002% 混料拌匀或制成颗粒饲料，饲喂断奶至 60 日龄幼兔，有较好的预防作用。球虫感染严重的地区，按 0.004% 混入料中饲喂，可以预防和治疗兔球虫病

（续表）

名称	类别	特性、使用方法和剂量及注意事项
马杜拉霉素	聚醚类离子载体抗生素	又名加福、抗球王、杜球。预防剂量和中毒剂量十分接近，临床上随意加大剂量或搅拌不均匀，均可引起中毒、死亡。大型饲料企业有用，养殖企业尽量避免使用
乐百克	复合药物	由"氯羟吡啶 0.02%+苄氧喹甲酯 0.00167%"配合组成。预防剂量：0.02%；治疗剂量 0.1%
百球清	甲基三嗪酮	对家兔所有球虫有效。作用于球虫生活史所有细胞内发育阶段的虫体，可作为治疗家兔球虫病的特效药物。使用方法：每天饮水药物浓度为 0.0025%，连用 2 天，间隔 5 天再用 2 天，即可完全控制球虫病，卵囊排出为 0，对增重无任何影响。预防剂量：0.0015% 饮水，连喂 21 天。饮水硬度极高和 pH 低于 8.5 的地区使用时，在饮水中加入小苏打，将 pH 值调整到 8.5～11 的范围内。否则会影响效果
扑球	氯嗪苯乙氰	商品又名伏球、杀球灵、地克珠利、威特神球等。按 0.0001% 的浓度加入饲料或饮水中连续用药，对预防家兔肝球虫、场球虫均有极好的效果，对氯苯胍产生抗药性的虫株仍然对本药敏感，是连续用药的最佳选择，是预防兔球虫病的首选药物。另外，氯嗪苯乙氰是一种非常稳定的化合物，即使在 60℃ 的过氧化氢中 8 小时亦无分解现象，置于 100℃ 的沸水中 5 天，其有效成分也不会崩解流失。因此，实际生产中可以混入饲料中制作颗粒，对药效无任何影响
球痢灵	二硝甲苯酰胺	为广谱抗球虫药，对球虫的裂殖体有强烈的抑制作用，不影响家兔对球虫的自身免疫力，是良好的预防球虫病的药物，疗效也较高。按 50 毫克/千克体重内服，每天 2 次，连用 5 天，可有效防止球虫病暴发
常山酮	商品名速丹	是广谱、高效、低毒的抗球虫药，是从中草药"常山"中提取出的生物碱，家兔饲料中按 0.0003% 加入，可杀死全部球虫卵囊。若用常山酮、聚苯乙烯、磺酸钙，则浓度为 0.004%～0.005%，对预防家兔球虫病有良效

　　磺胺类药物的共同特点：对已发生的球虫感染治疗效果优于其他类药物，临床上主要作为治疗用药。该类药物中两种合用，尤其是磺胺药和二氨嘧啶类药物合用，能对球虫产生协同作用。磺胺类药物易产生耐药性，不能长期使用，与其他抗球虫药交替使用，效果好。

　　还有一些中草药和其他合剂，也具有抗球虫作用。比如：

　　海带粉：海带中含有碘，对球虫具有较强的杀灭和抑制功能。先用水浸泡 5～6 小时去腥味，晒干后上锅焙炒，磨成粉剂，饲料中添加 2%，可有效预防球虫。

马蔺叶：每只每日添喂100克马蔺叶，可有效治疗兔球虫病，家兔因球虫病导致的死亡率由71.8%降低到2%。

硫磺粉：有报道，饲料中按1.5%～2.0%添加硫磺粉，可预防兔球虫病，而且有显著的促生长作用。

球虫九味丸：白僵蚕32克、生大黄16克、核桃泥16克、土鳖虫16克、生白术10克、桂枝10克、白茯苓10克、泽泻10克、猪苓10克，混合研末内服，每日2次，每次3克，病初服用效果显著。

四黄散：黄连6克、黄柏6克、大黄5克、黄芩15克、甘草8克，混合研末内服，每日2次，每次2克，连服5天，可防兔球虫病和巴氏杆菌病。

常胡散：按常山40%、柴胡40%、甘草20%的比例，混合研末，每只兔每日喂5克，连喂5天，可防治兔球虫病。

碘合剂：碘1份、碘化钾3份和蒸馏水30份混合后，按1∶8比例与牛奶混合，给病兔饮水，有良好的效果，15～20天后球虫卵囊消失。

鱼石脂合剂：鱼石脂2.5份、碳酸氢钠4份、茴香油10份和水2500份，配成原液，每次取药液300～400毫升，注入饮水中，服用3天。

克辽林合剂：克辽林25份、碳酸氢钠4份、糖浆400份和水2000份，配成原液，每天取原液25毫升，加入饮水中喂给。

呋喃西林合剂：呋喃西林1份、土霉素1份、克辽林10份、常水500份，配成原液，用时将原液稀释3倍，每日2次，每次2～5毫升，饮用或灌服，现用现配，以保证药效。

3. 饲料品质改良剂

这类饲料添加剂是为了改善饲料气味、口味、色泽、形状等，增强畜禽食欲，促进消化吸收，提高饲料利用率和生产水平。这类添加剂主要有着色剂、调味剂、粘结剂、稳定剂、乳化剂、胶化剂、防结块剂等（图6-18）。家兔饲料中使用的主要有调味剂、黏合剂。

（1）饲料调味剂：又称饲料诱食剂。是指用于改善饲料适口性，增进动物食欲的饲料添加剂，是根据不同动物在不同生理阶段的生理特性和采食习惯，为改善饲料诱食性、适口性，全面提高饲料品质的一种添加剂。是食欲增进剂、调味剂、风味剂的总称。常用的饲料调味剂有饲用香味剂、饲用调味剂

（甜味剂、鲜味剂、酸味剂、辣味剂、咸味剂等）。目前，家兔饲料中饲料诱食剂使用还不是很多。有报道，家兔饲粮中添加0.2%～0.5%的谷氨酸钠（属鲜味剂），2%～5%糖蜜（甜味剂）或0.05%的糖精（甜味剂），有增进食欲提高增重的效果；也有报道，生长兔饲料中添加0.5%甘草（可视为甜味剂）、1%的芫荽（视为香味剂），具有良好的诱食效果，其中添加芫荽的生长兔增重速度提高了13%。

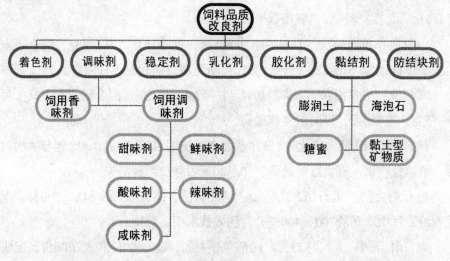

图6-18　饲料品质改良剂的分类

（2）饲料黏合剂：饲料黏合剂亦称颗粒饲料制粒添加剂，主要用于颗粒饲料的制作。家兔属于草食性家畜，饲料中粗纤维成分比较高，加工颗粒料时不易成型，需添加黏合剂。

加工颗粒料添加黏合剂，一方面有助于颗粒的成型，提高生产能力，延长压膜寿命，减少运输过程中的粉碎现象；另一方面，有的黏合剂对配合饲料中某些活性成分有很好的稳定作用，减少活性微量组分在加工和贮存过程中的损失；第三，可提高食物在消化道的滞留性，使养分在消化道内充分吸收，而提高饲料利用率。

膨润土是目前颗粒饲料生产中使用最多的天然粘结剂。膨润土是以蒙脱石为主要成分的灰白色或淡黄色黏土，是带有静电层状结晶构造的铝硅酸盐，具有较强的离子交换和交换选择性、吸水膨胀和吸附分离性、分散性和粘结性等多种特性。膨润土还含有几十种矿物元素，主要有铝、硅、镁、钙、磷、钾、钠、铬、锰、铁、铜、锶、钒、钼、钴、镍等，所以也是家兔一种良好的天然矿物饲料。

膨润土的用量一般不超过2%，细度要求90%～95%通过200目筛。

天然矿物质饲料中的海泡石等黏土性矿物和糖蜜（制糖的副产品）都有一定黏度，也可作为家兔颗粒饲料黏合剂。

4. 饲料保存保护剂

饲料保存保护剂的作用是防止或减少饲料在贮藏过程中营养成分损失、品质降低及变质，比如防止被氧化或腐败、霉烂等。此外，用于提高饲料利用率的粗饲料调制剂也属此类。饲料保存保护剂包括有：抗氧化剂、防霉防腐剂、青贮添加剂和粗饲料调制剂（图6-19）。

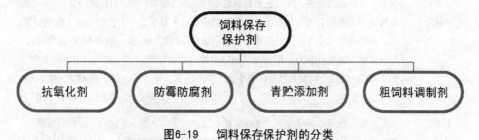

图6-19　饲料保存保护剂的分类

（1）饲料抗氧化剂：氧化是饲料品质劣变的重要原因。饲料、饲料原料、饲料添加剂中易被氧化的物质，在贮存、运输过程中，遇到适宜的光照、温度、湿度以及酸碱环境，都会产生氧化或分解腐败等。如鱼粉中的油脂、添加到饲粮中的油脂、饲料中本身含有的或外加的脂溶性维生素和维生素C、饲料中的过氧化物、不饱和脂肪酸等，都会遇到空气中的氧而发生自动氧化，特别是在高温高湿环境下，饲料中的铁、铜、锌、锰等离子化合物也会产生氧化反应。饲料中的氨基酸及肽类，由于本身抗氧化性极弱，也易被氧化变性。饲料氧化的结果使得营养组织氧化分解，脂肪、蛋白质、碳水化合物、维生素等腐败变质后，产生酮和醛等，使饲料营养价值和质量降低。动物采食后味觉降低，发生拒食或恶心，甚至中毒死亡。在饲料中添加少量的抗氧化剂，可以有效地避免上述不利因素，延长饲料保存期，提高饲料利用率。目前饲料生产中常用的几种人工合成饲料抗氧化剂及其用量如表6-58所示。

表6-58　几种常用的人工合成饲料抗氧化剂特性及用量

名称	特性及作用描述	添加限量与使用说明
乙氧基喹啉（EMQ）	又名抗氧喹，简称乙氧喹。黄色或黄褐色黏稠液体，易溶于丙酮、异丙酮、乙醚、三氯甲烷、石油醚及正己烷。不溶于水，溶于动物油易氧化，遇空气或光颜色逐渐变深，呈暗褐色，黏度增加，有特殊的臭味。是目前世界上使用最普遍而且效果较为理想的饲用人工合成抗氧化剂，是国内外公认的首选饲料抗氧化剂，尤其对脂溶性维生素的保护是其他氧化剂无法比拟的。其抗氧化能力比丁羟甲氧苯高，而且有较强的防霉作用。主要用作饲用油脂、苜蓿粉、鱼粉、动物副产品、维生素或配合饲料、预混料的抗氧化剂	家兔饲料中添加限量为饲料的0.015%以下。由于EMQ的黏滞性高，使用时将其以蛭石、氢化黑云母粉等作为吸附剂制成含量为10%～70%的乙氧喹干粉剂，这样可均匀拌料，且使用方便
丁羟甲氧苯（BHA）	又名丁基羟基茴香醚。为白色或微黄色蜡样结晶性粉末，带有特异的酚类的臭气及刺激性气味。不溶于水，可溶于乙醇、丙酮及丙二酸等中，对热稳定。作用除具有抗氧化作用外，还有较强的抗菌力。用0.025%BHA可抑制黄曲霉素。0.02%BHA可完全抑制食品及饲料中生长的如毒霉、黑曲霉等的孢子生长	饲料常用量为16～120毫克/千克；限制剂量为饲料中所含油酸的0.02%以下。与丁羟甲苯、柠檬酸、维生素C等合用有相乘作用
二丁基羟基甲苯（BHT）	为无色或白色结晶块或粉末，无味或稍有气味，无臭。遇光颜色变黄、变深。溶于苯、醇、酮、四氯化碳、乙酸乙脂和汽油，不溶于水、甘油及稀烧碱溶液。是一种应用较广的油溶性酚型抗氧化剂。主要用于动物饲料中，对饲料中的脂肪、叶绿素、维生素、胡萝卜素、脂肪和蛋白质的氧化具有保护作用	饲料中所含油脂的0.02%以下；与BHA合用有相乘作用，二者总量不超过0.02%

（2）饲料防霉防腐剂：高温、高湿的季节和潮湿地区，微生物繁殖迅速，易引起饲料发霉变质。霉变饲料喂兔，不仅会影响饲料的适口性，降低采食量，降低饲料的营养价值，而且霉变产生的毒素会引起家兔腹泻，生长停滞，甚至死亡。因此，应向饲料中添加防霉防腐剂。

饲料防霉防腐剂是指一类能杀灭或抑制霉菌生长繁殖，防止饲料发霉变质的化学物质。目前，生产中常用的防霉防腐剂及其添加剂量和使用方法如表6-59所示。

表6-59　主要防霉防腐剂及其添加剂量和使用方法

类型名称	特性与作用描述	添加剂量与使用说明
丙酸及其盐类	包括丙酸、丙酸铵、丙酸钠和丙酸钙4种。对霉菌有较显著的抑菌效果，抑菌效果依次为：丙酸>丙酸铵>丙酸钠>丙酸钙。丙酸是目前最常见、用量最大的防霉剂，具有抗真菌、霉菌作用，毒性小，抑菌性广，能抑制多种微生物繁殖；丙酸盐类对霉菌、好氧芽孢杆菌及革兰氏阴性菌等均有抑制作用，还可以抑制黄曲霉毒素的产生，而对酵母菌无害。丙酸主要用于青贮饲料的防腐，而丙酸盐主要用于配合饲料的防腐	添加量：配合饲料中丙酸添加剂量应根据饲料中水分含量来决定，安全水分含量越低，添加剂量越少，其范围在0.25%~0.45%之间，一般添加剂量为0.05%~0.15%，最多不超过0.3%；丙酸钠0.15%~0.3%；丙酸钙0.2%~0.3%；丙酸铵是一种液体盐，具有氨的气味，用于反刍动物可提高非蛋白质的利用率
富马酸及其脂类	富马酸又名延胡索酸，为无色结晶体或粉末，水果酸香味，溶解度低，略溶于水及有机溶剂，对葡萄球菌、链球菌、大肠杆菌等有杀灭作用；富马酸二甲酯（DMF），为白色结晶体或粉末，略有辛辣味，微溶于水，溶于乙醚、乙酸乙酯、氯仿、丙酮，对30多种霉菌、酵母菌、细菌和产毒菌有特殊的抑菌效果，尤其对黄曲霉菌的抑菌效果较为明显；富马酸单甲酯（MMF），为白色粉末结晶，难溶于水，易溶于乙醚，不仅具有DMF的优点，而且抑菌作用最强，刺激性比DMF小得多，对黄曲霉菌有强烈的抑制作用，很有希望成为食品和饲料中最佳的防霉剂	富马酸在饲料中添加0.2%就有明显效果，一般剂量为0.05%~0.08%；DMF添加剂量在饲料水分小于14%时0.025%~0.05%，大于15%时0.05%~0.08%；MMF最低抑菌浓度在0.01%~0.08%
苯甲酸和苯甲酸钠	苯甲酸又名安息香酸，为无色无定型粉末，质轻，微带安息香或苯甲酸气味，稳定但有吸湿性，易溶于乙醇，微溶于水；苯甲酸钠，白色颗粒或结晶性粉末，在空气中稳定，易溶于水。pH低的环境下苯甲酸对广泛范围的微生物有效，当pH>5.5时，对许多霉菌和酵母菌没有什么效果。苯甲酸及其盐类是世界上应用最为广泛的防腐剂，但具有一定毒性，有逐渐被淘汰的趋势，美国已经禁止在产品中添加	饲料中苯甲酸和苯甲酸钠添加量不能超过0.1%。对动物肝、肾不利
山梨酸	又名花椒酸，为无色针状结晶或白色结晶性粉末，无臭或略带有特殊气味，长期放置空气中易氧化着色。耐光，耐热性好，难溶于水，易溶于乙醚、乙醇、花生油。属于防腐剂	饲料中使用量一般为0.15%

5. 中药添加剂

中草药的成分和作用比较复杂，特异性差，绝大多数中草药兼有营养性和非营养性两方面的作用，很难加以区分，所以中草药添加剂也就很难区分营养性和非营养性。中草药添加剂被真正深入研究推广是在20世纪80年代，目前已有近300种中草药作为饲料添加剂。这里按所用中草药种类的多少分为单方和复方来汇总一些家兔用中草药添加剂及其使用效果。

（1）单方中草药添加剂

① 大蒜：每只兔日喂2～3瓣大蒜，可防治兔球虫、蛲虫、感冒及腹泻。饲料中添加10%的大蒜粉，不仅可提高日增重，还可以预防多种疾病。

② 黄芪粉：每只兔日喂1～2克黄芪粉，可提高日增重，增强抗病力。

③ 陈皮：肉兔饲料中添加5%的橘皮粉可提高日增重，改善饲料利用率。

④ 石膏粉：每只兔日添喂0.5%石膏粉，产毛量提高19.5%，也可治疗兔食毛症。

⑤ 蚯蚓：含有多种氨基酸，饲喂家兔有增重、提高产毛、提高母兔泌乳等作用。

⑥ 青蒿：青蒿1千克，切碎，清水浸泡24小时，置蒸馏锅中蒸馏取液1升，再将蒸馏液重新蒸馏取液250毫升，按1%比例拌料喂服，连服5天，可治疗兔球虫病。

⑦ 松针粉：每天给兔添加20～50克，可使肉兔体重增加12%，毛兔产毛量提高16.5%，产仔率提高10.9%，仔兔成活率提高7%，獭兔毛皮品质提高。

⑧ 艾叶粉：用艾叶粉取代基础日粮中1.5%的小麦麸，日增重提高18%。

⑨ 党参：美国学者报道，党参的提取物可促进兔的生长，使体重增加23%。

⑩ 沙棘果渣：据报道，饲料中添加10%～60%的沙棘果渣喂兔，能使适繁母兔怀胎率提高8%～11.3%，产仔率提高10%～15.1%，畸形、死胎减少13.6%～17.4%，仔兔成活率提高19.8%～24.5%，仔兔初生重提高4.7%～5.6%，幼兔日增重提高11%～19.2%，青年母兔日增重提高20.5%～34.8%，还能提高母兔泌乳量，降低发病率，使兔的毛色发亮。

（2）复方中草药添加剂

① 催长散：山楂、神曲、厚朴、肉苁蓉、槟榔、苍术各100克，麦芽200

克，淫羊藿80克，川芎60克，陈皮、甘草各20克，蚯蚓、蔗糖各1000克，混合粉碎后，每只兔每隔3天添加0.6克，新西兰白、加利福尼亚、青紫蓝兔增重率分别提高30.7%、12.3%和36.2%。

②催肥散：麦芽50份，鸡内金20份，赤小豆20份，芒硝10份，共研细末，每只兔日喂5克，添加2.5个月，比对照组多增重500克。

③增重散：方1：黄芪60%，五味子20%，甘草20%，混合粉碎后，每只兔日喂5克，肉兔日增重提高31.41%；方2：苍术、陈皮、白头翁、马齿苋各30克，元芪、大青叶、车前草各20克，五味子、甘草各10克，共研细末，每日每只兔3克，提高增重率19%；方3：山楂、麦芽各20克，鸡内金、陈皮、苍术、石膏、板蓝根各10克，大蒜、生姜各5克，以1%添加，日增重提高17.4%。

④催情散：方1：党参、黄芪、白术各30克，肉苁蓉、阳起石、巴戟天、狗脊各40克，当归、淫羊藿、甘草各20克，混合粉碎后，每日每只兔4克，连喂1周，对无发情表现母兔，催情率58%，受胎率显著提高，对性欲低下的公兔，催情率达75%；方2：淫羊藿19.5%，当归12.5%，香附15%，益母草34%，每日每只兔10克，连喂7天，有较好的催情效果。

六、青绿多汁饲料及其营养、利用特点

一般是指天然水分含量高于60%的一类饲料，凡是家兔可食的绿色植物都包含在此类饲料中。这类饲料来源广、种类多，主要包括牧草类、青刈作物类、蔬菜类、树叶类、块根块茎类等（图6-20）。

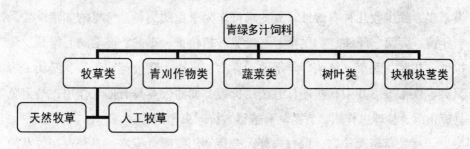

图6-20 青绿多汁饲料分类

（一）青绿多汁饲料的营养特点

1. 水分含量很高

一般水分含量为70%～95%，柔软多汁，适口性好，消化率高，具有轻泻作用，而能值低。

2. 蛋白质含量高而且品质好

一般含粗蛋白质0.8%～6.7%，按干物质计为10%～25%。含有多种必需氨基酸，如苜蓿所含的10种必需氨基酸比谷物类饲料多，其中赖氨酸含量比玉米高出1倍以上，粗蛋白质的消化率达70%以上，而小麦秸仅为8%。

3. 维生素含量丰富而且种类多

这是青绿多汁饲料最突出的特点，也是其他饲料无法比拟的，如与玉米籽实相比，每千克青草胡萝卜素高50～80倍，维生素B_2高3倍，泛酸高近1倍。另外，还含有烟酸、维生素C、维生素E及维生素K等，不含维生素D。

4. 矿物质含量丰富

青绿多汁饲料中，矿物质含量丰富，尤其是钙、磷含量多而且比例合适。豆科牧草的含钙量高于其他科植物。

5. 所含碳水化合物中以无氮浸出物为主

所含碳水化合物中以无氮浸出物为主，粗纤维含量少，因而消化率高。

青绿多汁饲料的饲用特点是：具有很好的适口性和润便作用，与干、粗饲料适当搭配有利于粪便排泄。

（二）常用青绿多汁饲料的营养及利用

1. 天然牧草

天然牧草是指草地、山沟及平原田间地头自然生长的野生杂草类，其种类繁多，除少数几种有毒外，其他均可作为家兔的饲料。常见的如猪殃殃、一年蓬、荠菜、泽漆、狗尾草、马齿苋、胡枝子、车前、婆婆纳、霞草、涩拉秧、艾蒿、蕨菜、苋菜、早禾熟、青蒿、马唐、蒲公英、苦菜、鳢肠、野苋菜、萹蓄等。其中有些还具有药用价值，如蒲公英具有催乳作用，马齿苋具有止泻、抗球虫作用，青蒿具有抗毒、抗球虫作用等。

天然牧草资源丰富，取材方便，合理利用能降低成本，是获得高效益的有效途径之一。

2. 人工牧草

人工牧草是指人工栽培的牧草。其特点是经过人工选育，产量高，营养价值高，质量好。常见人工牧草的种类、特性及利用如表6-60和表6-61所示。

表6-60 几种主要人工牧草的特性与利用

名称	特性描述	饲用价值及利用
紫花苜蓿	属于多年生豆科牧草，利用期6~7年誉为"牧草之王"，我国西北、华北、东北地区及江淮流域等均可栽培。每公顷（15亩）播种15~22.5千克，年可收鲜草3~4次，每公顷产鲜草量3.0万~9.0万千克。目前比较多的优良品种有金皇后、皇冠、牧歌、WL323等	苜蓿营养价值高（表6-57），富含粗蛋白质、维生素和矿物质，并含有未知因子，适口性好，是家兔的优质饲草。苜蓿鲜喂时要限量或与其他种类的牧草（如菊苣）混合饲喂；晒制干草宜在10%的植株开花时收割，此时单位面积营养物质量最高，留茬5厘米。4~5千克鲜草晒制1千克干草
普那菊苣	育成于新西兰，由山西省农业科学院畜牧兽医研究所于1988年引入我国。属菊科多年生草本植物，利用期为3~5年，适合温暖湿润气候地区水浇地栽培，每公顷播种量6.5~11.5千克，年可收割3~4次，每公顷产鲜草10.5万~16.5万千克。可利用期长（太原地区11月份各种牧草已经枯萎，普那菊苣仍为绿色）	普那菊苣营养价值高（表6-57），富含粗蛋白质、维生素和矿物质，适口性好。是家兔的优质饲草。普那菊苣以产鲜草为主，收籽后秸秆也可利用。莲座叶丛期即可刈割，生长第1年收割2次，从第2年开始每年可刈割3次以上，留茬高度15~20厘米。晒制干草宜在抽苔时为好。每6000~6500千克鲜草可晒制1000千克干草
鲁梅克斯	乌克兰以巴天酸模为母本，天山酸模为父本，远缘杂交选育而成的饲用作物新品种。1995年引入我国并已在新疆、山西、江西、河南等地推广。属蓼科多年生草本植物，不耐阴、抗寒、抗盐碱，对水肥转化利用率高，水肥充足能够表现高产的特点。每公顷播种量为4.5~7.5千克。科学栽培条件下可获10~15年高产期，每公顷年产鲜草量15.0万~22.5万千克	鲁梅克斯营养丰富（表6-57），胡萝卜素、维生素C含量较高。但由于含单宁，适口性较苜蓿差。刈割以现蕾期为宜，留茬高度为5厘米，每隔30~40天刈割一次。每9000~11000千克鲜草可折合1000千克干草
苦荬菜	由野生驯化选育而来，现已成为种植最广泛的饲料作物之一，在我国广泛种植。属1年生菊科草本植物。耐寒、抗热，但不耐涝，对土壤要求不严格。每公顷用种量22.5~30.0千克。每公顷产青草7.5万~10.5万千克	营养丰富（表6-57），柔嫩多汁，味稍苦，性甘凉，适口性好，是家兔优质青绿饲料。幼苗长至40厘米时留15~20厘米茬高青刈，之后每隔30~40天刈割一次，年可刈割3~5次，末一次齐地割完。也可有10~12片叶时剥叶（至少留8片叶），每7~10天剥1次，直到开花
象草	属多年生禾本科牧草，已遍及我国华南、西南等地区，成为主要的栽培牧草。喜湿热，耐高温，也耐短期轻霜，耐旱、喜肥。日均气温达13~14℃时即可种茎繁殖，株距50~60厘米，行距50~70厘米。每公顷产鲜草7.5万~22.5万千克。可利用5~6年	营养价值较高（表6-57），柔软多汁，适口性好，利用率高。粗蛋白含量高于其他热带禾本科牧草，据报道，当量替代苜蓿喂兔，日增重、饲料利用率无差异。一般是在植株长至100~120厘米即可收割，留茬高度为10厘米，1年可刈割6~8次。既可鲜喂，也可晒制干草
冬黑麦	"冬牧70"黑麦，是由美国引入的一年生禾本科黑麦属草本植物，是冬季早春缺草时家兔青饲料的重要来源。每公顷播种量1.125~1.575千克，每公顷产鲜草7.5万~10.5万千克，产籽粒3000~4500千克	青刈黑麦以孕穗初期最好，也可当苗长到60厘米时刈割，留茬5厘米，第二茬一个月后不再生长。若收干草，以抽穗初期为宜，每公顷可晒制干草6000~7500千克

表6-61　几种主要人工栽培牧草主要营养成分含量

种类	状态	干物质 (%)	粗蛋白质 (%)	粗脂肪 (%)	粗纤维 (%)	无氮浸出物 (%)	粗灰分 (%)	钙 (%)	磷 (%)
苜蓿	鲜草	26.57	4.42	0.54	8.70	10.00	2.91	1.57	0.18
	干草粉	89.10	11.49	1.40	39.86	34.51	4.84	1.56	0.15
普那菊苣	第1年莲花叶丛	85.85	22.87	4.46	12.90	30.34	15.28	1.50	0.42
	第2年初花	86.56	14.73	2.10	36.80	24.92	8.01	1.18	0.24
	第3年莲花叶丛	84.60	18.71	2.71	19.43	31.14	13.15	—	—
普鲁克斯	现蕾期干物质	—	28.72	4.54	12.27	36.31	18.16		
苦荬菜	茎叶干物质	88.70	19.70	6.70	9.60	44.10	8.60		
象草	茎叶干物质	—	10.60	2.00	33.10	44.70	9.60		
冬黑麦	拔节期	96.14	15.08	4.43	16.97	59.38	4.14		
	孕穗始期	96.13	17.65	3.91	20.29	48.01	10.14		
	孕穗期	96.75	17.16	3.62	20.67	49.19	9.36		
	孕穗后期	94.66	15.97	3.93	23.41	47.00	9.69		
	抽穗始期	96.11	12.95	3.29	31.36	44.94	7.46		

除表中所列几种外，人工栽培牧草还有三叶草、百脉根、蕹菜（猪耳朵菜）、聚合草、千穗谷、霞草、串叶松香草等。各种牧草都有其不同的栽培特性、饲用特点和利用特点，可根据当地气候、土壤、水利等条件加以选择。

3. 青刈作物

青刈作物是把农作物（如玉米、麦类、豆类等）进行密植，在籽实成熟前收割，作为家兔的青饲料。目前，也有专供青刈的作物品种（牧草作物）。青刈玉米营养丰富，茎叶多汁，有甜味，一般在拔节2个月左右收割；青刈大麦可作为早春缺草时良好的青绿饲料。

4. 蔬菜类

冬春缺青季节，一些叶类蔬菜可作为家兔青绿饲料补充青绿饲料的不足。如白菜、油菜、蕹菜、甘蓝（圆白菜、卷心菜、苗子白）、牛皮菜、菠菜等。蔬菜水分含量高，具有清火通便的作用，富含维生素。蔬菜的价格一般都是比较高的，在过量种植、难销或滞销的时候，价格会比较低，可以考虑作为家兔饲料。用蔬菜喂兔应注意事项：

（1）防中毒：蔬菜保存时易腐败变质。堆积发热后，其中所含硝酸盐被氧化还原成亚硝酸盐，腐败变质的蔬菜饲喂家兔，易造成中毒。所以，绝对不可将因长时间放置而已经腐败变质人不能食用的蔬菜喂兔。

（2）粪便形状变化：饲喂甘蓝时，粪便呈两头尖形状，并有相互粘连现象。

（3）抗营养因子：有些蔬菜（如菠菜等）含草酸盐较多，会影响钙的吸收，利用时应限量饲喂。

（4）饲喂量：饲喂蔬菜时应先阴干后饲喂，每只兔每日饲喂150克为宜。

5. 树叶类

在各种树叶中，除少数不能饲用外，大部分都可以饲喂家兔。在林区、山区及农村树木多的地方，利用树叶喂兔是扩大家兔青饲料来源的有效办法。树叶既可晒干粉碎后利用，又可鲜喂。有些树叶是优质青绿饲料，不少树叶的营养价值甚至高于豆科牧草。其中，豆科树叶是优质蛋白质饲料原料，松针叶粉是良好的家兔饲料添加剂。

（1）豆科树叶：主要有刺槐叶和紫穗槐叶，其最大特点是蛋白含量高，是一类优质的家兔蛋白质饲料原料。

① 刺槐叶。刺槐又名洋槐，为豆科刺槐属落叶乔木。其叶、花、果实和种子都是家兔的好饲料。刺槐既可鲜喂，也可晒干粉碎利用。刺槐叶粉是高能量、高蛋白饲料原料，并且粗纤维含量少（表6-62）。含有多种氨基酸，维生素和矿物质含量也丰富。人工收获，在用材林可结合修剪和抚育间伐时割下带叶枝条，饲用林在越冬芽成熟而叶仍为绿色时齐地割下。刺槐叶粉使用量可占到家兔饲料30%～40%。

② 紫穗槐叶。为豆科紫穗槐属灌木。紫穗槐叶粉营养价值高（表6-62），在家兔饲料中可取代部分植物性蛋白饲料原料和部分微生物原料。但紫穗槐有一种不良的气味，兔不喜欢吃，因此使用时需要添加一定剂量的调味剂，树叶粉的添加比例应由少到多逐步增加，以便使兔有一个较长时间的适应过程。紫穗槐叶粉的使用量可占家兔饲料的10%左右。

表6-62 槐叶粉主要营养成分含量

种类	状态	总能值（兆焦/千克）	粗蛋白质（%）	粗脂肪（%）	粗纤维（%）	钙（%）	磷（%）	蛋氨酸（%）	赖氨酸（%）	胡萝卜素（毫克/千克）
刺槐叶	生长期	18.00	20.00	—	16.50	—	—	0.04~0.08	1.29~1.48	180
	落叶期	10.00	11.49	—	18.00	—	—	—	—	—
紫穗槐叶	落叶期	19.20	23.10	31.00	18.10	1.93	0.34	—	—	270

（2）松针叶粉：是利用松属的松树针叶加工而成的。主要树种有赤松、油松、红马尾松、云南松、华山松、黄山松、红松、马尾松、高山松、樟子松等。松针叶粉营养物质比较全面（表6-63），除粗蛋白质和粗纤维以外，还含有大量的活性物质，如维生素C、胡萝卜素、叶绿素、杀菌素等。由于维生素含量高而被称为针叶维生素，是一种良好的家兔饲料添加剂。松针叶粉有松脂气味，并含有挥发性物质，在家兔饲料中添加量不宜过高，一般为10%~15%。

表6-63 松针叶粉主要营养成分含量

营养成分	赤松、黑松混合针叶粉	马尾松针叶粉
水分（%）	7.80	8.00
粗蛋白质（%）	8.96	7.80
粗脂肪（%）	11.10	7.12
粗纤维（%）	27.12	26.84
粗灰分（%）	3.43	3.00
钙（%）	0.54	0.39
磷（%）	0.08	0.05
胡萝卜素（毫克/千克）	121.80	291.80
维生素C（毫克/千克）	522.00	735.00
硒（毫克/千克）	3.60	2.80

（3）其他树叶类：其他树叶如柳树叶、榆树叶、杨树叶、桑树叶、香椿树叶、紫荆叶、沙棘叶、枸树叶、苹果树叶等，都具有较高的饲用价值（表6-64）。其中果树叶营养丰富，粗蛋白质含量为10%左右，在家兔饲料中可

添加15%左右，值得注意的是果树叶中农药的残留。

表6-64　部分树叶主要营养成分及含量　　　　（单位：%）

树叶名称	干物质	粗蛋白质	粗脂肪	粗纤维	无氮浸出物	粗灰分	钙	磷
柳树叶	89.50	15.40	2.80	15.40	47.80	8.10	1.94	0.21
榆树叶	89.40	17.90	2.70	13.10	41.70	14.00	2.01	0.17
枸树叶	89.40	24.60	4.40	10.60	35.90	13.90	2.98	0.20
榛子树叶	91.90	13.90	5.30	13.30	54.80	4.60	—	—
紫荆叶	92.10	15.40	5.50	26.00	37.90	6.40	2.43	0.10
香椿树叶	93.10	15.90	8.10	15.50	46.30	7.30	—	—
白杨树叶	91.20	16.00	4.77	17.40	47.70	5.33	1.21	0.22
家杨树叶	91.50	25.10	2.90	19.30	33.00	11.20	3.36	0.40
响杨树叶	91.10	18.40	5.50	18.50	39.20	12.40	—	0.31
柞树叶	88.00	10.30	5.90	16.40	49.30	6.20	0.88	0.18
柠条叶	95.50	26.70	5.20	24.30	32.80	6.50	—	—
黑子桑叶	94.00	22.30	7.00	12.30	38.60	13.80	—	—
沙棘叶	94.80	28.40	8.00	12.60	40.00	8.50	—	—
五倍子叶	90.80	16.60	5.10	12.20	49.20	7.70	1.91	0.13
苹果树叶	95.20	9.80	7.00	8.60	59.80	10.00	2.09	0.13

6. 块根块茎类饲料

块根块茎类属于多汁类饲料，包括块根、块茎及瓜类，常用的有胡萝卜、萝卜、甘薯、马铃薯、木薯、菊芋、南瓜、西葫芦等。

这类饲料的营养特点是水分含量高（75%~90%），干物质含量低，消化能低，属于大容量饲料。粗蛋白质、粗纤维、矿物质元素（如钙、磷）和B族维生素含量少。但大多含有丰富的胡萝卜素。饲用特点是具有较好的适口性，还具有轻泄和促乳作用，是冬季和初春季节青绿饲料缺乏时必备的。这类饲料中，以胡萝卜质量最好，含有一定量的蔗糖和果糖，具有味甜、适口性好的特点；蛋白质含量高，达1.27%；含有丰富的胡萝卜素，胡萝卜素的含量为2.11~2.72毫克/千克。长期饲喂胡萝卜对提高兔群繁殖力有良好效果。

7. 不适合作家兔饲料的作物

海韭菜、欧洲蕨、褐色草、七叶树、牛蒡、蓖麻籽、楝树、野莴苣、一枝黄花、毒芹、夏至草、普陀罗、石茅高粱、飞燕草、月桂树、羽扇豆、牧豆树、马利筋、莴苣、夹竹桃、罂粟、草木樨和麻油菊等。

8. 利用多汁类饲料应该注意的事项

（1）控制喂量：多汁类饲料水分含量高，多具寒性，尤其是一般要在冬季和初春多使用，因此注意控制饲喂量。饲喂过量，会引起肠道过敏（尤其是仔兔和幼兔），导致便稀甚至腹泻。一般视体重、温度、阶段、饲料结构等不同而控制在50～300克/只/日为宜。

（2）注意卫生：使用块根块茎类饲料喂兔时，一定注意卫生干净，应洗净晾干后再喂，最好切（或擦）成丝，倒入料盒中饲喂。

（3）长久贮藏容易变质：块根块茎类饲料贮藏过久或贮藏不当时，极易发芽、发霉、染病、受冻等而变质，饲喂时必须注意。对于已经不正常的，必须处理后再喂兔。对于发霉腐烂的胡萝卜、染有黑斑病的甘薯，应切掉发霉变质部分后清洗晾干后再喂兔；多发芽的马铃薯，要剥掉青芽，刮掉青皮，挖掉芽眼，最好煮熟后再喂。

第四节　家兔配合饲料生产技术

一、我国家兔饲料生产现状及发展趋势

（一）家兔饲料生产现状及存在的问题

1. 粗饲料资源丰富，利用难度大

家兔属于单胃草食家畜，饲草和秸秆等粗饲料是其必备的饲料原料。

（1）粗饲料资源丰富：我国幅员辽阔，作物秸秆和饲草资源极其丰富。据资料介绍，我国可供饲用的作物秸秆及秧、蔓年总产量为6亿吨左右，而且我国拥有0.134亿公顷的人工种植牧草草场和4.02亿公顷的天然牧草草场，饲草产量不可估量。

（2）家兔粗饲料利用难度大：在我国家兔饲料生产中，粗饲料是难以解决的最大难题。粗饲料已成为我国家兔养殖业规模化发展的最大限制性因素。

① 优质牧草价格高、供应紧张。近年来，为保护和恢复生态环境，"退耕还林"、"退耕还草"越来越引起政府及社会的重视，但由于长期以来开采和破坏，加之农业种植业中的种草习惯早已不复存在，因此优良牧草的产量很难满足草食畜牧业饲草需要。例如苜蓿干草主要用于大中城市郊区奶牛养殖，

其价格在1000元/吨，这种价格的饲草作为家兔饲料成本就会难以接受。

② 粗饲料难以收集。我国粗饲料种类繁多，各种作物的秸秆及秧、蔓等都可以作为家兔粗饲料原料，但这些粗饲料原料的收集困难，难以满足集约化家兔养殖的需要。

③ 粗饲料贮存难度大。粗饲料体积大、比重轻，而且种类杂乱，贮藏难度大。

④ 存在安全隐患。与常规精料原料相比较，粗饲料在生产、收集及贮存过程中，没有规范和标准化操作要求，参差不齐，尤其是存在有大量的发霉变质现象，便限制了其饲用安全。

2. 家兔饲料工业起步晚、发展快、问题多

改革开放以来，随着畜牧业的快速发展，我国的饲料工业迅速崛起，饲料业发展非常迅速，猪、鸡等常规饲料的生产和商品化已经十分成熟。与猪、鸡饲料生产不同，家兔饲料生产企业起步较晚，截至目前为止，中大型饲料企业都以猪、鸡饲料生产为主，几乎没有家兔饲料。家兔饲料生产企业大多规模都较小，但数量多、分布广，大多并非专业兔饲料生产企业，只是兼做兔饲料，产品规格不高，市场竞争无序，大打价格仗，质量难以保障。

3. 无统一的营养标准，饲料质量参差不齐

我国曾于20世纪80年代末制定了家兔营养标准，但20多年没进行过修订和完善，已不能满足当今家兔生产需要。由于没有一个统一的的饲养标准，生产中多参考美国、法国和德国的标准。实际上，这些国外标准都是依照本国养兔生产特点、饲料原料资源特点等制定的，更适合本国的实际，与我国的家兔生产需求存在着较大的脱节现象，使得饲料生产企业及家兔养殖企业在饲料营养标准制定时无所适从，只能摸着石头过河，估摸着来。因此，不同企业的饲料产品差异很大，质量和饲喂效果参差不齐。

4. 存在一定安全隐患

家兔消化系统疾病是养兔生产面临的重要难题之一，而养殖企业和饲料生产企业多考虑通过饲料中添加药物来加以预防，必将给"健康养殖、绿色兔肉"生产带来隐患。

（二）家兔饲料生产的发展

1. 多途径开发粗饲料资源

粗饲料是影响家兔饲料生产的最大限制性因素。因此，通过多种途径开发粗饲料资源，解决粗饲料供给，满足快速发展的家兔养殖生产需要是十分重要的。专家指出，粗饲料资源开发可以通过4个途径：

（1）种：通过引导、激励、扶持等措施，扩大种植优质牧草和饲料林木。

（2）采：大量采集作物秸秆、秧、藤蔓、荚壳、树叶等。

（3）加：通过物理、化学、生物及复合等处理方法对粗饲料进行加工处理，提高低质粗饲料的饲用价值，提高利用率。

（4）开：开发新的粗饲料资源，尤其是工业加工副产品，这些副产品具有数量大、质量优、均匀度好、营养价值高等优点。如：酿酒、酿醋副产品，制糖企业、植物色素企业、果品加工企业副产品等。

2. 加强家兔饲料营养基础研究为行业提供技术支撑

我国家兔营养和饲料方面的研究远远落后于猪和家禽，也低于奶牛、肉牛和羊，随着家兔业的快速发展，有关家兔饲料营养方面的基础研究必将为从事家兔研究的科技工作者所重视，特别是从事家兔营养和饲料研究的科技人员，将会通过不同途径申请科研立项，深入研究适合我国条件的家兔营养需要，开发饲料资源和设计饲料配方，为我国养兔业及家兔饲料生产提供有效的技术支撑。

3. 粗饲料开发与生产或将成为新型产业

目前，国内很少有人从事粗饲料开发，专门的饲草生产企业更是寥寥无几，而且我国人工种植牧草数量有限，大多还是自然干燥，遇有不良天气损失很大；作物秸秆也缺乏深度开发。随着草食畜牧业的快速发展，粗饲料开发潜力巨大，粗饲料开发与生产必将逐步形成一个新型产业。

二、家兔配合饲料配方设计及生产技术

随着规模化养兔生产的发展，配合饲料的使用越来越普遍。所谓配合饲料，是指根据家兔的营养需要，选择适宜的饲料原料，设计合理的饲料配方，配制加工成满足家兔需要的混合饲料。

家兔配合饲料生产主要包括饲料配方设计和配制加工2个步骤。

（一）配方设计

1. 配方设计原理

配方设计就是根据家兔营养需要特点，饲料营养成分及特性，选择适当的饲料原料，并确定适宜的比例和数量，为家兔提供营养全面且平衡、价格低廉的配合饲料，在保证家兔健康的前提下，使家兔充分发挥其生产性能，获得最大的养殖经济效益。

设计饲料配方时，首先要掌握家兔的营养需要和采食量（饲养标准）、饲料原料的营养成分及营养价值、饲料的非营养特性（适口性、毒性、抗营养性，制粒特性、来源渠道、市场价格）等，同时还应通过养兔生产实践的检验。

2. 配合饲料配方设计的基本要求

设计配方不仅要满足动物的营养需要和采食特点，而且要适应本地区饲料原料资源情况，成本最优、效益最好。好的饲料配方应符合以下要求：

（1）营养丰富而且平衡：好的饲料配方，其中的营养成分及含量要能充分满足家兔生产、生长需要；并且各营养元素间搭配比例要合理，营养平衡，以免造成某种营养的浪费。

（2）便于采食且易于消化：设计配方时选用的原料及配制好的饲料，应符合饲喂对象的采食和消化生理特点，适口性好，喜食，而且消化率要高。

（3）充分利用本地饲料资源：根据当地饲料资源情况设计配方，充分利用本地饲料原料资源，降低运输费用，降低饲料成本。

3. 配合饲料配方设计的必需资料

进行饲料配方设计时，必须首先具有以下几方面的资料，才能进行数学计算。

（1）使用对象及营养需要量和饲养标准：由于不同类型和不同生理阶段的家兔，对营养物质的需要量不同，所以，在设计饲料配方时，首先要考虑配方的使用对象，如家兔类型（肉用型、毛用型、皮毛用型或兼用型）、生理阶段（仔兔、幼兔、青年兔、公兔、妊娠兔和哺乳兔）等。

饲养标准是进行饲料配方设计的依据。目前，养兔发达国家（法国、德国、美国等）都已根据自己国家的养殖品种和饲养条件等制定了相应的饲养标准。我国有关兔的饲养标准尚处于摸索阶段，没有统一的饲养标准。家兔养殖企业可根据兔场的实际情况，尤其是家兔的品种和生产水平，选择国内或国外相关配方作为参考。有关家兔的营养需要及饲养标准请参阅本章第二节相关内容。

（2）饲料原料种类、营养成分和价格

① 原料种类和来源。进行配方设计时，要了解所能用原料的数量、种类和来源。一般情况下，宜选择利用本地饲料原料资源，一方面因减少交通运输和采购费用等而使原料价格便宜，另一方面因本地原料生长环境、加工方式相对稳定而其质量也会相对稳定，从而保证所配制饲料质量也能相对稳定。

② 原料的营养成分和营养价值表。饲料原料成分和价值表是通过对各种原料进行化学分析，再经过计算、统计，并经过动物饲喂试验，在消化代谢试验的基础上进行营养评价后形成的结果。客观地反映各种饲料原料的营养成分和营养价值，对合理利用饲料资源、提高生产效率、降低生产成本具有重要作用。饲料配方设计就是根据饲养标准所规定的养分需要量，选择饲料原料，再应用饲料原料营养成分和营养价值表，经科学计算获得符合需要的饲料配方。原料的营养成分受品种、气候、贮藏等因素影响，计算时最好以实测营养成分为好，不能实测时可参考国内外有关饲料原料营养成分表（可参阅本章第三节中有关内容）。

③ 生产加工及贮存过程饲料营养成分的变化。原料通过生产加工成配合饲料的过程中，营养成分受到一定的影响，尤其是一些微量成分。如在粉碎、制粒等加工过程对维生素生物学效价、氨基酸利用率均有影响；饲料在贮藏过程中，维生素成分也会受到很大损失。所以，设计配方时，应适当提高添加量。实际生产中设计配方时，一般将原料中所含维生素和微量元素作为保险量，而根据家兔的需要量足量加入相应的添加剂。青绿饲料充足时，其中的含量应适当予以考虑。

④饲料的品质和适口性。配制饲料时，不仅要满足家兔的营养需要，还应考虑品质和适口性。饲粮的适口性直接影响家兔的采食量，适口性好的饲粮，家兔喜欢吃，可提高饲养效果。实践证明，家兔喜食植物性饲料，喜食有甜味和脂肪含量适当的的饲料，不喜食鱼粉、肉骨粉、血粉等动物性饲料。

兔对霉菌毒素极为敏感，配制饲料时必须注重饲料原料品质，严格控制不使用发霉、变质原料配制饲粮，以免引起家兔中毒。

⑤ 原料价格。设计饲料配方时，必须考虑原料价格。同一地区不同来源的原料，价格差异也会比较大。所以在选择原料时，必须进行质量价格比的比较，在满足营养需求，符合使用条件、范围的基础上，选用质优、价廉、本地化、来源广的原料，这样才能配制出最优质量和价格比的配方，获得最佳效益。

（3）日粮类型、预期采食量、预期生长速度和生产性能

① 日粮类型。进行饲料配方设计前，应了解所设计的配方是哪一种饲料，是配合饲料（粉状配合料还是颗粒配合料）、精补料、精补浓缩料，还是预混料，只有在了解这些日粮类型的基础上，才能进行饲料原料和饲养标准的选择。

② 预期采食量。进行饲料配方设计前，应考虑家兔的采食量，因为家兔每天的营养需要量只能由饲料来供给，而家兔的消化道容积是有限的，所以饲料必须保证一定的营养浓度。营养浓度过低，即使家兔采食大量的饲料仍不能满足营养需要；如果营养浓度过高，又会造成家兔采食量过低而造成消化道过空，使兔产生食欲、食入过多而造成饲料浪费。

③ 预期生长和生产效果。进行饲料配方设计时，还应考虑饲喂对象生长速度和生产性能，因为家兔对饲料的需求除满足维持需要外，还应保证一定的生长速度和生产水平（繁殖、泌乳、产毛等），所以配制饲料时要考虑饲料的消化利用率、家兔的正常采食量和正常生长速度、生产性能，以便配制出合理的饲料。

（4）掌握普通原料的大致比例：不同原料在饲粮中的比例，不仅取决于原料本身的营养成分和含量、营养特性及非营养特性，而且取决于各种原料的配伍情况。根据家兔养殖生产实践，常用原料的大致比例如表6-65所示。

表6-65　家兔饲粮中一般原料用量的大致比例及注意事项

原料类型	常用种类	大致比例	注意事项
粗饲料	干草、秸秆、树叶、糟粕、藤蔓类等	20%~50%	多种搭配使用
能量饲料	玉米、大麦、小麦等谷物籽实及小麦麸等糠麸类	25%~35%	玉米比例不宜过高
植物性蛋白质饲料	豆粕、葵花粕、花生粕等	5%~20%	花生饼没霉变
动物性蛋白质饲料	鱼粉、肉骨粉、血粉、羽毛粉等	0%~5%	不是使用劣质及变质原料
钙、磷饲料	骨粉、磷酸氢钙、石粉、贝壳粉	1%~3%	骨粉没变质
添加剂	微量元素、维生素、药物添加剂等	0.5%~1.5%	严禁使用国家明令禁止的违禁药物
限制性饲料	棉籽饼、菜籽饼等有毒有害饼粕	<5%	种兔饲粮尽量不用棉籽粕

4. 配合饲料配方设计原则

（1）选择与饲养对象相适应的饲养标准：经济合理的饲料配方必须依据饲养标准规定的营养物质需要量进行设计，在选用与饲养对象相适应的饲养标准的基础上，根据实际生产中家兔的生长和生产性能情况进行适当调整，一般是按家兔的膘情、季节等条件变化对饲养标准进行上下10%的调整，家兔配合饲料配方设计还需要掌握以下原则：

① 能量是饲料的基本指标。所有家兔饲养标准中，能量都是第一项指标，只有在满足了能量需要的基础上才能进一步考虑粗蛋白质、粗纤维、矿物质等其他营养指标，微量元素和维生素的不足通过使用添加剂来补充。否则，如果能量不能满足时，需要对配方的多种原料进行调整。

② 营养物质之间的比例要合乎标准要求。如果营养物质之间的比例不合适，会造成营养不平衡而导致营养不良。

③ 控制饲料中粗纤维含量。家兔是单胃草食家畜，配制家兔配合饲料时，必须保证一定的粗纤维含量。不同品种、不同生理阶段的粗纤维含量必须满足需要。

（2）选用适宜的饲料原料：适宜饲料原料应考虑以下几个方面：

① 营养成分和营养价值。适合家兔需要。

② 品质。新鲜、无霉变、质地良好；有毒、有害成分不超标；含有毒有害物质及抗营养因子的原料要限量。

③ 来源。尽量本地化，来源稳定，质量稳定。

④ 饲料体积。适合家兔的消化道容积，保证一定容积。低密度原料（干草、糠麸等）占配合饲料的30%～50%。

⑤ 饲料的适口性。适口性直接影响家兔的采食量，所以要选择适口性好、无异味的原料。

（3）注意成本控制：饲料成本占养殖成本的70%以上，控制饲料成本是提高家兔养殖效益的关键。饲料成本控制从以下方面着手：

① 尽量利用当地原料资源。充分利用本地饲料原料资源，降低运输费用，降低饲料成本。

② 注意多种原料的搭配。各种原料营养特点不同，进行合理搭配，不仅可以降低成本，而且营养互补，可以使配制的饲料营养平衡，利用率高。

5. 配合饲料配方设计方法

饲料配方设计方法很多，它是随着人们对饲料、营养知识的深入，对新技术的掌握而逐渐发展的。最初采用的方法有简单、易理解的对角线法、试差法，后来发展为联立方程法、比较法等。近年来随着计算机技术的发展，人们开发了功能越来越完全、使用越来越简单、速度越来越快的计算机专用配方软件，使得配方越来越合理。所以，目前的饲料配方设计可以通过计算机计算来实现，也可以通过手工计算实现。

（1）计算机法：饲料配方设计计算机法，是通过在计算机上运行饲料配方软件来实现配方设计。其原理是根据线性规划，在规定多种条件的基础上，筛选出最低成本的饲粮配方，它可以同时考虑几十种营养指标。特点是：运算速度快，精确度高。目前市场上有许多畜禽饲料配方软件供选择，用于饲料生产。各软件都有自己的特点和使用方法，在此不再——叙述。

（2）手工计算法：饲料配方的手工计算法有对角线法、试差法、联立方程式法，其中试差法目前采用最为普遍。

① 试差法介绍。试差法又称凑数法，是目前大、中型养兔场普遍采用的方法之一。其具体方法是：

首先，根据经验拟定一个大致的饲料配方，初步确定各种原料的大致比例；然后，用各自的比例乘以该原料的各种营养成分的含量；再将各种原料的同种营养成分之积相加，即得到该配方每种营养成分的总量。将所得结果与饲养标准进行对照，若有任一营养成分超出或不足，可通过减少或增加相应的原料比例进行调整和重新计算，直到所有营养成分基本满足要求为止（图6-21）。

查标准列需要 → 查原料成分表 → 拟制配方计算比较 → 找不足调配方 → 定配方列成分

图6-21　试差法计算饲料配方操作流程

试差法考虑的营养指标有限，计算量大，盲目性大，不易筛选出最佳配方，不能完全兼顾成本。但由于简单易学，因此应用广泛。

②举例说明。用玉米、麸皮、豆粕、鱼粉、玉米秸秆、豆秸、贝壳粉、磷酸氢钙、食盐、微量元素和维生素复合预混料，设计12周龄后肉用生长兔的配合饲料配方。

第一步：查标准列出营养需要量

根据我国各类家兔建议营养供给量，12周龄以后生长兔营养建议供给量如表6-66所示。

表6-66　生长兔12周龄后营养供给建议量

消化能 （兆焦/千克）	粗蛋白质 (%)	粗纤维 (%)	钙 (%)	磷 (%)	赖氨酸 (%)	蛋+胱氨酸 (%)
10.45～11.29	16.0	10～14	0.50～0.70	0.30～0.50	0.70～0.90	0.60～0.70

第二步：查营养成分表

查中国饲料营养成分表中所用原料的营养成分如表6-67所示。

表6-67　原料营养价值表

原料	消化能 （兆焦/千克）	粗蛋白质 (%)	粗纤维 (%)	钙 (%)	磷 (%)
玉米秸秆	8.16	6.5	18.9	0.39	0.23
豆秸	8.28	4.6	40.1	0.74	0.12
玉米	15.44	8.6	2.0	0.07	0.24
麸皮	11.92	15.6	9.2	0.14	0.96
豆粕	14.37	43.5	4.5	0.28	0.57
鱼粉	15.79	58.5	—	3.91	2.90
贝壳粉	—	—	—	33.1	—
磷酸氢钙	—	—	—	22.5	17.0

第三步：拟制配方并计算对比

一般食盐、矿物质饲料、复合预混料大致比例为4%左右，其余大宗原料为96%，拟制的初始配方如表6-68所示。

表6-68 拟制的初始配方及与标准的比较

原料	配方比例	消化能 （兆焦/千克）	粗蛋白质 （%）	粗纤维 （%）
玉米秸秆	25	2.04	1.62	4.73
豆秸	15	1.24	0.69	6.02
玉米	15	2.32	1.29	0.30
麸皮	30	3.58	4.68	2.76
豆粕	10	1.44	4.36	0.45
鱼粉	1	0.16	0.59	—
合计	96	10.78	13.23	14.26
标准要求		10.45～11.29	16.00	10～14
比较结果			—2.77	

由表6-68可以看出，拟制的初始配方的营养成分中粗纤维和代谢能已基本满足，但粗蛋白质不足，比标准要求低2.77%。钙、磷最后再考虑。

第四步：调整配方

用一定量的豆粕代替麸皮，所代替的比例为2.77÷（0.435-0.156）≈10（%），调整后的配方如表6-69所示。

第五步：配方再调整

同标准要求比较（表6-69），消化能、粗蛋白质和粗纤维都已基本满足，钙相差0.36%，磷相差0.15%，首先用磷酸氢钙调整磷0.15÷0.17≈0.9（%）后配方中钙含量增加了0.9%×22.5%≈0.2%，这样钙含量就相差了0.36%-0.2%=0.16%，应该用贝壳粉来补充，添加0.5%的贝壳粉便可满足要求；食盐添加0.5%；此外，还需要考虑必需氨基酸，经计算配方赖氨酸和含硫氨基酸含量分别达到了0.70%和0.51%，赖氨酸和蛋氨酸分别添加0.2%便可满足需要。

表6-69　调整后的饲料配方

原料	配方比例	消化能 (兆焦/千克)	粗蛋白质 (%)	粗纤维 (%)	钙 (%)	磷 (%)
玉米秸秆	25	2.04	1.62	4.73	0.10	0.06
豆秸	15	1.24	0.69	6.02	0.11	0.02
玉米	15	2.32	1.29	0.30	0.01	0.04
麸皮	20	2.38	3.12	1.84	0.03	0.19
豆粕	20	2.87	8.70	0.90	0.06	0.11
鱼粉	1	0.16	0.59	—	0.04	0.03
合计	96	11.01	16.01	13.79	0.35	0.45
标准要求		10.45～11.29	16.00	10～14	0.70～0.90	0.60～0.70
比较结果					-0.35	-0.15

第六步：列出饲料配方和营养成分含量

经过1次或数次调整后的饲料配方作为最后应用配方确定下来，加工饲料时使用（见表6-70）。

表6-70　确认后的家兔饲料配方

原料	配方比例（%）	营养成分	含量
玉米秸秆	25.0	消化能（兆焦/千克）	11.01
豆秸	15.0	粗蛋白质（%）	16.01
玉米	15.0	粗纤维（%）	13.79
麸皮	20.0	钙（%）	0.72
豆粕	20.0	磷（%）	0.60
鱼粉	1.0	赖氨酸（%）	0.86
磷酸氢钙	0.9	蛋+胱氨酸（%）	0.71
贝壳粉	0.5		
赖氨酸	0.2		
蛋氨酸	0.2		
食盐	0.5		
复合预混料	1.7		
合计	100.0		

至此，配方设计完成。根据上述配方设计计算实例总结如下几点经验：

第一，初拟配方时，先确定食盐、矿物质、预混料等原料大致比例。

第二，调整配方时首先以消化能、粗蛋白和粗纤维等常规成分为目标，再考虑矿物质元素。

第三，矿物质不足调整时，先用含磷高的矿物质原料（磷酸氢钙、骨粉等）满足磷的需要，再计算配方的钙含量，不足部分用不含磷的矿物质原料（石粉、贝壳粉等）补足。

第四，氨基酸不足部分用人工合成氨基酸补充，但必须考虑产品含量和效价。

第五，设计配方时不必过于拘泥于饲养标准，饲养标准只是一个参考值，而且原料成分也不一定是实测值。用手工计算出与饲养标准完全吻合的配方是不现实的，利用计算机软件方能更加精确。

第六，配方的营养浓度应略高于饲养标准，实际计算时一般要确定一个最高的超出范围（如1%或2%）

第七，添加抗球虫药必须注意轮换，以免产生抗药性；尽量避免使用马杜拉霉素等易中毒的药物；严禁使用国家明令禁止使用的添加剂。

（二）参考饲料配方

饲料配方设计要科学、合理，更重要是要实用。不仅要满足不同品种、不同用途、不同生理阶段家兔营养需求，更重要的是要根据养兔场自身环境条件、生产水平，利用当地饲料原料资源特点来设计或选择适宜的配方。在此，收集了部分家兔饲料配方供读者参考与借鉴。需要提醒的是，这些饲料配方的应用效果虽然都经过了实践验证，但也不能生搬硬套，只可作为参考，予以借鉴。

1. 山西省农业科学院畜牧兽医研究所实验兔场饲料配方（表6-71）

表6-71　山西省农业科学院畜牧兽医研究所实验兔场饲料配方　　（单位：%）

| 原料种类 | 开口料 | 生长兔 | | 空怀母兔 | 哺乳母兔 | 公兔 |
		肉兔	獭/毛兔			
草粉	19.0	34.0	34.0	40.0	37.0	40.0
玉米	29.0	24.0	24.0	21.5	23.0	21.0
小麦麸	30.0	24.5	23.3	22.0	22.0	22.0
豆饼	14.0	12.0	12.0	10.5	12.3	10.5
葵花籽饼	5.0	4.0	4.0	4.5	4.0	4.5
鱼粉	1.0	—	1.0	—	—	1.5
蛋氨酸	0.1	—	0.1	—	—	—
赖氨酸	0.1	—	0.1	—	—	—

（续表）

原料种类	开口料	生长兔		空怀母兔	哺乳母兔	公兔
		肉兔	獭/毛兔			
磷酸氢钙	0.7	0.6	0.6	0.6	0.7	0.6
贝壳粉	0.7	0.6	0.6	0.6	0.7	0.6
食盐	0.4	0.3	0.3	0.3	0.3	0.3
兔宝系列添加剂	0.5	0.5	0.5	0.5	0.5	0.5
添加剂编号	Ⅰ号	Ⅰ号	Ⅲ或Ⅳ号	Ⅱ号	Ⅱ号	Ⅱ号
维生素	适量	适量	适量	适量	适量	适量

注：（1）配方中兔宝系列添加剂是山西省农业科学院畜牧兽医研究所实验兔场研制的保健添加剂，能有效预防兔球虫病、兔腹泻及呼吸道病；

（2）生长兔配方营养水平：粗蛋白质17%，粗脂肪1.6%，粗纤维13%，粗灰分7.9%。属于中等营养水平。

（3）夏、秋季，在此日粮基础上每只兔日喂青苜蓿草或菊苣50～100克，冬季日喂50～100克；

（4）配方饲喂效果：肉兔生长兔断奶至体重达2200克，日增重30克，料肉比3：1；獭兔生长兔90～100日龄体重达2100克；繁殖母兔发情正常，受胎率高。

2. 云南省农科院畜牧兽医研究所兔场饲料配方（表6-72）

表6-72　云南省农业科学院畜牧兽医研究所兔场饲料配方

原料种类	仔兔料	毛、皮用成兔料	肉用成兔料
苕子青干草粉（%）	18.0	20.0	20.0
玉米（%）	40.0	36.0	40.0
小麦麸（%）	18.0	18.0	20.0
豆饼（%）	12.0	11.0	9.0
花生饼（%）	5.0	8.0	5.0
秘鲁鱼粉（%）	4.0	3.5	2.5
蛋氨酸（%）	0.15	0.15	—
赖氨酸（%）	0.1	0.1	—
骨粉（%）	2.0	2.0	2.0
矿物质添加剂（%）	1.0	1.0	1.0
食盐（%）	—	0.5	0.5
配方营养成分计算估测值			
消化能（兆焦/千克）	10.88	10.51	10.55
粗蛋白质（%）	18.91	18.90	17.02
粗脂肪（%）	3.56	3.50	3.50
粗纤维（%）	7.59	8.13	8.06
钙（%）	1.07	1.08	1.04

原料种类	仔兔料	毛、皮用成兔料	肉用成兔料
磷（%）	0.81	0.80	0.77
赖氨酸（%）	0.75	0.75	0.63
蛋+胱氨酸（%）	0.48	0.48	0.43

注：（1）日喂以上配合日粮2次的基础上，日喂青草2次，青草成兔日喂400克，仔兔日喂50克；

（2）母兔怀孕后期日补以上配合饲料1次；

（3）配方饲喂效果：毛兔、皮兔的生产和繁殖性能良好；肉兔保持中等体况，不肥胖，繁殖正常。

3. 中国农业科学院兰州畜牧研究所推荐的肉兔配方（表6-73）

表6-73　中国农业科学院兰州畜牧研究所推荐的肉兔配方

原料种类	生长兔			妊娠母兔	哺乳母兔		种公兔	
	配方1	配方2	配方3		配方1	配方2	配方1	配方2
苜蓿草粉（%）	36.0	35.3	35.0	35.0	30.5	29.5	49.0	40.0
玉米（%）	22.0	21.0	21.5	21.5	30.0	29.0	17.0	12.0
小麦麸（%）	11.2	6.7	7.0	7.0	3.0	4.0	15.0	15.0
大麦（%）	14.0	—			10.0			
燕麦（%）	—	20.0	22.1	22.1	—	14.7	—	14.0
豆饼（%）	11.5	12.0	9.8	9.8	17.5	14.8	15.0	15.0
鱼粉（%）	0.3	1.0	0.6	0.6	4.0	4.0	3.0	3.0
骨粉（%）	2.0	2.0	2.0	2.0	2.8	2.0	—	—
石粉（%）	2.8	1.8	1.8	1.8	2.0	1.8	0.8	0.8
食盐（%）	0.2	0.2	0.2	0.2	0.2	0.2	0.2	0.2
蛋氨酸（%）	0.14	0.11	0.14	0.12	—	—	—	—
多维素（%）	0.01	0.01	0.01	0.01	0.01	0.01	0.01	0.01
硫酸铜（毫克/千克）	50.0	50.0	50.0	50.0	50.0	50.0	50.0	50.0
氯苯胍	160片/50千克，妊娠母兔日粮中不加，公兔日粮中定期加入							
配方营养成分计算估测值								
消化能（兆焦/千克）	10.46	10.46	10.46	10.46	11.30		9.79	10.29
粗蛋白质（%）	15.0	16.0	15.0	15.0	18.0		18.0	18.0
粗纤维（%）	15.0	16.0	16.0	16.0	12.8	12.0	19.0	—

4. 四川省畜牧科学院等兔场饲料配方（表6-74）

表6-74　四川省畜牧科学院等兔场饲料配方

原料种类	配方1 生长育肥及妊娠	配方2 肉兔	配方3 生长兔	配方4 泌乳兔
优质青干草粉（%）	19.0（草粉）	16.0	—	—
光叶紫花苕（%）	12.0	—	—	—
玉米（%）	27.0	16.7	35.0	30.0
小麦（%）	—	18.0	—	—
小麦麸（%）	—	15.0	31.0	26.0
三七统糠（%）	—	15.0	5.0（粗糠）	10.0（粗糠）
豆饼（%）	9.0	8.0（黄豆）	5.0	10.0
花生饼（%）	10.0	—	—	—
蚕蛹粉（%）	4.0	5.0	3.0（鱼粉）	—
大麦（%）	15.0	—	10.0	10.0
菜籽饼（%）	2.0	5.28	7.0	10.0
骨粉（%）	0.5	—	—	—
石粉（%）	—	0.5	3.5（贝壳粉）	3.5（贝壳粉）
添加剂（%）	—	0.52	适量	适量
食盐（%）	0.5	0.5	0.5	0.5
配方营养成分计算估测值				
消化能（兆焦/千克）	11.72	—	11.52	11.08
粗蛋白质（%）	18.20	—	16.67	16.68
粗脂肪（%）	3.93	—	3.18	3.27
粗纤维（%）	12.20	—	7.53	9.39
钙（%）	0.70	—	1.44	1.46
磷（%）	0.48	—	0.63	0.63
赖氨酸（%）	0.78	—	0.90	0.78
蛋+胱氨酸（%）	0.68	—	—	—

注：（1）表中配方1为四川畜牧科学院兔场的饲料配方，适用于生长发育及妊娠母兔，其他生理阶段家兔在此基础上适当调整；生长期添加剂为自制；赖氨酸和含硫氨基酸未包括添加剂里的含量；配方不仅能促进生长，保证母兔繁殖正常，并有防腹泻作用。

（2）配方2为四川农业大学推荐的生长肉兔用饲料配方。

（3）配方3和4为陕西省农业科学院畜牧兽医研究所兔场的饲料配方，其中生长兔为断奶至3月龄阶段日喂量50～70克，青草或青干草自由采食，日增重20克左右；泌乳期日喂配合料75～150克，青草或青干草自由采食；缺青季节补添维生素。

5. 安徽省固镇种兔场饲料配方（表6-75）

表6-75 安徽省固镇种兔场饲料配方

原料种类	生长兔	空怀母兔	妊娠母兔	哺乳母兔	种公兔	产毛兔
草粉（%）	24.0	27.0	27.0	20.0	20.0	27.0
三七糠（%）	—	15.0	—	—	—	—
小麦麸（%）	30.0	35.0	30.0	30.0	40.0	30.0
玉米（%）	8.5	4.5	7.5	8.0	11.0	5.5
大麦（%）	15.0	10.0	15.0	15.0	15.0	15.0
豆饼（%）	10.0	8.0	11.0	13.0	10.0	10.0
菜籽饼（%）	8.0	—	7.0	8.0	—	8.0
鱼粉（%）	2.0	—	—	3.0	3.0	2.0
石粉（%）	1.5	—	1.5	2.0	—	1.5
食盐（%）	1.0	0.5	1.0	1.0	1.0	1.0
添加剂（%）	0.33	0.33	0.33	0.33	0.33	0.33
配方营养成分计算估测值						
消化能（兆焦/千克）	10.38	8.96	10.09	10.80	10.80	10.77
粗蛋白质（%）	16.11	12.35	15.01	17.82	15.50	16.04
粗脂肪（%）	3.52	3.15	3.52	3.68	2.17	3.45
粗纤维（%）	11.08	15.33	11.84	10.13	10.13	11.86
钙（%）	0.89	0.19	0.80	1.13	0.32	0.90
磷（%）	0.58	0.54	0.63	0.64	0.62	0.58
赖氨酸（%）	0.57	0.45	0.55	0.63	0.54	0.56
蛋+胱氨酸（%）	0.43	0.34	0.41	0.48	0.44	0.42

注：（1）日喂以上配合日粮基础上，夏秋季要不断青，如苜蓿、苕子、大麦苗、洋槐叶、花生秧、山芋藤等，冬春季节要饲喂多汁饲料，如胡萝卜等；

（2）表中添加剂组成为：硫酸铜15.54%，硫酸亚铁7.69%，硫酸锌6.81%，硫酸镁6.78%，氯化钴0.125%，亚硒酸钠0.01%，蛋氨酸10.61%，喹乙醇0.91%，克球粉1.52%。

6. 江苏省及山东省部分兔场饲料配方（表6-76）

表6-76 江苏省及山东省部分兔场饲料配方

原料种类	配方1	配方2	配方3	配方4	配方5
花生秧粉（%）	35.0	—	—	40.0	46.0
槐叶粉（%）	15.0	—	—	—	—
玉米（%）	10.0	10.0	6.0	20.0	18.5

（续表）

原料种类	配方1	配方2	配方3	配方4	配方5
大麦（%）	—	10.0	30.0	—	—
小麦麸（%）	24.0	50.0	40.0	16.0	15.0
稻谷（%）	—	12.0	—	—	—
豆粕（%）	8.0	15.0（豆饼）	20.0（豆饼）	21.0	18.0
酵母粉（%）	1.0	—	—	—	—
菜籽粕（%）	3.0	—	—	—	—
骨粉（%）	1.2	2.0（或石粉）	3.0（或石粉）	2.5	2.0
石粉（%）	1.5	—	—	—	—
食盐（%）	0.5	1.0	1.0	0.5	0.5
矿物质添加剂（%）	0.5	—	—	—	—
进口复合维生素（克/千克）	—	—	—	—	—
蛋氨酸（%）	0.3	—	—	0.3	0.15
配方营养成分计算估测值					
消化能（兆焦/千克）	9.46	11.51	11.72～12.55	9.84	9.50
粗蛋白质（%）	16.53	15.90	17.0～19.0	18.03	17.18
粗脂肪（%）	—	—	—	3.03	2.91
粗纤维（%）	12.54	—	—	13.21	14.39
钙（%）	2.32	—	—	1.82	1.81
磷（%）	0.60	—	—	0.64	0.55
赖氨酸（%）	0.55	—	—	0.93	0.85
蛋+胱氨酸（%）	0.65	—	—	0.89	0.70
苏氨酸（%）	0.47	—	—	—	—

注：（1）配方1为江苏省金陵种兔场饲料配方，适用于毛兔、肉兔的哺乳母兔、空怀母兔、种公兔、青年兔、后备兔及断奶仔兔；毛兔料中加入蛋氨酸，肉兔料不加；矿物质添加剂为自己生产；配方应用效果：新西兰肉兔91日龄体重达2.5千克，毛兔137日龄达2.5千克。

（2）配方2和配方3分别为江苏省农业科学院畜牧所实验兔场和江苏省农学院兔场种兔混合精料配方。

（3）配方4和5分别为山东省临沂市长毛兔研究所长毛兔仔、幼兔生长期和青年、成年种用期饲料配方；为防止腹泻可在上述配方基础上拌加大蒜和氟哌酸，连用5天停药（添加量按产品添加说明）。

7. 中国农业科学院兰州畜牧研究所安哥拉毛兔配合饲料配方（表6-77）

表6-77　中国农业科学院兰州畜牧研究所安哥拉毛兔配合饲料配方

原料种类	断奶生~3月龄生长兔			4~6月龄生长兔		产毛兔	
	配方1	配方2	配方3	配方1	配方2	配方1	配方2
苜蓿草粉（%）	30.0	33.0	35.0	40.0	33.0	45.0	39.0
玉米（%）	—	—	—	21.0	31.0	21.0	25.0
小麦麸（%）	32.0	37.0	32.0	24.0	19.0	19.0	21.0
大麦（%）	32.0	22.5	22.0	—	—	—	—
豆饼（%）	4.5	6.0	4.5	4.0	5.0	2.0	2.0
胡麻饼（%）	—	—	3.0	4.0	4.0	6.0	6.0
菜籽饼（%）	—	—	—	5.0	6.0	4.0	4.0
鱼粉（%）	—	—	2.0	—	—	1.0	1.0
骨粉（%）	1.0	1.0	1.0	1.5	1.5	1.5	1.5
食盐（%）	0.5	0.5	0.5	0.5	0.5	0.5	0.5
赖氨酸（%）	0.1	0.1					
蛋氨酸（%）	0.2	0.2	0.1	0.2	0.2	0.2	0.2
复合维生素（克/千克）	0.1	0.1	0.1	0.1	0.1	0.1	0.1
硫酸锌（毫克/千克）	50.0	50.0	50.0	70.0	70.0	40.0	40.0
硫酸锰（毫克/千克）	20.0	20.0	20.0	20.0	20.0	30.0	30.0
硫酸铜（毫克/千克）	150.0	150.0	150.0	—	—	70.0	70.0
配方营养成分计算估测值							
消化能（兆焦/千克）	10.67	10.34	10.09	10.46	10.84	9.71	10.00
粗蛋白质（%）	15.4	16.1	17.1	15.0	15.9	14.5	14.1
可消化粗蛋白质（%）	11.7	11.9	11.6	10.7	11.3	10.3	10.2
粗纤维（%）	13.7	15.6	16.0	16.0	13.9	17.0	15.7
赖氨酸（%）	0.60	0.75	0.70	0.65	0.65	0.65	0.65
含硫氨基酸（%）	0.70	0.75	0.70	0.75	0.75	0.75	0.75

注：苜蓿草粉的粗蛋白质含量约为12%，粗纤维含量约为35%。

8. 中国农业科院学兰州畜牧研究所安哥拉种兔配合饲料配方（表6-78）

表6-78　中国农业科学院兰州畜牧研究所安哥拉兔种兔配合饲料配方

原料种类	妊娠母兔			哺乳母兔		种公兔	
	配方1	配方2	配方3	配方1	配方2	配方1	配方2
苜蓿草粉（%）	37.0	40.0	42.0	31.0	32.0	43.0	50.0
玉米（%）	28.0	18.0	30.5	30.0	29.0	15.0	—
小麦麸（%）	18.0	8.0	12.5	15.0	20.0	17.0	16.0
大麦（%）	—	17.0	—	5.0	—	—	16.0
豆饼（%）	3.0	—	5.0	5.0	5.0	5.0	4.0
胡麻饼（%）	5.0	5.0	—	4.0	5.0	6.0	5.0
菜籽饼（%）	6.0	5.0	7.0	7.0	6.0	9.0	4.0
鱼粉（%）	1.0	5.0	1.0	1.0	1.0	3.0	3.0
骨粉（%）	1.5	1.5	1.5	1.5	1.5	1.5	1.5
食盐（%）	0.5	0.5	0.5	0.5	0.5	0.5	0.5
赖氨酸（%）				0.1	0.1		
蛋氨酸（%）	0.2	0.3	0.3	0.3	0.3	0.1	0.1
复合维生素（克/千克）	0.1	0.1	0.1	0.2	0.2	0.3	0.3
硫酸锌（毫克/千克）	100.0	100.0	100.0	100.0	100.0	300.0	300.0
硫酸锰（毫克/千克）	50.0	50.0	50.0	50.0	50.0	30.0	30.0
硫酸铜（毫克/千克）	50.0	50.0	50.0	50.0			
配方营养成分计算估测值							
消化能（兆焦/千克）	10.21	10.21	10.38	10.88	10.72	9.84	9.67
粗蛋白质（%）	16.70	15.40	16.10	16.50	17.30	17.80	16.80
可消化粗蛋白质（%）	13.60	11.10	11.70	12.00	12.20	13.20	12.20
粗纤维（%）	18.00	15.70	16.20	14.10	15.30	16.50	19.00
赖氨酸（%）	06.0	0.70	0.60	0.75	0.75	0.80	0.80
含硫氨基酸（%）	0.75	0.80	0.80	0.85	0.85	0.65	0.65

注：苜蓿草粉的粗蛋白质含量约为12%，粗纤维含量约为35%。

9. 江苏省农业科学院饲料食品研究所安哥拉兔常用配合饲料配方（表6-79）

表6-79　江苏省农业科学院饲料食品研究所安哥拉兔常用配合饲料配方

原料种类	妊娠母兔	哺乳母兔		产毛兔		种公兔	
		配方1	配方2	配方1	配方2	配方1	配方2
苜蓿草粉（%）	—	—	—	30.5	27.0	31.5	31.5
青干草粉（%）	11.0	18.0	15.0	—	—	—	—
大豆秸粉（%）	11.0	3.0	3.5	—	—	—	—
玉米（%）	25.5	23.0	26.0	14.0	19.0	16.0	20.0
小麦麸（%）	33.0	30.0	32.0	36.0	33.5	31.0	31.5

原料种类	妊娠母兔	哺乳母兔		产毛兔		种公兔	
		配方1	配方2	配方1	配方2	配方1	配方2
豆饼（%）	16.0	19.0	19.0	16.0	17.0	13.5	11.0
鱼粉（%）	—	2.0	—	—	—	4.0	2.0
骨粉（%）	—	2.7	2.2	—	—	0.7	0.7
石粉（%）	1.2	—	—	1.2	1.2	1.0	1.0
食盐（%）	0.3	0.3	0.3	0.3	0.3	0.3	0.3
预混料（%）	2.0	2.0	2.0	2.0	2.0	2.0	2.0
配方营养成分计算估测值							
消化能（兆焦/千克）	10.76	10.55	10.76	11.60	11.64	11.46	11.49
粗蛋白质（%）	16.09	18.37	17.32	17.77	17.84	17.85	15.70
可消化粗蛋白质（%）	10.98	12.95	10.97	11.87	12.09	12.90	11.10
粗纤维（%）	11.96	10.70	10.24	15.23	13.94	14.89	14.86
钙（%）	0.71	1.22	1.02	1.01	0.97	1.27	1.21
磷（%）	0.45	0.91	0.81	0.47	0.46	0.60	
赖氨酸（%）	1.08	1.24	1.14	0.74	0.76	1.13	
含硫氨基酸（%）	0.66	0.72	0.68	0.91	0.92	0.78	

注：预混料由该研究所自己研制。

10. 浙江省饲料公司安哥拉兔产毛兔配合饲料配方（表6-80）

表6-80　浙江省饲料公司安哥拉兔产毛兔配合饲料配方

原料种类	配方1	配方2	配方3
松针粉（%）	5.0	5.0	—
青草粉（%）	—	38.5	29.2
小麦（%）	—	—	10.0
玉米（%）	35.0	17.1	24.9
四号粉（%）	12.0	10.0	—
小麦麸（%）	7.0	8.1	10.0
豆饼（%）	14.0	10.9	15.5
菜籽饼（%）	8.0	8.0	8.0
清糠（%）	16.0	—	—
贝壳粉（%）	2.0	1.4	1.4
食盐（%）	0.5	0.5	0.5
预混料（%）	0.5	0.5	0.5
配方营养成分计算估测值			
消化能（兆焦/千克）	11.72	10.46	11.72
粗蛋白质（%）	16.24	16.23	18.02
粗脂肪（%）	3.98	3.70	3.82
粗纤维（%）	12.55	15.92	12.52
赖氨酸（%）	0.64	0.64	0.73
含硫氨基酸（%）	0.70	0.70	0.70

注：预混料是由该公司研制的产品。

11. 杭州养兔中心种兔场獭兔配合饲料配方（表6-81）

表6-81 杭州养兔中心种兔场獭兔配合饲料配方

原料种类	生长兔	妊娠母兔	哺乳母兔	产皮兔
青干草粉（%）	15.0	20.0	15.0	20.0
麦芽根（%）	32.0	26.0	30.0	20.0
统糠（%）	—	—	—	15.0
四号粉（%）	—	—	25.0	—
玉米（%）	6.0	—	—	8.0
大麦（%）	—	10.0	—	—
小麦麸（%）	30.0	30.0	10.0	25.0
豆饼（%）	15.0	12.0	18.0	10.0
石粉或贝壳粉（%）	1.5	1.5	1.5	1.5
食盐（%）	0.5	0.5	0.5	0.5
蛋氨酸（%）	0.2	0.2	0.2	0.2
抗球虫药	适量	—	—	—
配方营养成分计算估测值				
消化能（兆焦/千克）	9.88	9.92	10.38	9.38
粗蛋白质（%）	18.04	16.62	18.83	14.88
粗脂肪（%）	3.38	3.12	3.33	3.25
粗纤维（%）	12.23	12.75	10.47	15.88
钙（%）	0.64	0.74	0.63	0.80
磷（%）	0.59	0.60	0.45	0.56
赖氨酸（%）	0.76	0.69	0.81	0.57
含硫氨基酸（%）	0.76	0.72	0.76	0.64

12. 部分獭兔饲料配方（表6-82）

表6-82 部分獭兔精料补充饲料配方

原料种类	配方1	配方2	配方3	配方4
青干草粉（%）	—	5.0	—	—
稻草粉（%）	6.0	—	—	—
三七糠（%）	—	—	7.0	7.0
玉米（%）	20.0	35.0	25.3	19.3
大麦（%）	15.0	10.0	—	—
小麦（%）	—	—	21.0	29.0
小麦麸（%）	40.0	26.5	20.0	20.0
豆粕（%）	18.0	20.5（豆饼）	23.0	21.0
骨粉（%）	—	0.8	1.0	1.0
石粉（%）	—	1.7	1.8	1.8
食盐（%）	0.5	0.5	0.5	0.5
蛋氨酸（%）	0.3	—	0.3	0.3
赖氨酸（%）	0.2	—	0.1	0.1
喹乙醇（%）	0.02	—	—	—

原料种类	配方1	配方2	配方3	配方4
配方营养成分计算估测值				
消化能（兆焦/千克）	10.40	12.94	12.54	12.54
粗蛋白质（%）	16.00	18.44	19.03	18.46
粗脂肪（%）	2.50	—	—	—
粗纤维（%）	10.00	6.86	6.10	6.05
粗灰分（%）	12.00	—	—	—
钙（%）	0.50~1.00	1.01	1.08	1.08
磷（%）	0.25~1.00	0.70	0.61	0.61
赖氨酸（%）	0.55		0.90	0.86
含硫氨基酸（%）	—		0.82	0.81

注：（1）配方1系江苏太仓市养兔协会的獭兔精料补充饲料配方。

（2）配方2系南京农业大学推荐的獭兔精料补充饲料配方，其中要再加入适量的微量元素和维生素预混料；用此配方的基础上每天要另喂给一定量的青绿多汁饲料或与其相当的干草，每天每只兔青绿多汁饲料供给量为：12周龄前0.1~0.25千克，哺乳母兔1.0~1.5千克，其他兔0.5~1.0千克；每天每只兔精料补充料饲喂量根据体重及生产情况不同约为50~150克。

（3）配方3和配方4系金星良种獭兔场獭兔夏季用精料补充饲料配方。

13. 金星良种獭兔场部分獭兔精料补充饲料配方（表6-83）

表6-83　金星良种獭兔场部分獭兔配合饲料配方

原料种类	18~60日龄				冬季用配合饲料			
	配方1	配方2	配方3	配方4	配方1	配方2	配方3	配方4
稻草粉（%）	15.0	10.0	15.0	10.0	13.0	—	13.0	—
三七糠（%）	7.0	—	7.0	—	12.0	9.0	13.0	9.0
苜蓿草粉（%）	—	22.0	—	22.0	—	30.0	—	30.0
玉米（%）	5.9	6.0	5.9	6.0	8.0	8.0	9.0	8.0
小麦（%）	23.0	17.0	21.0	15.0	23.0	21.0	21.0	19.5
小麦麸（%）	27.0	29.4	27.0	29.4	23.0	19.5	21.0	19.5
豆粕（%）	19.0	13.0	21.0	15.0	18.0	10.0	20.0	11.5
骨粉（%）	0.8	0.8	0.8	0.8	0.8	0.8	0.8	0.8
石粉（%）	1.5	1.0	1.5	1.0	1.5	1.0	1.5	1.0
食盐（%）	0.5	0.5	0.5	0.5	0.5	0.5	0.5	0.5
蛋氨酸（%）	0.2	0.2	0.2	0.2	0.2	0.2	0.2	0.2
赖氨酸（%）	0.1	0.1	0.1	0.1	—	—	—	—
配方营养成分计算估测值								
消化能（兆焦/千克）	10.80	10.86	10.80	10.87	10.85	10.74	10.52	10.74
粗蛋白质（%）	17.38	17.41	17.95	17.98	16.68	16.69	17.07	17.11
粗纤维（%）	10.38	13.10	10.44	13.16	11.04	14.66	11.25	14.70
钙（%）	0.95	0.96	0.95	0.96	0.95	1.04	0.96	1.04
磷（%）	0.60	0.62	0.60	0.63	0.58	0.59	0.57	0.60
赖氨酸（%）	0.81	0.82	0.86	0.86	0.70	0.71	0.74	0.74
含硫氨基酸（%）	0.65	0.62	0.66	0.64	0.64	0.63	0.66	0.64

第六章　家兔营养需要与饲料生产技术

14. 中国农业技术协会兔业中心原种场饲料配方（表6-84）

表6-84　中国农业技术协会兔业中心原种场饲料配方

原料种类	獭兔	
	种兔	幼兔
稻壳（%）	18.0	16.0
花生秧（%）	15.0	13.0
玉米（%）	18.0	20.0
小麦麸（%）	25.0	25.0
豆粕（%）	18.0	20.0
鱼粉（%）	2.0	2.0
酵母粉（%）	2.0	2.0
骨粉（%）	2.0	2.0
食盐（%）	0.5	0.5
多维素（%）	0.1	0.1
蛋氨酸（%）	0.2	0.2
赖氨酸（%）	0.2	0.3
喹乙醇（%）	0.015	0.015
配方营养成分计算估测值		
消化能（兆焦/千克）	10.46	11.46
粗蛋白质（%）	17.74	18.60
粗纤维（%）	14.40	13.20
钙（%）	1.08	1.09
磷（%）	0.95	0.93
赖氨酸（%）	0.73	0.78
含硫氨基酸（%）	0.64	0.64

15. 法国部分家兔饲料配方（表6-85）

表6-85　法国部分家兔饲料配方

原料种类	种用兔		育肥兔		生长兔				皮、肉兔
	配方1	配方2	配方1	配方2	配方1	配方2	配方3	配方4	哺乳期
苜蓿草粉（%）	13.0	7.0	15.0	—	28.0	30.0	35.0	35.0	25.0
稻草粉（%）	12.0	14.0	5.0	—	—	—	—	—	—
麦秸（%）	—	—	—	—	10.0	6.0	—	—	—
谷糠（%）	12.0	10.0	12.0	—	—	—	—	—	10.0
脱水苜蓿（%）	—	—	—	15.0	—	—	—	—	—
干甜菜渣（%）	—	—	—	12.0	5.0	20.0	—	—	14.0
玉米（%）	—	—	—	10.0	—	—	—	—	—
小麦（%）	—	—	10.0	10.0	12.0	12.4	—	23.0	19.0
大麦（%）	30.0	35.0	30.0	25.0	13.0	—	25.0	—	—
小麦麸（%）	—	—	—	—	14.0	20.0	25.0	30.0	—
豆饼（%）	12.0	12.0	—	8.0	12.0	10.0	11.0	8.0	9.0
葵花籽饼（%）	12.0	13.0	14.0	10.0	—	—	—	—	13.0
废糖渣（%）	6.0	6.0	4.0	6.0	—	—	—	—	—
椰树芽饼（%）	—	—	6.0						

原料种类	种用兔		育肥兔		生长兔				皮、肉兔
	配方1	配方2	配方1	配方2	配方1	配方2	配方3	配方4	哺乳期
黏合剂（%）	—	—	1.0		—				—
糖蜜（%）	—	—	—	—	5.0	—	—	—	6.0
石粉（%）	—	—	—	—	—	—	—	—	1.0
多矿多维预混料（%）	3.0	3.0	3.0	4.0	—	1.6	4.0	4.0	3.0
蛋氨酸预混料（%）	—	—	—	—	1.0				
配方营养成分计算估测值									
消化能（兆焦/千克）					10.00	—	15.36	16.29	
粗蛋白质（%）	17.30	16.40	16.50	15.00	15.70	16.00	17.50	17.20	
粗脂肪（%）	—	—	—	—	1.80		3.40	3.50	
粗纤维（%）	12.80	13.80	14.00	14.00	—	—	13.90	13.30	
酸性洗涤纤维（%）					17.60	18.90			
中性洗涤纤维（%）					31.70	37.90			
酸性洗涤木质素（%）					—	3.40			
饲喂效果									

注：（1）生长兔配方1饲喂效果：断奶后35天，日增重46.2克，料肉比2.95：1。

（2）生长兔配方2饲喂效果：28～70日龄，日增重41.9克，料肉比2.84：1。

（3）生长兔配方3饲喂效果：28～84日龄，日增重30.5克，料肉比4.52：1。

（4）生长兔配方4饲喂效果：28～84日龄，日增重28.8克，料肉比3.91：1。

16. 西班牙部分家兔饲料配方（表6-86）

表6-86　西班牙部分家兔饲料配方

原料种类	早期断奶仔兔料	繁殖母兔		生长兔	
		配方1	配方2	配方1	配方2
苜蓿草粉（%）	23.90	48.00	92.00	14.00	
葵花籽壳（%）	5.00	—	—	14.00	
豆荚（%）	7.70	—	—		32.50
甜菜渣（%）	5.55	—	—		
麦秸（%）	—	—	—	12.00	
动物脂肪（%）	—	2.0	5.00		
猪油（%）	2.50	—	—	0.91	0.91
大麦（%）	0.47	35.00	—	13.0	13.00
小麦（%）	16.40	—	—		
小麦面筋蛋白（%）	10.00				
小麦麸（%）	20.00	—	—	19.40	19.40

（续表）

原料种类	早期断奶仔兔料	繁殖母兔		生长兔	
		配方1	配方2	配方1	配方2
海泡石（%）	2.80	—			
豆饼（%）	—	12.00	—	11.70	11.70
葵花籽饼（%）	—			10.00	10.00
葡萄籽饼（%）	—				7.50
玉米蛋白（%）	—			2.00	2.00
动物血浆蛋白（%）	4.00	—	—		
糖蜜（%）	—			1.50	1.50
磷酸氢钙（%）	0.42	2.30	—		
石粉（%）	0.10		2.2（小苏打）	0.63	0.63
食盐（%）	0.50	0.3	0.10	0.45	0.45
蛋氨酸（%）	0.10	0.10	0.17	—	—
赖氨酸（%）	—		0.17		
精氨酸（%）	—		0.12		
苏氨酸（%）	0.03				
氯苯胍（%）	0.10	0.08	0.08		
硫酸镁（%）		0.01	0.01		
维生素E（%）		0.005	0.01		
防霉剂BHT（%）		0.005	0.01		
矿物质维生素添加剂（%）	0.50	0.20	0.20	0.41	0.41
配方营养成分计算估测值					
消化能（兆焦/千克）	11.40	12.00	9.60	18.50	18.50
粗蛋白质（%）	16.90	12.20	10.5（可消化）	18.50	18.00
粗纤维（%）	—	14.70	22.60		
酸性洗涤纤维（ADF，%）	20.90	—	—	27.20	28.10
中性洗涤纤维（NDF，%）	37.50	—	—	42.10	43.00
酸性洗涤木质素（ADL，%）	4.70	—	—	6.80	7.50
粗灰分（%）	—	10.20	13.60	9.90	7.40

注：（1）生长兔配方1饲喂效果：从30日龄到屠宰（2.02千克），日增重37.6克，料肉比2.96：1。

（2）生长兔配方2饲喂效果：从30日龄到屠宰（2.02千克），日增重35.8克，料肉比2.96：1。

17. 德国部分家兔饲料配方（表6-87）

表6-87 德国部分家兔饲料配方

原料种类	种兔	育肥兔	长毛兔
青干草粉（%）	10.0	10.0	28.75
玉米（%）	9.0	12.0	6.00
小麦（%）	—	—	10.00
大麦（%）	20.0	10.0	—
麦芽（%）	—	—	19.20
燕麦（%）	20.0	20.0	—
小麦麸（%）	16.0	12.0	4.70
块茎渣（%）	—	—	7.00
黄豆（%）	10.0	24.0	10.20
亚麻籽（%）	8.0	6.0	—
肉粉（%）	—	—	7.00
啤酒糟酵母（%）	—	—	1.00
糖蜜（%）	3.0	3.0	1.52
石榴皮碱（%）	—	—	2.50
大豆油（%）	—	—	0.53
矿物质混合物（%）	2.0	2.0	—
蛋氨酸（%）	—	—	0.40
食盐（%）	—	—	0.50
微量元素（%）	—	—	0.70
添加剂（%）	2.0	1.0	
配方营养含量计算估测值			
消化能（兆焦/千克）	11.10	11.93	—
粗蛋白质（%）	14.00	17.00	
粗纤维（%）	13.00	13.00	
粗脂肪（%）	3.00	3.70	

注：种兔及育肥兔配方中添加剂组成（每千克中）：维生素A20000国际单位，维生素D31000国际单位，维生素E40毫克/千克，维生素K$_3$20毫克/千克，维生素B$_1$2毫克/千克，维生素B$_2$4毫克/千克，维生素B$_6$4毫克/千克，维生素B$_{12}$0.02毫克/千克，烟酸20毫克/千克，泛酸20毫克/千克，Zoalon 80毫克/千克，Nifex D120毫克/千克，填充料小麦粉74.45%。

18.美国部分饲料配方（表6-88）

表6-88　美国部分专业兔场饲料配方及颗粒配合料配方

原料种类	空怀兔	妊娠兔	泌乳兔	生长兔 0.5～4.0千克	颗粒配合料 30～136日龄
苜蓿干草粉（%）	—	50.0	40.0	50.0	—
三叶草干草粉（%）	70.0	—	—	—	—
青干草粉（%）	—	—	—	—	30.0
玉米（%）	—	—	—	23.5	—
大麦（%）	—	—	—	11.0	19.0（新鲜或玉米）
燕麦（%）	29.5	45.5	—	—	19.0（新鲜或玉米）
小麦（%）	—	—	25.0	—	—
高粱（%）	—	—	22.5	—	—
小麦麸（%）	—	—	—	5.0	15.0
豆饼（%）	—	4.0	—	10.0	—
葵花籽饼（%）	—	—	—	—	13.0
鱼粉（%）	—	—	12.0	—	2.0
水解酵母（%）	—	—	—	—	1.0
骨粉（%）	—	—	—	—	0.5
食盐（%）	0.5	0.5	0.5	0.5	0.5

19.美国部分獭兔饲料配方（表6-89）

表6-89　美国部分獭兔饲料配方

原料种类	生长兔 0.5～4.0千克	维持需要 公、母兔	妊娠母兔 平均4.5千克体重	哺乳母兔 平均4.5千克体重
青干草粉（%）	50.0	—	50.0	40.0
三野干草（%）	—	70.0	—	—
玉米（%）	23.5	—	—	—
大麦（%）	11.0	—	—	—
燕麦（%）	—	29.5	45.5	—
小麦（%）	—	—	—	25.0
高粱（%）	—	—	—	22.5
小麦麸（%）	5.0	—	—	12.0
豆饼（%）	10.0	—	4.0	—
食盐（%）	0.5	0.5	0.5	0.5

20. 意大利部分家兔饲料配方（表6-90）

表6-90　意大利部分家兔饲料配方

原料种类	生长兔					仔兔诱食料配方
	配方1	配方2	配方3	配方4	配方5	
苜蓿草粉（%）	32.00	32.00	22.00	22.00	22.00	30.00
甜菜渣（%）	10.00	12.00	10.00	12.00	14.00	15.00
大麦（%）	20.00	22.00	28.00	30.00	32.00	8.00
小麦麸（%）	24.00	24.00	24.00	24.00	24.00	25.00
豆饼（%）	5.00	3.00	6.00	4.00	2.00	6.00
葵花籽饼（%）	5.00	3.00	6.00	4.00	2.00	8.00
糖蜜（%）	2.00	2.00	2.00	2.00	2.00	—
蔗糖蜜（%）	—	—	—	—	—	2.00
动物油脂（%）	—	—	—	—	—	2.00
脱脂乳（%）	—	—	—	—	—	2.00
磷酸氢钙（%）	0.65	0.65	0.65	0.65	0.65	0.42
石灰石粉（%）	0.25	0.25	0.25	0.25	0.25	0.55
微量元素和维生素预混料（%）	0.30	0.30	0.30	0.30	0.30	0.30
食盐（%）	0.45	0.45	0.45	0.45	0.45	0.45
蛋氨酸（%）	0.15	0.15	0.15	0.15	0.15	0.08
赖氨酸（%）	0.10	0.10	0.10	0.10	0.10	0.10
抗球虫药（%）	0.10	0.10	0.10	0.10	0.10	0.10
配方营养成分计算估测值						
消化能（兆焦/千克）	10.26	9.99	10.45	10.31	10.29	10.53
粗蛋白质（%）	15.60	14.40	15.40	14.30	13.10	15.30
粗纤维（%）	15.20	15.50	12.90	13.70	12.70	17.00
粗脂肪（%）	2.31	2.20	2.10	1.50	2.00	3.70
饲喂效果						
35~77日龄日增重（克）	45.60	43.70	44.90	44.60	44.60	—
料肉比	3.21：1	3.35：1	3.28：1	3.29：1	3.26：1	—

21. 俄罗斯及前苏联部分家兔饲料配方（表6-91）

表6-91　俄罗斯含前苏联部分家兔饲料配方

原料种类	俄罗斯	前苏联肉兔颗粒饲料配方			
	皮用兔饲料配方	配方1	配方2	配方3	配方4
苜蓿粉（%）	—	40.0	30.0	40.0	30.0
青干草粉（%）	30.0	—	—	—	—
燕麦（%）	10.0	—	20.0	—	10.0

（续表）

原料种类	俄罗斯皮用兔饲料配方	前苏联肉兔颗粒饲料配方			
		配方1	配方2	配方3	配方4
大麦（%）	—	45.0	20.0	30.0	6.0
豌豆（%）	—	2.0	8.0	8.0	35.0
小麦（%）	21.0	—	—	—	—
玉米（%）	15.0	—	—	—	—
小麦麸（%）	11.0	7.0	12.0	5.0	18.0
葵花籽粕（%）	10.0（饼）	1.0	5.0	10.0	—
干脱脂乳（%）	—	—	2.0	—	—
鱼粉（%）	—	—	1.0	—	—
酵母粉（%）	—	0.1	0.5	2.0	—
肉骨粉（%）	—	0.1	1.0	1.4	—
食盐（%）	0.5	0.3	0.5	0.3	0.5
糖蜜（%）	—	3.7	—	2.5	—
白垩（%）	—	—	—	—	0.5
磷酸三钙（%）	0.5	0.8	—	0.8	—
沸石粉（%）	2.0	—	—	—	—
配方营养成分计算估测值					
消化能（兆焦/千克）		—	—	—	—
代谢能（兆焦/千克）	9.60	—	—	—	—
粗蛋白质（%）	16.20	—	—	—	—
可消化粗蛋白（%）	—	9.42	14.23	13.52	14.22
粗脂肪（%）	3.10	—	—	—	—
粗纤维（%）	12.00	12.86	11.35	12.07	11.04
钙（%）	0.68	0.32	0.81	0.40	0.70
磷（%）	0.56	—	—	—	—

注：（1）表中俄罗斯皮用兔饲料配方饲喂效果：90～150日龄，日增重20.1克，料肉比7.1∶1，优质皮比例显著提高。

（2）表中前苏联肉兔配方的配方1适用于性成熟前后后备公母兔，配方2、配方3和配方4适用于怀孕和泌乳期母兔、肥育期幼兔以及公兔。

22. 埃及部分家兔饲料配方（表6-92）

表6-92　埃及部分家兔饲料配方

原料种类	繁殖母兔	生长兔		
		配方1	配方2	配方3
苜蓿草粉（%）	37.0	—	—	—
三叶草粉（%）	—	40.0	40.0	40.0
玉米（%）	17.0	6.0	—	—
小麦（%）	9.0	—	—	—
大麦（%）	22.0	—	36.6	27.5
小麦麸（%）	8.0	33.0	—	—
豆饼（%）	3.0	14.0	20.0	5.0
葵花籽油（%）	—	0.3	—	—
绿豆（%）	—	—	—	24.0
鱼粉（%）	1.1	—	—	—
石灰石（%）	0.6	—	1.8	1.8
骨粉（%）	—	—	1.0	1.0
磷酸氢钙（%）	—	0.4	—	—
食盐（%）	0.2	0.4	0.2	0.2
糖蜜（%）	—	5.0	—	—
蛋氨酸（%）	—	0.3	0.2	0.2
赖氨酸（%）	—	—	—	0.1
矿物质元素预混料（%）	1.5	—	—	—
维生素预混料（%）	0.6	—	—	—
矿物质多维预混料（%）	—	0.3	0.2	0.2
配方营养含量计算估测值				
消化能（兆焦/千克）	11.70	10.26	9.99	10.45
粗蛋白质（%）	20.00	15.60	14.40	15.40
粗纤维（%）	13.00	15.20	15.50	12.90
粗脂肪（%）	2.50	2.31	2.20	2.10
钙（%）	1.00	—	—	—
磷（%）	1.00	—	—	—

注：（1）生长兔配方1饲喂效果：7～12周龄，日增重26.3克，料肉比3.32：1。

（2）生长兔配方2饲喂效果：35～84日龄，日增重34.8克，料肉比2.96：1。

（3）生长兔配方3饲喂效果：35～84日龄，日增重33.7克，料肉比3.50：1。

23. 墨西哥部分生长兔饲料配方（表6-93）

表6-93　墨西哥部分生长兔饲料配方

原料种类	生长兔		
	配方1	配方2	配方3
苜蓿草粉（%）	59.11	73.00	50.36
草粉（%）	—	19.26	40.00
高粱（%）	28.75	—	—
豆饼（%）	8.00	—	—
动物脂肪（%）	—	3.10	5.00
植物油（%）	1.00	1.50	1.50
抗氧化剂（%）	0.01	0.01	0.01
沙粒（%）	0.62	0.72	0.36
磷酸氢钙（%）	1.50	1.50	1.50
食盐（%）	0.50	0.50	0.50
蛋氨酸（%）	0.11	0.06	0.18
赖氨酸（%）	0.02	—	0.18
苏氨酸（%）	0.03	—	0.15
矿物质元素预混料（%）	0.10	0.10	0.01
维生素预混料（%）	0.25	0.25	0.25
配方营养含量计算估测值			
消化能（兆焦/千克）	10.46	9.79	9.70
粗蛋白质（%）	16.50	16.00	13.00
粗纤维（%）	20.01	29.59	31.88
中性洗涤纤维（%）	13.94	—	—
酸性洗涤纤维（%）	17.92	—	—
赖氨酸（%）	0.84	0.84	0.84
蛋氨酸+胱氨酸（%）	0.63	0.63	0.63
苏氨酸（%）	0.68	0.68	0.68
钙（%）	1.23	1.62	—
磷（%）	0.62	0.57	

注：（1）配方1饲喂效果：断奶至2200克体重，所需育肥天数41天，日增重37克，料肉比3.1∶1。

（2）配方2饲喂效果：断奶至2200克体重，所需育肥天数41天，日增重37克，料肉比3.3∶1。

（3）配方3饲喂效果：断奶至2200克体重，所需育肥天数41天，日增重37克，料肉比3.1∶1。

24. 巴西和印度部分生长兔饲料配方（表6-94）

表6-94　巴西和印度部分生长兔饲料配方

原料种类	印度生长兔饲料配方	巴西生长兔饲料配方	
		配方1	配方2
苜蓿草粉（%）	—	46.0	—
青干草粉（%）	—	—	32.0
米糠（%）	15.0	—	—
玉米（%）	20.0	27.0	30.0
小麦麸（%）	30.0	15.0	15.4
豆饼（%）	5.0	10.0	16.0
花生饼（%）	20.0		
葵花籽饼（%）	5.0		
鱼粉（%）	3.0		
肉骨粉（%）			6.0
砂粒（%）			
磷酸氢钙（%）			
食盐（%）	0.5	0.5	0.4
矿物质预混料（%）	1.5		
矿物质和维生素预混料（%）	—	0.5	0.2
补充料（包括硫酸铜等）（%）		1.0	—
配方营养含量计算估测值			
消化能（兆焦/千克）	—	10.04	18.50
粗蛋白质（%）	19.40	16.71	21.88
粗纤维（%）	10.70		11.70
粗灰分（%）	9.60	—	7.37
酸性洗涤纤维（%）		18.57	
钙（%）	1.08	0.63	1.30
磷（%）	1.33	0.53	0.95

注：（1）印度生长兔饲料配方饲喂效果：日喂以上饲粮77克，青饲料自由采食，35～84日龄，日增重21.9克。

（2）巴西生长兔配方2饲喂效果：32～72日龄，日增重33.35克，料肉比3.4∶1。

（三）配合饲料生产技术

1. 基本生产流程

配合饲料基本生产流程如图6-22所示。

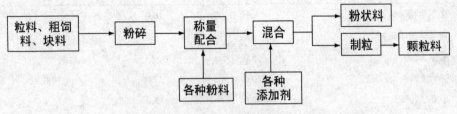

图6-22 配合饲料基本生产流程

2. 配合饲料生产加工过程

（1）粉碎：粉碎是饲料加工过程中的重要环节之一。一般情况下，精饲料和粗饲料原料在配制配合饲料以前都要进行粉碎。粉碎是配合饲料生产加工过程的第一道程序，也是比较重要的程序之一。粉碎的目的是提高饲料的利用率、有利于均匀混合、减少饲料混合时的分离及便于制粒。

① 粉碎粒度。适宜的粉碎粒度，有利于饲料的消化利用。现代家兔营养学理论认为，饲料尤其是粗饲料的粉碎粒度并非越细越好，一般以通过2.5毫米的筛子为宜。

② 粉碎机选择。粉碎粒度，尤其是粉碎粒的均匀度，与所用的粉碎设备有很大关系。选择粉碎机的原则：

第一，通用性：既能粉碎精饲料，又能粉碎粗饲料，适应性强，一机多用。

第二，生产效率高而能耗小：降低单位能耗成本。

第三，粉碎粒度可调节：成品粒度可以根据需要随意调节。

第四，结构简单、配件标准而易购、维修方便。

第五，操作简单、工作可靠。

第六，噪音和粉尘符合有关规定。

粉碎机类型：以饲料粉碎方式（挤碎、磨碎、压碎或锯切碎）的不同，饲料粉碎机分为锤片式粉碎机（图6-23及图6-24）、劲锤式粉碎机、对滚式粉碎机和齿爪式粉碎机4种，其中以锤片式粉碎机应用最为普遍。锤片式粉碎机按进料方向分为切向喂料式、轴向喂料式和径向喂料式3种；按筛片的形式分为底筛式、环筛式、水滴式和侧筛式4种。目前，我国普遍使用的锤片式粉碎机有农机部门设计的9F、9FQ系列和原内贸部门设计的FSP系列。主要参数如表6-95所示。

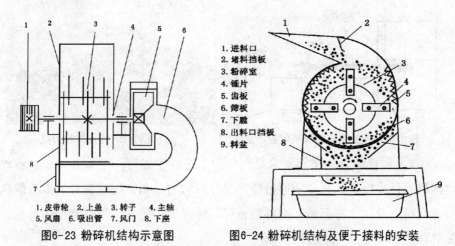

1. 进料口
2. 堵料挡板
3. 粉碎室
4. 锤片
5. 齿板
6. 筛板
7. 下膛
8. 出料口挡板
9. 料盆

1. 皮带轮　2. 上盖　3. 转子　4. 主轴
5. 风扇　6. 吸出管　7. 风门　8. 下座

图6-23 粉碎机结构示意图　　　　图6-24 粉碎机结构及便于接料的安装

表6-95　常用粉碎机的型号及其主要技术参数

粉碎机系列及型号		配套动力	外形尺寸（毫米）	整机重量（千克）	锤筛间隙（毫米）	生产效率（千克/小时）
9FQ系列	9FQ-40	7.5～10.0	945×830×805	164	12±2	300～500
	9FQ-50	13.0～17.0	1230×964×930	230	12±2	2000～2500
	9FQ-60	30.0～40.0	878×859×1302	560	上20下12	4000～4500
9F系列	9F32	3.0～3.5	730×690×1225	64	12±2	100～200
	9F45	7.5～10.0	756×826×1289	150	12±2	300～500
	9F55	13.0～17.0	910×1120×1300	300	12±2	2000～2500
FSP系列	FSP56×36	22.0～30.0	1450×740×1070	615	下12	3000～4000
	FSP56×40	30.0～37.0	1586×770×1420	710	下12	5000～6000
	FSP112×30	55.0～75.0	1780×1380×1600	2200	上18下12	9000～10000

③ 粉碎机安装与使用。粉碎机是借助于外力（电机或柴油机）运转的，所以要严格按照所用粉碎机的说明书进行安装（图6-25和图6-26）和使用，严禁违章操作。

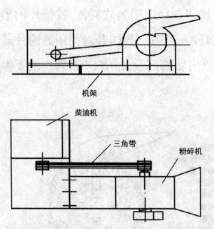

机架

柴油机

三角带

粉碎机

图6-25 柴油机与粉碎机配置示意图　　图6-26 锤片式粉碎机

（2）搅拌混合：搅拌混合是饲料加工过程中的另一个重要环节。粉碎后饲料原料或粉状原料必须通过搅拌混合后均匀分布，配方营养方案方能执行，饲料质量也才有保障。搅拌混合可以通过手工完成，最好利用搅拌机，其混合会更均匀。

① 添加剂的预混合。添加到饲料里的微量成分（如微量元素、维生素、药物添加剂、氨基酸等），要提前进行预混。微量成分的预混，需采用逐步增加的方法（图6-27），即取部分粉状大型原料作为载体，加入添加剂后充分搅拌，搅拌均匀后再加入一定量的大型原料进行搅拌，直到总量达到整个饲料粮的3%～10%（视饲料加工量的不同而定，总量少，预混就应该大；总量大，预混可以稍少）。

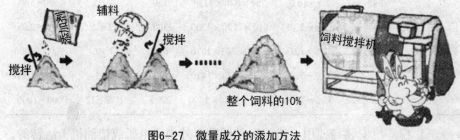

添加剂　辅料　搅拌　饲料搅拌机

搅拌　　整个饲料的10%

图6-27　微量成分的添加方法

② 手工搅拌。在没有搅拌设备的情况下，可以人工进行搅拌混合。人工搅拌时，需将各种原料首先分层堆积起来，再从某一侧开始用方头铁锨逐步翻

搅，翻搅后用铁锨挪离原来位置堆积到新位置料堆上，直到整个料堆都翻搅并形成了一个新料堆。再从新料堆的一侧重新再翻搅。如此往返翻搅三次以上便能使饲料混合基本均匀。每次翻搅堆积料堆时，将翻挪的饲料从新堆的顶端中心上方抖落到下。

③ 搅拌机混合。饲料搅拌机分为立式搅拌机（图6-28、图6-29及图6-30）和卧式搅拌机（图6-31及图6-32）两种，卧式搅拌机的搅拌效率和搅拌均匀度都高于立式搅拌机，因此有条件的最好选用卧式搅拌机。

图6-28 立式混合机结构示意图

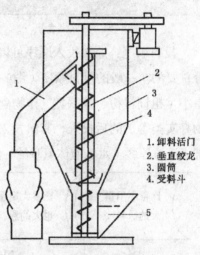

1.卸料活门
2.垂直绞龙
3.圆筒
4.受料斗

图6-29 立式搅拌机

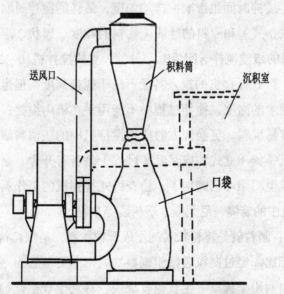

图6-30 粉碎混合（立式）一体机组管线安装

图6-31　卧式混合机

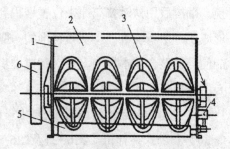

1. 扭壳　2. 进料口　3. 叶或转子
4. 闸门控制机构　5. 出料门　6. 传物机构

图6-32　卧式混合机结构示意图

投料顺序：原料投入顺序可以影响搅拌均匀度，因此原料投入顺序是十分重要的。一般的投料顺序（图6-33）是：首先投入用量大的原料，其中比重小（粗饲料粉、糠麸类、作物副产品等）的先投入，比重大（饼粕类、谷物籽实类等）的后投入；其次投入微量成分（如预混好的添加剂等）；最后加入液体原料（水、液体氨基酸、液体抗氧化剂和油脂等）。

| 比重小用量大的原料 | 比重大用量也大的原料 | 微量成分 | 液体原料 |

图6-33　投料顺序

搅拌时间：搅拌时间也影响搅拌均匀度，最佳的搅拌时间取决于搅拌机的类型（卧式或立式）和原料的性质（物料的粒度、形状、形态及容重）。一般卧式搅拌机的最佳搅拌时间为3～5分钟，立式搅拌机10～20分钟。

注意事项：卧式搅拌机的投入料量不高于螺带高度，但也不能低于搅拌机主轴以上10厘米的高度，搅拌过程中不能用手在机内搅拌；立式搅拌机中残留料较多时容易混料，更换配方时应将搅拌机中的残留料清理干净；注意随时检查搅拌机螺旋（立式）或桨叶（卧式）是否有开焊、是否有磨损（料面差距大的时候说明桨叶已磨损），检查卧式搅拌机的工作料面是否平整；及时清理搅拌机中的麻绳、尼龙绳、塑料袋等杂物。

（3）制粒：制粒就是将粉状料制作成颗粒状料，是颗粒料加工的重要环节。与粉状料相比，经过制粒后精粗饲料物料形态更能融为一体，颗粒饲料饲喂家兔，饲料利用率提高，生长速度加快，有利于规模化饲养。目前，我国多数规模化养兔户采用颗粒饲料养兔。

①制粒机种类。目前使用最广泛的制粒机是卧轴环模压粒机（图6-34和图6-35）和立轴平模压粒机（图6-36、图6-37及图6-38）。一般来说，卧轴环模压粒机的制粒效果好比较好，制粒效率高，但投资大，多为大型饲料企业和大型养殖企业所使用；与卧轴环模压粒机相比，立轴平模压粒机的制粒效率要低很多，但因其成本比较低而多被小型养殖场、养殖户所使用。

图6-34　环模制粒机

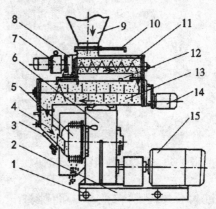

1.起吊孔　2.机座　3.保安磁铁　4.下料斜槽
5.制粒室　6.主传动箱　7.调速电机
8.减速器　9.料斗　10.下料门
11.喂料器　12.蒸汽喷嘴　13.调质器
14.减速器和电机　15.主电机

图6-35　环模制粒机结构示意图

②制粒机的操作与保养。新压模的磨光：启用新制模机或新压模时，要对压模进行磨光处理，即：用10%左右的磨料（水泥粉或细磨砂）、10%的豆粕粉、70%的粉碎稻糠或其他糠麸类和10%左右的润滑油（豆油等），混合均匀作为抛光物料（其配制量视制粒机大小而定，一般为25～50千克），从给料口慢慢投入，经制粒机压出的颗粒料收集后再投入制粒机，这样反复运转20～40分钟后停机，清理制粒机内抛光物，再启动制粒机，投入含油脂的糠麸类饲料，将压模中的抛光物压出。这样处理后新压模就可以正常使用了。

压模与压辊之间间隙调整：压模与压辊之间间隙一般为0.4毫米。间

图6-36 平模压粒机结构示意图

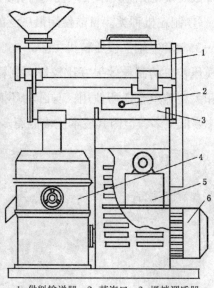

1. 供料输送器 2. 蒸汽口 3. 搅拌调质器
4. 压粒器 5. 涡轮减速箱 6. 电动机

图6-37 平模压粒机结构示意图

隙过大会影响制粒效率；间隙过小会加速压模与压辊的磨损，降低使用寿命。

切刀调整：颗粒长度是通过调整切刀来实现。

粉料水分调整：粉料中水分含量不仅影响制粒效果，也影响制粒效率。一般要添加3%～5%的水分，使粉料中水分保持在15%～17%为宜。水分过低或过高都容易引起模孔堵塞，而影响制粒机的正常运行。

压模与压辊的更换：使用时间过长，压模与压辊都会受到磨损，当压模的厚度减至不能充分压缩颗粒或孔壁开始崩裂，压辊凹槽磨平

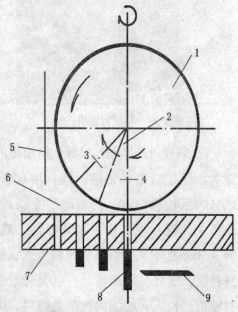

1. 压辊 2. 工作区 3. 压缩区 4. 挤压区
5. 导料板 6. 粉料 7. 模孔 8. 颗粒 9. 切刀

图6-38 平模压粒机工作原理意图

时，要及时予以更换。压模与压辊需要更换时，一般应整套更换。

停机前投入油料物：每次停机前要向制粒机内投入油性物料，使其挤入模孔以利于下次出粒的顺利。

运转不正常处理：若发现压辊转动不正常，要停机检查轴承是否损坏；轴承密封不好，物料容易进入其中而导致压辊不转动，应及时予以清理。

模孔堵塞原因及处理：水分是否适宜；物料干湿不匀；物料中粗纤维比例过高或粗纤维粒度过大等都容易引起模孔堵塞，要根据不同原因及时处理。

③ 颗粒大小。家兔颗粒料最理想颗粒大小是：直径3.0~4.5毫米，长度0.8~1.0厘米。压模孔径一般以3.2毫米（仔兔料）和4.5毫米（成兔料）为宜。颗粒过短，不便家兔采食；过长则容易在装包、搬运、贮存等过程中被折断而损失率加大。

④ 制粒质量影响因素。压模特性：制粒机压模的厚度、孔的形状、孔径大小等都会对制粒性能产生影响，因此要选择适宜的压模孔形式。家兔配合饲料宜选用内锥形孔压模，压模孔径3.2~4.5毫米为宜。

原料中的水分：水分和热量是影响制粒质量的主要因素。混合饲料中水分含量16%~17%时，压粒效果最好。为此在制作颗粒饲料时，通常要在配合粉料中添加适当的水（添加量根据原料含水量而定），有利于颗粒饲料质量的提高和延长制粒机得使用寿命。

原料营养成分：原料中脂肪、蛋白质、淀粉、粗纤维等营养成分对制粒效果也有影响。饲料中的粗脂肪可减少摩擦利于制粒，但脂肪含量过高易使颗粒松散，一般脂肪添加量不宜超过3%，超过时必须在制粒后用外涂的方法添加；蛋白质高的饲料比重大，而且蛋白质容易在水热作用下变性，受热软化易穿出模孔，成粒后又变硬，所以易成型，利于制粒；淀粉的比重较大，而且在制粒过程中淀粉部分糊化，冷却后粘结，所以也易成型，利于制粒；适当的粗纤维含量具有牵连作用，利于制粒，但粗纤维含量过高会影响制粒效率和制粒效果。

物料粒度：混合的粉料粒度过粗，会增加压模和压辊间的摩擦力，从而造成能耗加大、效率降低、制粒效果下降（颗粒松散、表面粗糙等），而导致颗粒料质量下降；物料粒度过细则会导致颗粒变脆，也会影响制粒效果。

因此配合饲料中物料的粒度以大、中、小比例适度为好。

制粒效率：制粒机、压模、原料等相同时，不断提高产量，直至达到动力功率的极限值时，能耗和颗粒料中的粉料比例会直线上升，颗粒硬度也会下降。因此，只有保持适当的制粒效率，才能保证制粒效果和颗粒料质量。

冷却处理：制粒后要及时进行冷却处理。不经过冷却处理的颗粒料颗粒容易破碎和严重粉化，制粒机中出来的颗粒应迅速冷却或干燥，使颗粒温度不高于室温的5～8℃。大型制粒设备有冷却系统，出来的颗粒料是经过冷却处理的，可以当时装包；而小型制粒设备没有配置冷却系统，制粒后要进行冷却处理（晾晒等）后才可以装包。

⑤ 制粒过程对营养成分的影响。使热敏抗营养因子失活：制粒过程中，在水热处理和机械力综合作用下，有效地破坏了饲料中的热敏性、水溶性抗营养因子及植物凝血素的活性，使抗营养因子失活，提高饲料中营养物质的利用率。

降低维生素活性：大多数维生素都具有不饱和碳原子、双键、羟基或其他对化学反应特别敏感的化学结构，在制粒工艺的热压、高温条件下，其活性会有不同程度的降低（表6-96）。所以，在用颗粒料作为家兔配合饲料时，要根据制粒具体条件适当加大维生素的添加量。

表6-96 制粒过程对维生素活性的影响

维生素种类	活性损失（%）	维生素种类	活性损失（%）	维生素种类	活性损失（%）
维生素C	30～95	维生素B_1	10～50	泛酸	6～11
维生素A	6～30	维生素B_2	10～40	叶酸	20～45
维生素D	6～35	维生素B_6	7～30	生物素	6～35
维生素E	2～15	维生素B_{12}	2～25	胆碱	1～5
维生素K	20～40	烟酸	5～10		

注：在70～90℃温度条件下调制1～2分钟的制粒条件下

降低酶制剂活性：酶通常很容易受热而被破坏，所以制粒会大大降低酶制剂中酶活性。经过稳定化处理的酶制剂，受热后损失要小得多（表6-97）。

表6-97 制粒温度对稳定化处理酶活性的影响

酶制剂剂型	制粒温度（℃）	酶活性损失率（%）	
		β-葡萄糖酶	木聚糖酶
稳定化处理	75	0	24
	95	51	66
非稳定化处理	75	56	52
	95	88	88

降低热敏型氨基酸效价：由于制粒过程中的美拉德反应或氧化作用而对胱氨酸、赖氨酸、精氨酸、苏氨酸和组氨酸等对热敏感的氨基酸有一定程度的不利影响，造成必需氨基酸损失而降低蛋白质营养效价。总体说来，制粒的这种影响不是很严重。

制粒的灭菌效果：制粒过程产生的热能有效杀灭饲料中的微生物，杀灭效果因制粒温度不同而有差异（表6-98）。因此，制粒能灭菌。

表6-98 制粒温度对饲料中微生物总量（TVO）的影响

制粒温度（℃）	制粒前饲料内TVO（个）	制粒前饲料内TVO（个）
70	0.3×10^6	5.4×10^4
80	3.2×10^6	3.1×10^3
85	7.4×10^6	1.3×10^3
90	0.9×10^6	0.7×10^2
95	1.9×10^6	未检出

第七章 家兔饲养管理技术

第一节 家兔一般饲养管理技术

一、饲养方式选择

家兔的饲养方式主要有笼养、圈养、放养和洞穴养等，应根据自身条件和具体情况进行选择，集约化养兔多采用笼养。

二、日常饲喂技术

（一）日粮结构及调制原则

1. 以粗饲料为主，精料为辅

家兔为草食动物，为满足家兔的生理需要和降低饲养成本，日粮结构以粗饲料为主，精饲料为辅。粗饲料的比例占全部日粮的60%～70%，粗饲料的采食量大约占其体重的15%～30%，青年兔和成年兔每天大约采食500～1000克。根据家兔不同生产的需要适当补充配合精料，其比例占全部日粮的30%～40%，配合精料的采食量大约占其体重的4%～6%，青年兔和成年兔每天大约采食40～125克。目前，多采用按以上精粗料比例配制的配合饲料制粒后的颗粒料饲喂家兔。

2. 饲料力求多样化，合理搭配

家兔生长快，繁殖力高，体内代谢旺盛，需要充足的营养。因此，家兔的日粮应由多种饲料组成，并根据饲料所含的养分，取长补短，合理搭配，这样既有利于生长发育，也有利于蛋白质的互补作用。在生产实践中，为了节省饲料蛋白质的消耗，经常采用多种饲料配合，使饲料之间的必需氨基酸互相补充，切忌饲喂单一的饲料。例如禾本科籽实类一般含赖氨酸和色氨酸较低，而豆科籽实含赖氨酸及色氨酸较多，含蛋氨酸不足，故在组成家兔日粮时，以禾本科籽实及其副产品为主体，适当加入10%～20%豆饼、花生饼等蛋白类饲料混合成日粮，就能提高整个日粮中蛋白质的作用和利用率。

3. 注意饲料品质，认真进行饲料调制

饲喂霉变、不清洁的饲料会影响家兔的健康，甚至引起疾病、导致死亡，选择饲料时必须注意；青绿多汁类饲料的存放时间过长，会发生腐败变质，饲喂后会引起家兔中毒死亡，因此要保证新鲜；含水量和草酸含量高的青绿饲料（如牛皮菜、菠菜、青菜、莲花白）等长期饲喂，易引起拉稀和缺钙，尤其是哺乳母兔、妊娠兔和幼兔更应注意，应晒蔫后饲喂；雨水草、露水草、霜雪草饲喂后会引起下痢，要晾晒后才能饲喂；豆科牧草（如紫云英）、三叶草等大量饲喂会引起拉稀，因此应控制饲喂量。

（二）日常饲喂技术

1. 饲喂方式及饲喂

家兔的饲喂方式有自由采食、定时定量和混合饲喂等方式，可根据自身条件和具体情况进行选择。

家兔是比较贪食的，最好做到定时、定量饲喂，喂兔要有一定的次数、份量和时间，以养成家兔良好的进食习惯，有规律地分泌消化液，促进饲料的消化吸收。若不定时给料，就会打乱进食规律，引起消化机能紊乱，造成消化不良，易患肠胃病，使兔的生长发育迟滞，体质衰弱。特别是幼兔，当消化道发炎时，其肠壁的渗透性提高，容易引起中毒。所以，我们要根据兔的品种、体型大小、吃食情况、季节、气候、粪便情况来定时、定量给料和做好饲料的干湿搭配。例如：幼兔消化力弱，食量少，生长发育快，就必须多喂几次，每次喂料量要少些，做到少食多餐。夏季中午炎热，兔的食欲降低，早晚凉爽，兔的胃口较好，给料时要掌握中餐精而少，晚餐吃得饱，早餐吃得早。冬季夜长日短，要掌握晚餐吃精而饱，中午吃得少，早餐喂得早。雨季水多湿度大，要多喂干料，适当喂些精料，以免引起腹泻。粪便太干时，应多喂多汁饲料；粪便稀时，应多喂干料。

2. 更换饲料逐渐过渡

家兔的不同生理阶段和不同季节变换饲料、饲草的种类和日粮结构时，要逐渐过渡，有7～10天的过渡时期，现有的草料由少至多逐渐取代原来的草料，使兔逐渐适应，以保证正常的食欲、消化机能和饲喂效果。

3. 注意饮水

水为兔生命所必需，因此，必须经常注意保证水分的供应，应将家兔的喂水列入日常的饲养管理规程。供水量根据家兔的年龄、生理状态、季节和饲料特点而定。幼龄兔处于生长发育旺期，饮水量要高于成年兔；妊娠母兔需水量增加，必须供应充足的新鲜饮水，母兔产前、产后易感口渴，饮水不足易发生残食或咬死仔兔现象。高温季节的需水量大，喂水不应间断；天凉季节，仔兔、公兔和空怀母兔每日供水1次；冬季在寒冷地区最好喂温水，因为冰水易引起肠胃疾病。

三、日常管理基本措施

1. 保持安静，防止惊扰

兔是胆小易惊、听觉灵敏的动物。经常竖耳听声，倘有骚动，则惊慌失措，乱窜不安，尤其在分娩、哺乳和配种时影响更大，所以在管理上应轻巧、细致，保持安静环境。同时，还要注意防御敌害，如狗、猫、鼬、鼠、蛇的侵袭。

2. 注意清洁，保持干燥

家兔体弱，抗病力差且爱干燥，每天须打扫兔笼，清除粪便，洗刷饲具，勤换垫草，定期消毒，经常保持兔舍清洁、干燥，使病原微生物无法滋生繁殖，这是增强兔的体质、预防疾病的必不可少的措施，也是饲养管理上一项经常化的管理程序。

3. 夏季防暑、冬季防寒、雨季防潮

家兔怕热，舍温超过25℃、即食欲下降，影响繁殖。因此，夏季应做好防暑工作，兔舍门窗应打开，以利通风降温，兔舍周围宜植树、搭葡萄架、种南瓜或丝瓜等作物，进行遮阴。如气温过热，舍内温度超过30℃时，应在兔笼周围洒凉水降温。同时喂给清洁饮水，水内加少许食盐，以补兔体内盐分的消耗。寒冷对家兔也有影响，舍温降至15℃以下即影响繁殖。因此冬季要防寒，要加强保温措施。雨季是家兔一年中发病率和死亡率高的季节，此时应特别注意舍内干燥，垫草应勤换，兔舍地面应勤扫，在地面上撒石灰或干的焦泥灰，以吸湿气，保持干燥。

4. 分群分笼，精细管理

为了便于管理，有利兔的健康，兔场所有兔群应按品种、生产方向、年龄、性别等，分成毛用兔群、皮用兔群、肉用兔群、公兔群、母兔群、青年兔群、幼兔群等，进行分群分笼管理。生产中为了饲养和管理上方便，应分群管理。确定群体的大小，一般圈饲每群15只，笼饲每笼4~6只。3月龄以后的青年兔和留种兔由群养逐渐改为笼养，每笼的数量随年龄增长逐渐减少到1~2只。

5. 保证适当空间，保持适当运动

适当运动可以增强家兔体质，因此要保持家兔的适当运动。

6. 注意观察

每次添水、添料和进入兔舍，要注意观察兔群，随时发现兔群的非正常状态、兔群中非正常个体、病兔等，以便及时进行处理。

四、日常管理基本操作技术

（一）捉兔方法

捕捉家兔是管理上最常用的技术，如果方法不对，往往造成不良后果。家兔耳朵大而竖立，初学养兔的人，捉兔时往往捉提两耳，但家兔的耳部是软骨，不能承悬全身重量，拉提时必感疼痛而颠簸（因兔耳神经密布，血管很多，听觉敏锐），这样易造成耳根受伤，两耳垂落；捕捉家兔也不能倒拉它的后腿，兔子善于向上跳跃，不习惯头部向下，如果倒拉的话，则易发生脑充血，使头部血液循环发生障碍，以致死亡；若提家兔的腰部，也会伤及内脏，较重的家兔，如拎起任何一部分的表皮，易使肌肉与皮层脱开，对兔的生长、发育都有不良影响。因此，在捕捉家兔时应特别镇静，勿使它受惊。首先，在头部用右手顺毛按摩，等兔较为安静不再奔跑时，然后抓住两耳及颈皮，一手托住后躯，使重力倾向托住后躯的手上，这样既不伤害兔体，也避免兔抓伤人。成年兔的正确捕捉方法如图7-1和图7-2所示；仔兔的正确捕捉方法是用手捧起。也可使用提兔网捕捉家兔。

错误的提兔方法有：抓兔耳朵，兔悬空吊起，易使耳根软骨受伤，两耳下垂；抓腰部，使腹部内的内脏受损，或造成孕兔流产；抓后腿，因兔的挣扎，易脱手摔死，引起脑溢血死亡；抓尾巴，造成尾巴脱落。

（二）性别鉴定

仔兔判别性别时，根据生殖器的开口，生殖孔与肛门间的距离来判断。

图7-1 家兔捕捉方法示意图

（a）正确捕捉方法　　（b）错误捕捉方法-拎耳朵　　（c）错误捕捉方法-拎后腿

图7-2 家兔捕捉方法

初生仔兔，可观察其阴部孔洞形状和肛门之间的距离。操作时将手洗净拭干，把仔兔轻轻倒握在手中，头部朝手腕方向，细细观察，后用食指向背侧压住尾部，用两手的拇指压下阴部，翻出红色的黏膜即可。阴部孔洞扁形而略大，与肛门大小接近，距肛门较近者为母兔；孔洞圆形，略小于肛门，距肛门较远者为公兔。初生仔兔阴部前方有一对白色的小颗粒，为阴囊的雏形，是公兔；没有的则是母兔（图7-3）。

当仔兔开眼后，可检查生殖器官。即用右手抓住仔兔耳颈，左手以中指和食指夹住兔尾，大拇指向上轻轻推开生殖

公兔　　　　　　　　母兔

图7-3 初生仔兔外生殖器官外观差异示意图

器，若生殖孔呈"O"形，下为圆柱凸起，与肛门间距离远，则是公兔；生殖孔呈"V"形，孔扁形，下端裂缝延至肛门，无明显凸起，则为母兔。

3个月以上的幼兔和青年兔鉴定时比较容易。方法是：右手抓住耳和颈皮，左手中指和食指夹住兔尾，手掌托起臀部，用拇指推开生殖孔，其口部突出呈圆柱形者是公兔；若呈尖叶形，裂缝延至下方，接近肛门的是母兔。中、成年兔只要看有无阴囊，便可鉴别其公母。

（三）年龄鉴定

兔的门齿和爪随年龄增长而增长，是年龄鉴别的重要标志。

1. 青年兔（1岁以下）

门齿洁白短小，排列整齐；老年兔门齿黄暗，厚而长，排列不整齐，有时破损。白色家兔趾小基部呈红色，尖端呈白色。一岁家兔红色与白色长度相等；一岁以下，红多于白，一岁以上，白多于红。有色的家兔可根据趾爪的长度与弯曲来区别，青年兔较短，直平，隐在脚毛中，随年龄的增长，趾爪露出脚毛之外，而且爪尖钩曲。

2. 壮年兔（1～3岁）

趾爪粗细适中，较平直，逐渐露出脚毛之外，趾爪颜色是红白相等；门齿白色，粗长而整齐；皮板薄厚适中，结实紧密。

3. 老年兔（3岁以上）

眼神无光，行动迟钝；趾爪粗而长，爪尖钩曲，表面粗糙无光泽，一半露出脚毛之外，白色多于红色；门齿呈黄褐色，厚而长，时有破损；皮板厚而松弛，长毛兔被毛出现两型毛较多。

（四）家兔编号

为便于管理和记录，可把种用公母兔逐只编号。编号的适宜部位是耳内侧，编号的适宜时间是断奶前3～5天。一般公兔编在左耳，编单号；母兔编在右耳，编双号。编号方法有以下几种：

1. 耳标法

先用铝片制成小标签，上面打好要编的号码，然后用锋利刀片在兔耳内侧上缘无血管处刺穿，将标签穿过小洞口，弯成圆环状固定在耳上扣好［图7-4（b）］。

2. 耳号钳墨刺法

采用的工具为特制的耳号钳（图7-5）和与耳号钳配套的数字钉、字母钉。先将耳号钉插入耳号钳内固定，然后在兔耳内侧无毛且血管较少处，用碘酒消毒要刺的部位，待碘酒干后涂上醋墨（墨汁中加少量食醋），再用耳号钳夹住要刺的部位，用力紧压，刺针即刺入皮内（图7-4），取下耳号钳，用手揉捏耳壳，使墨汁浸入针孔，数日后即可呈现出蓝色号码，永不褪色。

（a）耳号钳墨刺编号　　　　　　　　（b）耳标编号

图7-4　家兔编号耳

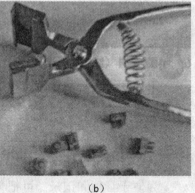

（a）　　　　　　　　　　　（b）

图7-5　家兔编号专用耳号钳

3. 墨刺法

在无耳号钳的条件下打耳号，可用蘸水笔尖蘸取醋墨直接刺耳号，刺时耳背部垫一橡皮，可使刺出的号码更清楚。

（五）家兔去势

凡不留作种用的公兔，或淘汰的成年公兔，为使其性情温顺，便于管理，或提高皮、肉质量，均可去势育肥。家兔的去势越早越好，但是2.5月龄以前，睾丸仍在腹腔里或腹股沟内，阴囊尚未形成，无法去势。因此，去势一般在2.5～3月龄进行（淘汰的成年公兔除外），去势方法有以下几种：

1. 阉割法

可先将待去势的家兔催眠，具体催眠方法是：将兔子的背朝下，头的位置稍低，适当保定，然后顺毛方向抚摸胸腹部、头侧面部、太阳穴部，家兔很快进入睡眠状态。这时阉割一般没有痛感表现，眼睛半睁半闭，斜视，呼吸次数减少。如果手术中间苏醒，可用上述方法继续催眠，手术结束后，使其站立，即刻便会苏醒。阉割时，将睾丸从腹股沟管挤入阴囊，捏紧不使睾丸滑动，先用碘酒消毒术部，再用酒精棉球脱碘。而后用消过毒的手术刀顺体轴方向切开皮肤，开口约1厘米，随即挤出睾丸，切断精索。用同样的方法取出另一颗睾丸，然后涂上碘酒即可。成年兔去势，为防止出血过多，切断精索前应用消毒线先行扎紧。如果切口较大，可缝合1～2针。去势后应放入消过毒的笼舍内，以防感染伤口。一般经2～3天即可康复。

2. 结扎法

即用以上方法保定，先用碘酒消毒阴囊皮肤，将双睾丸分别挤入阴囊捏住，用消毒尼龙线或橡皮筋将睾丸连同阴囊一起扎紧，使血液不能流通，约经10天左右，睾丸即能枯萎脱落，达到去势的目的。此法去势，睾丸在萎缩之前有几天的水肿期，比较疼痛，影响家兔的采食和增重。

3. 注药法

利用药物可杀死睾丸组织的原理，往睾丸实质注入药物。具体方法是：先将需去势的公兔保定好，在阴囊纵轴前方用碘酒消毒后，视公兔体型大小，每个睾丸注入5%碘酊或氯化钙溶液1.5～2毫升。注意药物应注入睾丸内，切忌注入阴囊内。注射药物后睾丸开始肿胀，3～5天后自然消肿，7～8天后睾丸明显萎缩，公兔失去性欲。

五、常规防疫制度

（一）常规卫生消毒管理制度

1.圈舍和兔笼定期消毒，每月至少消毒一次。

2.外来参观人员，更衣换鞋，消毒后进入兔舍。

3. 内外寄生虫定期驱除。

（二）规范免疫程序

根据兔场自身的具体情况、当地疫病流行特点等制定免疫程序，按免疫程序定期注射各种疫苗，如兔瘟、兔巴氏杆菌、魏氏梭菌苗等，以防止传染疫病的发生和蔓延。

第二节　不同生理阶段家兔饲养管理技术

一、仔兔饲养管理技术

仔兔是指从出生到断奶的兔子。根据生理特点，仔兔可分为睡眠期（10～12天）和开眼期（12天至断奶）两个发育阶段。

（一）仔兔生长发育特点

1. 体温调节机能不健全

初生仔兔裸体无毛，体温调节机能不健全，一般在产后10天才能保持体温恒定。炎热季节巢箱内闷热，易发生整窝中暑，寒冬季节则容易被冻死。初生仔兔最适环境温度为30～32℃。

2. 视觉和听觉不发达

仔兔生后闭眼、耳孔闭塞，整天吃奶睡觉。出生8天后耳孔才能张开，11～12天后眼睛才睁开。

3. 生长发育快

初生仔兔体重只有40～65克，但正常情况下出生7天后体重增加1倍，10天增加2倍，30天增加10倍，即使是30天后也能保持较快的生长速度。因此对营养物质要求就比较高。

（二）仔兔饲养管理技术

"保仔"是这个阶段饲养管理工作的中心，一切保仔技术措施都是围绕保证仔兔成活率来进行。保仔有以下几项技术措施：

1. 早吃初乳、吃足奶

初乳，是指母兔分娩后前3天所泌的乳汁。初乳不仅营养丰富，富含高蛋白、高能量及丰富的维生素和镁盐等，易于消化，适合仔兔生长快、消化能力弱的生理特点，并能促进仔兔胎粪的排除；更重要的是初乳富含免疫球蛋白，仔兔能从中获得免疫物质，大大提高仔兔的免疫力和抗病能力。所以，仔兔出生后必须尽早吃到初乳。早吃奶、吃足奶是这个时期饲养管理工作的中心。

母性强的母兔，一般会边产仔边哺乳，但有些母兔尤其是初产母兔产后不哺乳仔兔。所以，仔兔出生后的5～6小时内，要检查仔兔的吃奶情况，对有乳不喂的母兔，要采取强制哺乳措施。有关强制哺乳的方法，请参阅哺乳母兔饲养管理一节有关人工辅助哺乳。

自然界中的仔兔，每日仅被哺乳1次，通常是在凌晨，整个哺乳过程仅仅需要3～5分钟便可完成，期间仔兔要吸吮相当于自身体重30%左右的乳汁。仔兔连续2天、最多3天吃不到乳汁，就会死亡。

2. 及时补饲

母兔将饲料转化成乳汁喂给仔兔，营养成分要损失20%～30%，更重要的是，仔兔3周龄后从乳汁中获取的能量只有55%，完全不能满足其生长发育需要。所以，从3周龄开始给仔兔补料，不仅可以满足仔兔的营养需要，而且能及早锻炼仔兔肠胃消化功能，利于仔兔的生长发育，而且利于仔兔安全渡过断奶关，即使从经济观点来看也是十分必要的。

补饲用料的营养成分及要求：消化能11.3～12.5兆焦/千克，粗蛋白质20%，粗纤维8%～10%。配料时，要加入适量的酵母粉、酶制剂、生长促进剂、抗生素添加剂和抗球虫药物等。补饲用料的颗粒要适当小一些，能加工成膨化饲料更好。

补饲方法：从16日龄起，每只仔兔从4～5克/天开始逐渐增加到断奶时20～30克/天，每天饲喂4～5次，补饲后及时撤走饲料槽；补饲时，要设置小隔栏将母兔与仔兔分开，仔兔能进入隔栏里吃食而母兔吃不到；或者将仔兔与母兔分笼饲养，仔兔单独补料。

3. 人工哺乳

母兔产后无奶、生病或死亡，仔兔又找不上合适的寄养母兔，可以采取人工哺乳措施来尽量挽救仔兔。

人工哺乳的具体方法：起初用鲜牛奶（或羊奶），100毫升中加入食盐

1克,煮沸消毒后冷却至37~38℃,然后加入1~2毫升鱼肝油,装入已经过消毒的塑料眼药水瓶内(瓶口接一段乳胶自行车气门芯),或用注射器吸入后,每天喂2~3次,每次吃饱为止(图7-6)。1~2周后可以加入20%~30%的豆浆,每300~500毫升再加入鲜鸡蛋1个,并加入适量的复合维生素B。人工哺乳用乳汁的浓度要视仔兔粪尿情况来定;人工哺乳器具必须严格消毒;剩余乳汁不能再喂仔兔,可以喂给成年兔或废弃。

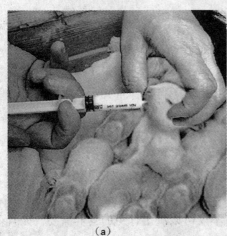 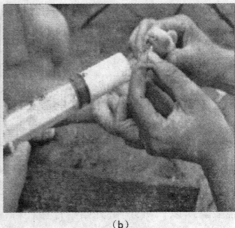

(a)　　　　　　　　　　　　　　　　　　(b)

图7-6　仔兔的人工哺乳

4.仔兔寄养

多数情况下,母兔哺乳仔兔的数量应与其乳头数量一致,产仔数量多的母兔便不能哺乳所产全部仔兔。另外,生产实践中有时还会出现母兔产后无奶、产后死亡或产后疾病等现象。在这种情况下,可以将产仔多、奶不过来的仔兔,或产后无奶、产后死亡、产后疾病等无法哺乳的仔兔,由产仔少的母兔代为哺乳。这就是通常所说的寄养。仔兔寄养,是母兔分娩后非常情况下挽救仔兔和提高仔兔成活率的有效措施。代乳母兔通常称作保姆兔。

仔兔寄养的具体方法是:首先要将保姆兔拿出笼子,再将寄养仔兔放入产箱内窝的中心,盖上垫草、兔毛;2小时后将母兔放回笼内。母兔放回笼内后要观察母兔的行为,如发现母兔咬寄养仔兔,应立即将寄养仔兔移开。对于初次作为保姆兔的母兔,在鼻端涂抹少量石蜡、碘酒或清凉油等,扰乱母兔的嗅觉,能大大提高寄养成功率。

5. 并窝哺乳

对于产仔少的母兔，可以采用并窝哺乳，在保证子兔成活率的前提下，提高母兔利用率。并窝哺乳仔兔之间日龄差异不能超过2～3天。

6. 重新分窝哺乳

对同期生产的所有仔兔，根据体重不同分配给不同泌乳性能的母兔进行哺乳，可以提高仔兔发育均匀度和仔兔成活率。目前，重新分窝哺乳在欧洲的一些工厂化商品兔场普遍采用。

7. 适时断奶

根据仔兔生长发育状况、均匀程度和兔群繁殖计划与制度，制定合适的断奶时间与方法，在做好补料工作的基础上，适时断奶，能保证仔兔安全渡过断奶关，减少断奶应激，提高成活率。

断奶方法：根据仔兔生长发育状况及气候情况，结合繁育制度及补饲情况，断奶时间一般选择在28～42日龄来进行。断奶方法有两种：

（1）一次性断奶：全窝仔兔发育良好、均匀，母兔泌乳能力急剧下降，或母兔接近临产期，可采用同窝仔兔一次性全部断奶。

（2）分期分批断奶：同窝仔兔发育不整齐，母兔体质健壮、泌乳能力尚保持良好时，可以先让健壮的个体断奶，弱小个体继续哺乳数天后再断奶。

实践证明，断奶后，原笼原窝仔兔一起饲养，饲喂断奶前的饲料，减少环境、饲料、管理等发生变化而引起的应激，能降低仔兔断奶后的死亡率。

8. 提高成活率的其他措施

（1）提高母兔泌乳量：能否"早吃初乳、吃足奶"是关系到仔兔能否健康生长的关键所在，母兔的及时泌乳和充足泌乳量就成为保证仔兔"早吃初乳、吃足奶"重要的物质基础。影响母兔泌乳量的因素很多，如遗传、乳头数、泌乳天数、哺乳仔兔数、母兔生理状态（是否受孕等）、摄取营养（采食量及饲料营养浓度）等。遗传及乳头数方面，通过兔场选留母兔时予以解决，选留母兔时在注重产仔数的同时，要选择乳头数多的个体，有利于提高仔兔断奶前后的成活率；营养供给方面，通过增加饲喂量和提高饲料营养浓度，能提高母兔泌乳量，利于仔兔的生长发育和提高仔兔成活率。生产实践中，要根据母兔的泌乳量、哺乳仔兔数量等，采取催乳措施提高泌乳量，或调整哺乳仔兔数等措施，来保证仔兔吃足奶，增强仔兔抵抗力，提高仔兔成活率。

（2）防寒防暑：仔兔体温调节功能不健全，寒冷季节管理不当容易受冻而死，保温防寒是冬季仔兔管理的重点。保温防寒措施有：提高兔舍温度、增加巢箱垫草及注重垫草铺垫形状（将垫草整理成浅碗底状，即中间深周边高，便于仔兔集中保暖）、母子分离（将仔兔放到暖和安全的房间）等。对已经受冻的仔兔，可立即放入35℃温水中（图7-7），恢复后用柔软的纱布或棉花浸干仔兔身上的水，再放入产箱；或用火炕或电褥子取暖恢复后放入产箱。

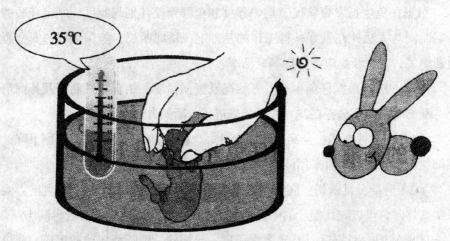

图7-7　受冻仔兔急救法

仔兔体温调节功能不健全，炎热季节管理不当，同样会造成仔兔受热而死，甚至可以造成整窝仔兔死亡，防暑降温是夏季仔兔管理的重点。炎热季节，要及时弃去巢箱中过多的垫草和兔毛，加强巢箱内通风和降温。另外，初生仔兔裸体无毛，容易被蚊虫叮咬，这时可以将母子分离，巢箱放置到安全的地方，并外罩纱布，这样不仅可有效防蚊虫叮咬，也因母子分离而起到降温的作用。

（3）防鼠害：初生仔兔体重只有50～60克，很容易被鼠残食，所以防鼠害是提高仔兔成活率的重要措施之一。除在兔舍建筑设计和兔舍建设时考虑防鼠害外，需要在兔舍与舍外通道（如窗户、通风口等）处设置适当大小网格的铁丝网。另外，要有好的灭鼠计划和措施。

（4）防母兔残食：仔兔也会经常被母兔残食，给母兔提供均衡的营养和充足的饮水，并保持母兔产仔时安静，可以有效防止食仔现象的发生。对有食仔恶癖的母兔要及时淘汰。

（5）预防疾病：仔兔体重小、机体调节功能差、抵抗力弱，容易发生疾病。仔兔易患疾病有：黄尿病、脓毒败血症、大肠杆菌病和支气管败血波氏杆菌病（15日龄以内）等。其中，有些疾病是由于仔兔管理不当造成，有些疾病是由于母兔原因造成，所以预防疾病要从母兔和仔兔两个方面、采取综合措施，才能有好的效果。

黄尿病是由于仔兔吸吮患乳腺炎母兔乳汁所致，一般同窝仔兔同时发生或相继发生，患病仔兔粪稀如水，呈黄色、味腥臭，患兔昏睡，死亡率很高，甚至全窝死亡。预防母兔乳房炎的发生是杜绝仔兔黄尿病的主要措施。仔兔一旦发生黄尿病，必须对母兔和仔兔同时实施治疗，才会有好的治疗效果。母兔肌肉注射青霉素，仔兔口服庆大霉素3~5滴/只，2~3次/天。

采取措施，做好兔舍保温及通风可以有效预防支气管败血波氏杆菌病、大肠杆菌病的发生。有条件的，给母兔注射大肠杆菌、波氏杆菌和葡萄球菌疫苗，可以有效预防仔兔感染疾病。

（6）精细管理，减少非正常致残或死亡：及时发现和处理吊奶：仔兔哺乳时会将乳头叼得很紧，母兔哺乳完毕跳出产仔箱的时候，免不了可能将仔兔带出箱外但又无力叼回，称为吊奶。饲养管理人员应随时检查，发现后及时把仔兔放回巢箱内（尤其是冬季），以避免仔兔长时间在箱外而死亡。

保持垫草中无杂物：巢箱用垫草中混有布条、棉线、绳子等杂物时，易造成仔兔被缠绕而窒息或残肢，应引起注意。

人工辅助开眼：一般情况下，仔兔产后12~15天开眼，这个时候要仔细逐只检查，发现开眼不全的仔兔，可用药棉球蘸上温开水洗去封堵眼睛的粘液，也可用注射器吸入温水，人工辅助仔兔开眼，否则可能形成大小眼或瞎眼（图7-8）。

预产值班守候：准确母兔配种记录，明显标识分娩日期。母兔配种要有准确记录，笼门上挂配种标识牌，标识牌必须明确配种时间和预产期，预产期要有人值班守候，将产到箱外的仔兔及时放入巢箱内。

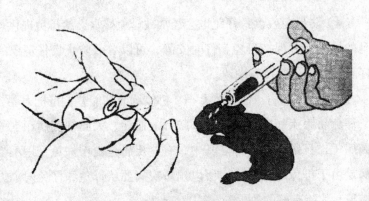

图7-8　人工辅助开眼操作示意图

二、幼兔饲养管理技术

幼兔是指断奶到3月龄的小兔。幼兔具有"发育速度快、消化能力差、贪食、抗病力弱"等特点。高能量、高蛋白的饲粮虽然可以提高幼兔的生长速度和饲料利用率，但健康风险也会加大。设计幼兔饲料配方时，要兼顾生长速度和健康风险之间的关系。不具备丰富经验的养兔者，应以降低健康风险为主，饲料营养水平不宜过高；有一定养殖经验的养殖者，可以适当提高日粮营养水平，达到提高生长速度和饲料利用率的目的。这个阶段的日粮除要有一定量的粗纤维（不低于14%）外，其中的木质素也要达到一定水平（5%左右）。

养兔生产实践证明，幼兔是家兔一生中最难饲养的一个阶段，幼兔饲养的成败关系到整个养兔生产的成败。养好幼兔的关键是做好饲养管理每个具体细节。

（一）饲养技术

1. 定时、定量、定质

幼兔食欲旺盛，贪食，饲喂要少喂勤添，严格遵守"定时、定量、定质"的饲喂原则。定时：固定每天的饲喂时间，定时饲喂，一般每天饲喂4～6次，逐步让幼兔形成良好的采食习惯；定量：根据日粮营养水平、兔体重发育情况、幼兔群健康状况等制定合理的饲喂量，严格按量饲喂，在保证健康状况不受影响的前提下，让兔足量采食，有利于提高生长速度和饲料利用率；定质：幼兔阶段要尽量保持精粗饲料的原料种类、饲料配方及配合饲料类型等的稳定，更换饲料时也必须有过渡期，过渡期为7～12天，期间新料由少开始逐渐增加，旧料由多到少逐渐减少，这一点对幼兔尤为重要。

2. 适当使用添加剂

为预防疾病，同时不影响、甚至提高增重，幼兔日粮中可适当添加药物添加剂、复合酶制剂、益生元、益生素、低聚糖等。

3. 少喂青绿饲料

幼兔要少喂青绿饲料，即便是饲喂青绿饲料，也要采取逐步增加饲喂量的方式，切忌突然大量饲喂，否则会引起消化道疾病。含水分或草酸过高的青草、露水草、雨水草、霜雪草等必须经过晾晒后才可以饲喂；缺青季节用多汁饲料饲喂幼兔，也要遵循由少逐渐增加喂量的原则，并最好选择在中午气温较高的时候饲喂，同时要注意，切忌饲喂冰冻的多汁饲料。

4. 充足的采食面积

目前，我国幼兔养殖多采用群养或数只同笼饲养，因此，必须有充足的采食面积（料盒长度及数量），以防止采食不匀，个体强壮的因采食过多而发生消化道疾病，身体瘦弱的因采食不足而导致生长速度下降。

（二）管理技术

1. 过好断奶关

幼兔发病高峰多为断奶后的1～2周，究其原因，主要是由于断奶不当而引起。正确的断奶方法是根据仔兔发育情况、体质健壮程度、母兔泌乳情况等，确定断奶日龄，选择一次性还是分批断奶。幼兔断奶要采用"原笼饲养法"（将幼兔留在原笼中移走母兔），并遵守"饲料、环境及管理三不变"原则。

2. 合理分群

断奶后在原笼中饲养一段时间后，要依据幼兔个体大小、强弱开始进行分群或分笼。笼养时每笼3～5只，群养时每群5～10只。

3. 防腹部着凉

幼兔腹部皮肤比较薄，很容易着凉引起腹泻或发生大肠杆菌等消化道疾病，因此在寒冷季节，早晚要注意兔舍的保温或加温，以防止幼兔腹部着凉。

4. 增加运动

幼兔发育速度快，新陈代谢活动旺盛，条件允许的情况下要增加其户外运动，多晒太阳，促进新陈代谢。

5. 预防性投药

危害幼兔的主要疾病之一就是球虫病，因此在幼兔日粮中添加氯苯胍、盐霉素、地克珠利等抗球虫药是十分必要的。另外，幼兔日粮中添加适量的洋葱、大蒜等，对增强幼兔体质、预防肠胃道疾病有良好作用。

6. 保持清洁

幼兔抗病力比较差，因此搞好兔舍、兔笼的清洁卫生，保持兔舍干燥、清洁、通风是十分重要的。

7. 免疫注射

为预防传染性疫病的发生和蔓延，幼兔阶段必须注射猪瘟与巴波二联、魏氏梭菌、大肠杆菌等疫苗。

三、后备兔饲养管理技术

后备兔，是指3月龄后至初配前的青年种兔。后备兔的饲养管理，直接关系到种用兔的配种繁殖效果及其品种优良性能的发挥，饲养不当会使种用兔的配种繁殖效果及其品种优良性能退化，甚至失去种用价值。

（一）饲养技术

后备兔的日粮，要保证一定量的蛋白质（15%～16%）和钙、磷、锌、铜、锰、碘等矿物微量元素和维生素A、维生素D、维生素E的供给；适当限制粮食类精料比例；增加优质青饲料和干青草的喂量。这既可降低饲料成本，又可保证生长发育的营养需要，又不导致种兔过肥而影响繁殖。日粮构成可按每只每日75～100克精料补充料（颗粒料）加500克青饲料搭配。

（二）管理技术

要做好适时分群上笼，必须实行单笼喂养，保证较好的光照条件；不断淘汰不符合种用要求的后备兔；作好兔瘟、呼吸系统疾病的预防接种和疥癣病的定期防治；防止后备种公、母兔间早交乱配。

四、种公兔饲养管理技术

虽然种公兔在兔群中的数量最少，但种公兔的好坏却关系着整个兔群的生产水平，因而养好公兔至关重要。正所谓"公好好一坡，母好好一窝"。

（一）公兔作为种用的标准

种公兔的品种质量和养殖好坏，对养兔场整个兔群的质量影响十分大，因此，根据要求选择种公兔是十分重要的。对种公兔的要求是：品种特征明显；头宽而大；胆子大；体质结实，体格健壮而健康；两个睾丸大而匀称；精液品质好，受胎率高。

（二）种公兔的选留和培育

1. 种公兔选留

（1）父母优秀：种公兔要从优秀父母的后代中选留，也就是说，选留种公兔首先要看其父母。一般要求，其父代要体型大，生长速度快，被毛形状优秀（毛用兔和皮毛用兔）；母亲应该是产仔性能优良，母性好，泌乳能力强。

（2）睾丸大而匀称：睾丸大小与家兔的生精能力呈显著的正相关，选留睾丸大而左右匀称的公兔作为种用，可以提高精液品质和精液量，从而提高受精率和产仔量。

（3）性欲旺盛胆子大：公兔的性欲可以通过选择而提高，因此选留种用公兔时，性欲可以作为其中指标之一。

（4）选择强度：选留种用公兔时，其选择强度一般在10%以内，也就是说，100只公兔内最多选留10只预留作种用。

2. 后备种公兔的培育

（1）饲料营养：后备种公兔的饲料营养要求全面，营养水平适中，切忌用低营养浓度日粮饲喂后备种公兔，不然会造成"草腹兔"而影响以后的配种。

（2）饲养方式：后备种公兔的饲养方式以自由采食为宜，但要注意调整，防止过肥。

（3）笼位面积：公兔的笼位面积要适当大一些，这样可以增加运动量。

（4）及时分群：后备种兔群在3月龄以上时，要及时分群，公母分开饲养，以防早配、滥配。

（三）种公兔的饲养技术

1. 非配种期种公兔饲养技术

非配种期的公兔需要的是恢复体力，所以要保持一定的膘情，不能过肥或过瘦，需要中等营养水平的日粮，并要限制饲喂，配合饲料饲喂量限制在80%，添喂青绿多汁饲料。

2. 配种期种公兔饲养技术

（1）营养需求特点：中等能量水平（10.46兆焦/千克）。过高易造成公兔过肥，性欲减退，配种能力下降；过低，造成公兔掉膘，精液量减少，配种效率降低，配种能力也会下降。

高水平及高品质蛋白质。蛋白质数量和品质对公兔的性欲、射精量、精液品质等都有很大的影响，因此，日粮蛋白质要保持一定水平（17%），而且最好添加适当比例的动物性饲料原料，以提高饲料的蛋白质品质。

补充维生素和矿物质。维生素、矿物质对公兔精液品质影响巨大，尤其是维生素A、维生素E、钙、磷等。所以，配种期种公兔的饲料中要补充添加，尤其是维生素A更易受高温和光照影响而被破坏，更要适当多添加。

（2）提早补充：精子的形成有个过程，需要较长的时间，所以营养物质的补充要及早进行，一般在配种前20天开始。

（四）种公兔的管理措施

1. 单笼饲养

成年种公兔应单笼饲养，笼子的面积要比母兔笼大，以利于运动。

2. 加强运动

运动对维持种公兔的体质、性欲、交配能力、精液量及精液品质等都十分重要，条件允许的话定期让公兔在运动场地运动1～2小时，没有条件要尽量创造公兔的运动机会。

3. 保持笼子安全

公兔笼底板间隙以12毫米为宜，而且前后宽窄要匀称，过宽或前后宽窄不匀会导致配种时公兔腿陷入缝隙导致骨折；笼内禁止有钉子头、铁丝等锐利物，以防刺伤公兔的外生殖器；时刻注意及时关好笼门。

4. 缩短毛用公兔养毛期

毛兔被毛过长，会使射精量减少，精液品质降低，畸形精子（主要是精子头部异常）比例加大，从而影响配种质量。因此，对毛用种兔要尽量缩短其养毛期。

5. 注重健康检查

重视公兔的日常健康检查，经常检查公兔生殖器，如发现梅毒、疥癣、外生殖器炎症等疾病，应立即停止，及时隔离治疗。

（五）种公兔的使用技术

1. 利用年限

种公兔超过一定利用年限后，其配种能力、精液量、精液品质等都会明显下降，逐步失去种用价值，要及时更新和淘汰。从配种算起，一般公兔的利用年限为2年，特别优秀者最多不超过3~4年。

2. 配种频率

初配公兔：隔日配种，也就是交配1次，休息1天；青年公兔：1次/日，连续2天休息1天；成年公兔：可以2次/日，连续2天休息1天。长期不用的公兔开始使用时，头1~2次为无效配种，应采取双重交配，也就是用2只公兔先后交配2次。生产中，配种能力强（好用）的公兔过度使用，而配种能力弱（不好用）公兔很少使用，这种现象比较普遍存在，结果会导致优秀公兔由于过渡使用性功能出现不可逆衰退，不用的公兔长期放置性功能退化，久而久之会严重影响整个兔群的正常配种和繁育工作，应引起足够的重视。

3. 公母比例

自然交配：兔群公母比例为成年公兔：可繁殖母兔=1：8~10，种兔群中壮年公兔比例占60%、青年公兔比例占30%、老年公兔比例占10%为好。

人工授精：公母比例为1：50~100。

（六）消除公兔"夏季不育"的措施

所谓"夏季不育"是指炎热的夏季配种后不易受胎的现象。当气温连续超过30℃以上时，公兔睾丸萎缩，曲精管萎缩变性，暂时失去产生精子的能力，此时配种便不易受胎。可通过以下方法消除或缓解"夏季不育"：

1. 选择非高温环境

炎热高温季节，将公兔饲养在安装空调兔舍或凉爽通风的地下室，对消除"夏季不育"现象有明显效果。

2. 使用抗热应激添加剂

通过使用一些抗热应激的添加剂缓解"夏季不育"的危害。如按10克/100千克的比例在饲料中添加维生素C，可增强公母兔的抗热应激能力，提高受胎率，增加产仔数。

3. 选留抗热应激能力强的公兔作种用

在高温维持时间较长的地区养殖家兔，有必要在选留公兔时将抗"夏季不育"作为一个指标，通过精液品质检查、配种受胎率测定等选留抗热应激能力强的公兔作为种用。

（七）缩短"秋季不孕"期的措施

生产中发现，兔群在秋季配种受胎率不高，要恢复需要持续1.5～2个月时间，而且恢复期与高温的强度、持续的时间有很大关系，这便是"秋季不孕"现象。这种现象的发生，目前一致的看法是高温季节对公兔睾丸的破坏所造成，缩短"秋季不孕"期对提高兔群繁殖能力十分重要，可采用以下措施：

1. 提高公兔饲料营养水平

提高公兔饲料营养水平，能明显缩短"秋季不孕"期。粗蛋白质水平增加到18%，维生素E达60毫克/千克，硒达0.35毫克/千克，维生素A达12000国际单位/千克。

2. 使用抗热应激添加剂

使用兔专用抗热应激添加剂，可以在一定程度上缩短"秋季不孕"期。

五、空怀母兔饲养管理技术

空怀母兔，是指处于空怀期的母兔。所谓空怀期，是指母兔从仔兔断奶到再次配种怀孕的这一段时期，又称为休养期。处于空怀期的母兔，由于哺乳期消耗了大量的养分，体质瘦弱。因此，这个阶段饲养工作的主要任务是恢复母兔膘情；管理工作的主要任务是调整母兔体况，防止过肥或过瘦。

（一）饲养技术

1. 集中补饲

对于我国广大农村以粗饲料为主的兔群，为提高其繁殖性能可以采取适当的集中补饲。具体方法是：在母兔交配前1周（以确保其最大数量准备受精的卵子）、妊娠末期（降低胚胎早期死亡的危险）和分娩后3周（确保母兔泌乳量以保证仔兔的最佳生长发育速度），每天补饲50～100克精饲料。

2. 限制饲喂

种兔过肥会影响繁殖，必须进行控制。限制饲喂是控制母兔膘情的最有效办法。限制饲喂可以是限制每天的饲喂量，也可以限制每天的饲喂次数。限制家兔饮水也能达到限制采食量的目的，每天只允许家兔饮水10分钟，成年兔颗粒料的采食可降低25%，高温情况下的限饲效果尤为明显。

（二）管理措施

1. 观察发情，适时配种

空怀母兔可采用单笼饲养，也可采用群养，但都必须观察其发情情况，根据发情表现掌握好配种的适宜时间，做好适时配种。

2. 灵活掌握空怀期

空怀期长短与母兔体况恢复快慢有关，必须根据个体具体情况灵活掌握。对于消瘦或恢复较慢的个体，应适当延长空怀期，不顾母兔体况恢复情况一味追求母兔繁殖胎次往往会适得其反。

3. 异常检查

对于不易受胎的母兔，可以利用摸胎的方法（第三章第二节中"妊娠与妊娠期"中所述）检查子宫是否有脓肿，有子宫脓肿的应及时做淘汰处理。

4. 非器质性不发情母兔的处理措施

对于由于非器质性疾病造成的不发情母兔，可以采取以下措施：

（1）异性诱情（具体参照第五章第三节中"人工催情"所述方法操作）。

（2）使用催情散（具体组方和使用方法参照第六章第三节中"草药添加剂"一节中的说明）。

六、怀孕母兔饲养管理技术

母兔自交配或受精后受胎到分娩产仔的这段时间，称为怀孕期，也称妊娠期。处于这个阶段的母兔，便称之为怀孕母兔或妊娠母兔。

（一）怀孕母兔饲养技术

怀孕母兔的营养需要因所处妊娠阶段不同而有所差异，一般可分为妊娠前期和妊娠后期。

1. 怀孕前期限制饲喂，但营养要均衡

母兔怀孕前期（最初3周），母兔器官及胎儿组织增长很慢，胎儿仅占整个胚胎期胎儿总增长量的10%左右，所需营养物质不多，这个阶段过肥或采食过量会导致母兔在产仔期死亡率提高，而且抑制泌乳早期的采食量，因

此，这个时期一般应采用限食饲喂，但要注意饲料质量，营养一定要均衡。

2. 后期提高饲料营养水平

怀孕后期（21～31天），胎儿及胎盘生长迅速，胎儿的增重相当于初生重的90%，母兔营养需要也快速增加。但此阶段，由于胎儿占位空间的快速增加，母兔腹腔空间缩小，限制了饲料的摄入量，采食量下降。因此，应适当提高饲料营养水平（饲料水平应为空怀母兔的1～1.5倍），以补偿因采食量下降所导致的营养摄入量不足。

在妊娠的最后1周，母兔要动用体内储备的能量来满足胎儿生长的绝大部分能量需要。据估计，妊娠晚期的平均需要量相当于维持需要。因此，妊娠后期可以适当增加饲喂量，也可以采用自由采食。

3. 母兔临产的饲养

妊娠最后1周，要增喂适口性好、易消化、营养价值高的饲料，以避免母兔绝食，防止妊娠毒血症（软瘫，不能行走）的发生。

4. 特别提醒

妊娠期饲料的能量水平不宜过高，不然对繁殖不利，不仅会减少产仔数，还会导致乳腺内脂肪沉积而造成产后泌乳减少。

（二）妊娠母兔管理措施

妊娠母兔的管理工作中心是"保产"，一切保产技术措施都应该是围绕保护母兔生产正常仔兔来进行。保产可以采取以下几项技术措施：

1. 保胎防流产

母兔流产一般发生在妊娠后15～25天，尤其是25天左右多发生，这个阶段母兔受到惊吓、挤压、摸胎不正确、食入霉变饲草料或冰冻饲料、疾病、用药不当等，都可能引起母兔流产，应针对性采取措施加以预防。否则会造成重大损失。

2. 充分做好分娩前准备工作

一般情况下，要在产前3天，将消好毒的产仔箱（图7-9）放入母兔笼内，产仔箱内垫好刨花或柔软的垫草（图7-10）。母兔在产前1～2天要拉毛做窝（图7-11）。据观察，母兔产前拉毛做窝越早，其哺乳性能会越好。对于不拉毛的母兔，在产前或产后要进行人工拔毛（图7-12），以刺激乳房泌

图7-9 产仔箱消毒

图7-10 产仔箱内放入刨花

图7-11 临产母兔自己拉毛做窝

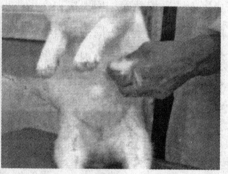

图7-12 临产母兔人工辅助拉毛

乳，利于提高母兔的哺乳性能。

3. 加强母兔分娩管理

母兔分娩多在黎明时分，一般情况下母兔产仔都会挺顺利，每2～3分钟能产下1只，15～30分钟可全部产完。个别母兔产下几只后要休息一会，有的甚至拖至第二天再产，这种情况往往是由于产仔时母兔受到惊吓所致。因此，母兔分娩过程中，要保持安静，严冬季节要安排人值班，对产到箱外的仔兔要及时保温，放入产仔箱内。母兔产仔完成后，要及时取出产箱，清点产仔数（必要时要称初生窝重和打耳号），剔出死胎、畸形胎、弱胎和沾有血迹的垫草。母兔分娩后，由于失水、失血过多，身体虚弱，精神疲惫，口渴饥饿，所以要准备好盐水或糖盐水，同时要保持环境安静，让母兔得到充分的休息。

4. 诱导分娩

生产实践中，50%的母兔分娩是在夜间，初产母兔或母性差的母兔，易将仔兔产在产仔箱外，得不到及时护理容易造成饿死或掉到粪板上死亡，尤其是冬季还容易造成冻死，从而影响仔兔的成活率。采取诱导分娩技术，可让母兔定时产仔，有效提高仔兔成活率。

诱导分娩的具体操作方法：将妊娠30天以上（含30天）的母兔，放置在桌子上或平坦地面，用拇指和食指一小撮一小撮地拔下乳头周围的被毛，然后放入事先准备好的产箱内，让出生3~8日龄的其他窝仔兔（5~6只）吸吮乳头3~5分钟，再放进其将使用的产箱内，

图7-13　诱导分娩——人工拔毛

一般3分钟左右便可以开始分娩（图7-13）。

5. 人工催产

对妊娠超过30天（含30天）仍不分娩的母兔，还可以采用人工催产。人工催产的具体方法是：先在母兔阴部周围注射2毫升普鲁卡因注射液，再在母兔后腿内侧肌肉注射1支（2国际单位）催产素，几分钟后仔兔便可全部产出。需要注意的是，人工催产不同于正常分娩，母兔往往不去舔食仔兔的胎膜，仔兔会出现窒息性假死，不及时抢救会变成死仔，因此，对产下的仔兔要及时清理胎膜、污水、血毛等，并用垫草盖好仔兔，同时要注意及时供给母兔青绿饲料和饮水。

6. 母兔产后管理

母兔产仔后的1~2天内，由于食入胎衣、胎盘，消化机能较差，因此应饲喂易消化的饲料。分娩后的一周内，应服用抗菌药物，不仅可以预防产道炎症，同时可以预防乳腺炎和仔兔黄尿病，促进仔兔生长发育。

七、哺乳母兔饲养管理技术

从产仔到断奶，这个时期称之为哺乳期，处于这个时期的母兔就是哺乳母兔。哺乳母兔是家兔一生中代谢能力最强、营养需求最高的生理阶段。

（一）泌乳生理特点

母兔产仔后即开始泌乳，前3天泌乳量较少，约为90～125毫升/天，随着泌乳期的延长而逐步增加，至泌乳18～21天达到高峰，约为280～295毫升/天，21天后开始即慢慢下降，30天后迅速下降（图7-14）。

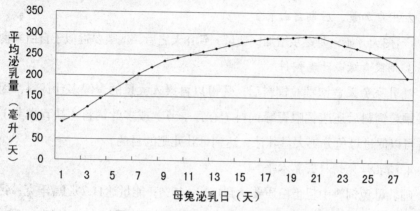

图7-14 母兔不同泌乳日龄的泌乳量曲线

各种哺乳动物的乳汁中，兔乳的干物质含量最高，除乳糖含量低于其他哺乳动物外，粗蛋白质、脂肪、能量等其他成分均高于其他哺乳动物的乳汁（表7-1）。因此，生产中用其他动物乳汁替代兔乳往往不能取得预期的效果。营养丰富的乳汁为仔兔快速发育提供了物质基础，同时母兔也需要从饲料中获取充足的营养物质来满足泌乳需要。因此哺乳母兔的饲养管理中心是促进泌乳，使母兔多产乳。

表7-1 部分动物乳汁成分及其含量

种类	水分（%）	脂肪（%）	蛋白质（%）	乳糖（%）	灰分（%）	能量（兆焦/千克）
牛 乳	87.8	3.5	3.1	4.9	0.7	2.929
山羊乳	88.0	3.5	3.1	4.6	0.8	2.887
水牛乳	76.8	12.6	6.0	3.7	0.9	6.945
绵羊乳	78.2	10.4	6.8	3.7	0.9	6.276
马 乳	89.4	1.6	2.4	6.1	0.5	2.218
驴 乳	90.3	1.3	1.8	6.2	0.4	1.966
猪 乳	80.4	7.9	5.9	4.9	0.9	5.314
兔 乳	73.6	12.2	10.4	1.8	2.0	7.531

（二）饲养技术

1. 前期饲喂量不宜多，但品质要高

母兔产后3天泌乳量较少，同时身体较弱，消化机能也尚未恢复，因此饲喂量不宜太多，但要求饲料适口性好、易消化、营养丰富而平衡。

2. 中期加量、后期自由采食

产仔3天开始，要逐步增加饲喂量，到18天之后，饲喂要近似于自由采食。

3. 饲喂青绿多汁类饲料

哺乳家兔采食饱颗粒饲料后，还可以再摄入大量的青绿多汁饲料，因此饲喂颗粒饲料后还应饲喂青绿饲料（有青季节）或多汁饲料（缺青季节），这样可以促进母兔分泌大量乳汁，达到母壮儿肥的目的。

4. 哺乳母兔饲料营养水平

哺乳母兔饲料中粗蛋白质要达到16%～18%；能量达11.7兆焦/千克；钙和磷分别达0.8%和0.5%。最新研究结果显示，哺乳母兔采食过量的钙（＞4%）或磷（＞1.9%）会导致繁殖能力显著变化，容易发生多产性或增加死胎率。

5. 充足饮水

保证充足饮水对保证哺乳母兔泌乳十分重要。

（三）判断母兔泌乳能力的方法

判断母兔泌乳量和乳汁质量如何，可以通过仔兔的表现来体现。仔兔腹部胀圆，肤色红润光泽，安睡少动，表明母兔泌乳能力强；仔兔腹部空瘪，皮肤灰暗无光，用手触摸时头向上乱动，发出"吱吱"叫声，则表明母兔无乳、乳不足或有乳不哺。对无乳、乳不足或有乳不哺的母兔，要采取相应的饲养管理措施予以解决。对无乳或少乳母兔，要采取寄养或人工哺乳（具体方法参阅本章本节中仔兔饲养管理技术中的有关内容）、人工催乳等措施来保证仔兔成活；对有乳不哺的母兔，则要进行人工强制哺乳（人工辅助哺乳）。

（四）管理措施

确保母兔健康、最大程度泌乳、预防乳房炎，让仔兔吃上奶、吃足奶，是这一阶段管理要点。

1. 产后及时清理兔笼

产后母兔笼要用火焰消毒1次，除利于兔笼清洁卫生外，并可以烧掉附着在笼子上的或飞扬的兔毛，预防毛球病发生。

2. 注意初产母兔的休息

初产母兔的采食能力有限，泌乳期体内营养储备动用严重，体重会出现大幅度下降（20%以上）而太瘦。所以必须要给予充分的休息时间，不然会影响未来的繁殖能力。

3. 母仔分离饲养

有条件的可以采取母仔分离饲养法。

（1）优点：提高仔兔成活率；可让母兔充分休息而利于下次配种；能保证在气温过低或过高的环境下母兔的正常产仔。

（2）操作：初生仔兔吃完第一次母乳后，将产仔箱连同仔兔一起移至温度适宜、安全的房间。以后每天早晚各1次将产箱和仔兔一同放入母兔笼内，让母兔喂奶30分钟后再搬到专门放置产箱的房间。

（3）注意事项：对护仔性强或不喜欢人动仔兔的母兔不能勉强采用；产仔箱必须标记清楚，防止放错仔兔，导致母兔咬死仔兔；放置产箱的房间除温度适宜外，并要有防鼠防兽设施，通风良好。

4. 预防乳房炎

乳房炎是危害母兔和仔兔健康的重要疾病之一，一旦患乳房炎，轻者导致仔兔患黄尿病死亡，重者可致使母兔失去种用功能。

乳房炎的发生多由管理不当造成，其中主要原因有三个：①母兔泌乳过多仔兔吃不完，乳汁长久滞留在乳房内引起乳房炎；②母兔产仔多，泌乳量不足，仔兔拼命吸吮乳头，乳头损伤后感染细菌所致；③笼内钉头、铁丝、刺等锐利物刺破乳房后感染细菌所致。针对以上原因分别采取寄养、催乳、清除笼内锐利物等措施，便可有效预防乳房炎的发生。另外，产后3天内每天给母兔喂一次复方新诺明、苏打片各1片，预防效果明显。若兔群发病率高，可注射葡萄球菌菌苗，每年注射2次。

5. 人工催乳

对于乳少的母兔可采取人工催乳。具体方法有：

（1）有青季节多饲喂蒲公英、苦菜等青绿饲料，缺青季节多喂胡萝卜等多汁饲料可增加母兔的泌乳量。

（2）煮沸后的温凉的豆浆200克，加入捣烂的大麦芽（或绿豆芽）50克，红糖5克，混合喂饮，1次/天。

（3）新鲜蚯蚓用开水泡，发白后切碎拌红糖喂兔，2次/天，1~2条/次。

（4）催奶片，3~4片/天，连喂3~4天。

（5）拔去乳房周围的毛，用热毛巾按摩乳房，也可以促进母兔泌乳。

6. 人工辅助哺乳

对于有乳不哺或在巢箱内排尿、排粪或有食仔恶癖的母兔，必须采取人工强制哺乳（也称人工辅助哺乳）。具体做法是将母兔与仔兔隔开分别饲养，定时将母兔捉进仔兔巢箱内，用右手抓住母兔颈部皮肤，左手轻轻按住母兔臀部，让仔兔吃奶（图7-15）。如此反复数天，直至母兔习惯为止。一般是每天哺乳2次，早晚各1次，每次30分钟左右（视仔兔吃奶情况而定）。

图7-15　仔兔人工辅助哺乳

7. 通乳

在乳汁浓稠而阻塞乳管，造成仔兔吸吮困难时，可进行通乳。通乳可采用以下措施：①热毛巾（45℃）按摩乳房，10~15分钟/次；②将新鲜蚯蚓用开水泡至发白后切碎拌红糖喂母兔；③减少或停喂混合精饲料，多喂青绿多汁饲料；④保证充足的饮水。

8. 收乳

对于产仔太少或全窝仔兔全部死亡又没有代养仔兔，泌乳量又很大，可实施收乳。具体方法有：①减少或停喂混合精饲料，少喂青绿多汁饲料，多喂干草；②饮2%~2.5%的冷盐水；③干大麦芽50克，炒黄饲喂或煮水喂饮。

第三节　不同用途家兔的饲养管理

一、商品肉兔的饲养管理

（一）肉兔的产肉能力

世界养兔协会和中国分会专家共同得出结论：一只母兔在40个月内，连同后代可产20000千克兔肉，按目前国内市场价格算，价值24万元，纯利润5万元；按出口价格算，价值144万元，纯利润24万元。而相同时间内，一头母猪产12000千克猪肉，母牛、母羊仅产450千克肉。而种兔成本仅相当于猪的18%，羊的6%，养殖效益远高于猪牛羊。

肉兔，又称菜兔。据测定，肉兔瘦肉率高达70%。肉中蛋白质达21%；赖氨酸、磷脂、钙、维生素的含量也很高，特别适宜老人、小孩食用。在国外，兔肉被誉为"美容食品"，需要量不断增加。用肉兔加工成的冻兔肉，是我国传统的大宗出口产品，在国际市场上很受欢迎。近年来，人们只注意皮毛兔（獭兔）和毛兔的生产，忽视了肉兔的饲养，致使货源紧缺，价格上升。饲养肉兔投资少，见效快，不需太多的粮食和复杂的加工设备，是农村增收致富的门路。

（二）肉兔生产方式

肉兔饲养管理的目的是为了改善兔肉品质，提高产肉性能，使兔生产出又多又好的兔肉。肉兔生产有3种方式：

1. 利用优良品种生产

就是选择优良品种，进行纯种繁育，繁殖大量后代，生产优质兔肉。作为肉用兔的优良品种有：新西兰兔、加利福尼亚兔、日本大耳兔、哈白兔、塞北兔等。这种生产方式的特点是生长速度快。

2. 采用经济杂交生产

就是选择优良组合杂交后代，生产兔肉。多采用的组合有：加利福尼亚（♂）×新西兰（♀）、加利福尼亚（♂）×比利时（♀）、比利时（♂）×青紫蓝（♀）、塞北兔（♂）×新西兰（♀）等。这种方式的特点是充分利用杂种优势，生产效率高。

3. 利用配套系生产

近年来我国又引进了一些国外的优秀配套系，列如齐卡杂交配套系、布列塔尼亚杂交配套系、伊普吕杂交配套系及艾哥杂交配套系等，这些兔都表现出了十分良好的产肉性能，饲养到90天左右即可屠宰，兔肉鲜嫩，口味好。这种方式是目前生产商品肉兔的最佳方式。但这些配套系也存在着制种成本较高，饲养的集约化程度要求严格，生产组织化程度高等问题，在农村大面积推广尚有难度，如果利用这些配套系中的快速生长系与我国的某些地方当家品种（如新西兰兔等）进行二元杂交生产商品兔，则在短时期内就能取得很明显的经济效益。

（三）肉兔育肥

对家兔进行快速育肥已成为家兔生产获得高效益的重要途径。肉兔育肥，就是短期内增加体内营养贮存，同时减少营养消耗，才使得营养物质除维持必须的生命活动外大量贮积在体内，形成更多的肌肉和脂肪。肥育的原理就是，一方面增加营养的储积，另一方面减少营养的消耗，以使同化作用在短期内大量地超过异化作用，这就使食入的养分除了维持生命外还有大量营养储积体内，形成肌肉与脂肪。肉兔育肥技术随着养兔科技的进步而不断发展和完善。

（四）肉兔育肥技术

1. 育肥方式

家兔育肥方式可分为幼兔育肥（直接育肥）、中兔育肥（架子兔育肥）和成兔育肥（成年瘦兔育肥）。直接育肥，是指仔兔断奶后就开始育肥，经过30~45天饲养，体重达到2.0~2.5千克进行屠宰，幼兔育肥一般不去势；中兔育肥，是指按常规饲养管理方法将兔饲养到一定日龄时再经过30~45天育肥饲养，到90~120日龄体重达到2.0~2.5千克进行屠宰；成年兔育肥，是指选留种兔过程中淘汰的成年兔经过短期育肥饲养，体重达到2.0~2.5千克进行屠宰，成年兔育肥，去势后可提高兔肉品质，提高育肥效果。家兔肥育，通常多指商品肉兔的幼兔或中兔育肥，但用幼兔或中兔肥育，由于体积过小，因其皮、骨所限，反不如骨骼已经长成的瘦兔进行肥育的效果好。家兔肥育期的确定，主要是依据品种本身的生长特点和商品兔收购要求而定，一般在

90～120日龄，体重在2.0～2.5千克时屠宰较为理想，饲料效率也最高。

2. 肉兔育肥的主要环节与技术

（1）抓断奶体重：肉兔的育肥速度很大程度上取决于早期增长速度。断奶体重大，育肥期的增重就快，同时抵抗环境应激能力也强，成活率高；相反，断奶体重小，断奶后容易出毛病，增重也就慢。一般要求是：中型兔30天的断奶体重要达到500克以上，大型兔断奶体重达600克以上。为此，就要采取措施提高母兔泌乳力，保证母兔蛋白质、必需氨基酸、维生素、矿物质等营养的供给和环境的舒适，同时要抓好仔兔补料关。生产中一般从仔兔16日龄开始补料，16～25日龄仍以母乳喂养为主、补料为辅，25日龄以后以补料为主、母乳为辅。仔兔补料所用饲料要营养丰富，容易消化，适当添加酶制剂并混合微生态制剂效果更好。

（2）过好断奶关：断奶会引起仔兔的应激反应，因此断奶的兔子直接进入肥育，容易发生疾病，甚至死亡。引起断奶应激的原因有：① 生活习惯改变，由原来的母仔同笼突然转变到独立生活；② 食物结构改变，由原来的乳料结合转变为完全采食饲料；③ 生活环境改变，由原来的笼舍转移到其他陌生环境。仔兔从断奶向育肥的过渡非常关键，如果处理不好，会在断奶后2周左右增重缓慢，甚至停止生长或发病死亡。过好断奶关的措施有：断奶后最好原笼原窝饲养，即采取移母留仔法进行断奶；育肥应实行小群笼养，切不可一兔一笼，也不可打破窝别和年龄实行大群饲养；断奶后1～2周内，应饲喂断奶前的饲料，以后逐渐过渡到育肥料；预防腹泻是断奶仔兔疾病预防的重点，以微生态制剂强化仔兔肠道有益菌，对于控制消化功能紊乱非常有效。

（3）直接育肥：直接育肥是指仔兔断奶后就开始育肥，经过30～45天饲养，体重达到2.0～2.5千克时屠宰。育肥期间，应饲喂颗粒配合饲料来满足幼兔快速生长发育的营养需求；饲料营养水平为粗蛋白16%～18%，粗纤维10%～12%，消化能10.47兆焦/千克，钙1.0%～1.2%，磷0.5%～0.6%，并注意添加幼兔生长专用添加剂，满足育肥兔对维生素、微量元素及氨基酸的需要；除常规营养之外，还可选用一些高科技饲料添加剂（促生长药物添加剂、酶制剂、微生态制剂、寡糖、中草药添加剂等）；饲养方式采用自由采食，自动饮水。

（4）环境控制：育肥效果的好坏，在很大程度上取决于为其提供的环境条件，主要是指温度、湿度、密度、通风和光照等。温度对于肉兔的生长发育十分重要，育肥肉兔的温度最好保持在25℃左右；适宜的湿度不仅可以减少粉尘污染，保持舍内干燥，还能减少疾病发生，最适宜的湿度应控制在55%～60%；饲养密度应根据温度和通风条件而定，在良好的条件下，每平方米笼养面积可饲养育肥兔18只，我国农村多数兔场环境控制能力有限，饲养密度一般应控制在14～16只/平方米，育肥兔舍饲养密度过大，通风不良会造成舍内氨气浓度过大，影响增重，还容易诱发呼吸道等多种疾病，因此，育肥兔对通风换气的要求较为迫切；光照对家兔的生长和繁殖都有影响，育肥期实行弱光或黑暗，仅让兔子看到采食和饮水，能抑制性腺发育，延迟性成熟，促进生长，减少活动，避免咬斗，快速增重，提高饲料利用率。

（5）控制疾病：肉兔育肥期短，生长强度大，在有限的空间内基本上被剥夺了运动自由，对疾病的耐受性差。因此，降低发病、控制死亡是肉兔育肥的基本原则。肉兔育肥期易感染的主要疾病有球虫病、腹泻和肠炎、巴氏杆菌病及兔瘟。球虫病采取药物预防、加强饲养管理和搞好卫生相结合的方法积极预防；腹泻和肠炎应通过卫生调控（搞好环境卫生和饮食卫生、粪便堆积发酵）、饲料调控（重点是饲料配方中粗纤维含量的控制一般应控制在12%，在容易发生腹泻的兔场可增加到14%）和微生态制剂调控相结合加以预防，尽量不用或少用抗生素和化学药物，不用违禁药物；预防巴氏杆菌病，除搞好兔舍环境卫生、通风换气和加强饲养管理外，在疾病的多发季节应适时进行药物预防和免疫注射；兔瘟只有定期注射兔瘟疫苗才可控制，一般断奶后（35～40日龄注射最好）每只皮下注射1毫升即可至出栏，对于兔瘟顽固性发生的兔场，最好在第一次注射20天后再强化免疫1次。

（6）适时出栏：育肥期长短因品种、季节、体重、日粮营养水平、环境因素和兔群表现等不同而有所差异。在目前我国饲养条件下，肉兔育肥从断奶至80～90日龄育肥期约为50～60天。大型兔、配套系骨骼粗大，生长速度快，但出肉率低，出栏体重可适当大些，以最终体重达到2.5千克体重确定育肥期；中型品种骨骼细，肌肉丰满，产肉率高，出栏体重达2.25千克即可；淘汰兔以30天增重1.0～1.5千克为宜。

春、秋季节，青饲料充足，气温适宜，家兔生长较快，育肥效益高，可适当增大出栏体重；如果在冬季育肥，维持消耗的营养比例高，尽量缩短育肥期，只要达到最低出栏体重即可出售。

家兔育肥是在有限的空间内高密度养殖，育肥期患疾病的风险很大，如果在此期间发生传染病，应封闭兔场，禁止出入，严防病原微生物入侵。若此时育肥期基本结束，兔群已经基本达到出栏体重，为降低继续饲养的风险，可立即结束育肥。

二、商品獭兔的饲养管理

（一）獭兔生产特点

獭兔是比较著名的裘皮用兔，它不仅毛皮珍贵，产肉性能也较好。其生长发育表现在体重的逐渐增长和毛皮的渐趋成熟两个方面。体重的增长规律是前期生长快，后期相对较慢，其增重速度主要受遗传因素和环境因素（营养、管理、气候等）的影响，在性别上也有一定的差异，一般公兔的生长速度明显低于母兔。

（二）獭兔生产方式

饲养獭兔的最终目的是获得优质的毛皮。生产獭兔皮有2条途径：

1. 优良纯系直接育肥

就是选择优良的品系和种兔，繁殖大量后代，生产优质皮张。

2. 系间杂交

就是选择不同品系的獭兔进行品系间杂交，生产优质皮张。目前，我国饲养的獭兔品种主要有美系、新美系、德系和法系。有关测定表明，美系獭兔繁殖力最高，法系居中，德系最低；生长速度来看，德系的生产潜力最大。各品系自有特点，杂交后可获得较好的杂种优势。例如以美系为母本，德系或法系为父本，进行经济杂交，可获得理想的杂交效果；以美系獭兔为母本，法系獭兔作为第一父本，杂交后代中选择优秀母兔再用德系獭兔（第二父本）进行杂交后的三元杂交后代直接育肥，其效果更好。

（三）獭兔饲养管理

1. 重视早期发育

獭兔的生长和毛囊的分化存在着明显的阶段性。体重增长和毛囊分化在前期（3月龄以前）都相当强烈，而且被毛密度与早期体重呈明显的正相关，早期增重越快，毛囊分化强度越高。3月龄以后獭兔的体增重速度和毛囊分化速度都急剧下降。因此，獭兔体重和毛被质量在很大程度上取决于早期增重。采取各种措施提高断奶体重和3月龄体重是獭兔饲养成败的关键。一般要求，仔兔30日龄断奶体重达500克，3月龄体重达到2000克以上，即可实现5月龄获得理想的皮板面积和被毛质量的目标。

2. 前促后控

合格的商品獭兔不仅要有一定的体重和皮张面积，还要求皮张质量，即遵循兔毛脱换规律使被毛的密度和皮板达到成熟。仅考虑体重和皮张面积的话，在良好饲养条件下饲养3.5～4.0月龄即可达到一级皮的面积，但皮张厚度、韧性和强度不足，生产的皮张商品价值低。

獭兔育肥期比肉兔长，育肥期采用全程高营养，有利于前期的增重和被毛密度的增加，但易造成后期营养过剩，皮下脂肪沉积过多，不利于皮张处理。因此，商品獭兔应采用前促后控的育肥技术。具体做法是：断奶到3～3.5月龄，高营养水平（粗蛋白质17%～18%，消化能11.3～11.72兆焦/千克），自由采食，以促进獭兔早期生产潜能的充分发挥，充分利用其早期生长发育速度快的特点；3.5月龄以后适当控制，即通过控制饲料品质（降低饲料营养水平，如能量水平降低10%，蛋白质水平降低1～1.5个百分点，采食方式仍为自由采食）或控制饲喂量（饲料营养水平不变，但控制每天的饲喂量到自由采食量的80%～90%）。前促后控育肥法，不仅可以节省饲料、降低饲养成本，而且育肥兔的皮张质量好，皮下没有多余的脂肪和结缔组织。需要注意的是，取皮前的1个月内，饲粮粗蛋白水平不能低于16%，含硫氨基酸为0.5%，有条件的并要注意添加獭兔专用添加剂。

3. 公兔去势

商品獭兔的育肥期长（5～6月龄出栏）但性成熟早（4月龄左右），出栏在性成熟以后，如果不去势，群养獭兔会出现一些不利于獭兔生产的严重问题：① 公兔之间互相咬斗，皮肤大面积破损，皮张质量下降；② 公兔爬跨母兔，影响采食和生长，饲料消耗增加，饲养成本提高；③ 公母混群，偷配滥配，造成母兔早孕，影响生长和皮张质量；④ 群养不便于管理，笼养占用大量笼具，降低房舍利用率，增加饲养成本。因此，商品獭兔生产，公兔在适时（2.5～3月龄为宜）进行去势，去势多采用刀骟法，简单易操作，时间短痛苦小，效果好。公兔的去势方法具体参照第七章第一节相关部分。

4. 饲养方式

商品獭兔断奶至2.5～3月龄时按大小、强弱分群，每笼3～5只（笼面积约为0.5平方米）。3月龄后采用单笼饲养（图7-16）。这样利于提高皮张合格率和皮张质量。但投资及生产成本比群养獭兔要高。笼养方式下，公獭兔可以不去势。

图7-16 3月龄以上獭兔单笼饲养

5. 卫生清洁及疾病预防

环境污浊可以造成毛皮品质下降，还可引起獭兔患病。管理上，要保持兔笼清洁干燥，及时清理笼内粪尿及其他污物，避免污染毛被，以保持兔体清洁卫生，提高皮张品质；兔舍要定期不定期进行常规消毒，降低环境中病原微生物数量，切断疾病传染源；对于毛癣病、兔痘、兔坏死杆菌病、兔疥癣病、兔螨病、兔虱病、脓肿、湿性皮炎和黄尿病等直接损害毛皮的疾病，要用药物进行预防，一旦发病应立即隔离治疗，并对病兔笼进行彻底消毒。

6. 适时出栏屠宰

商品獭兔的出栏屠宰时间，要根据体重、皮张面积和被毛质量来定。獭兔换毛有年龄性换毛和季节性换毛两种。獭兔6月龄前有2次年龄性换毛，6月龄以后便成为春季换毛和秋季换毛的季节性换毛。换毛期间不能取皮，因此獭兔的屠宰要错开换毛期。

獭兔的皮板和被毛都需要经过一定的发育期才能成熟。被毛成熟的标志是：被毛长齐、密度大、毛纤维附着坚实、不易脱落；皮板成熟的标志是：达一定厚度，具有相当的韧性和耐磨力。商品獭兔在5～6月龄，体重达2.7千克以上时，皮板和被毛均已成熟，是屠宰取皮的最佳时机。淘汰成年种兔，只要错开春、秋两个换毛季节即可屠宰，但种母兔要在仔兔断奶一定时间、腹部被毛长齐后再屠宰。

三、商品毛兔的饲养管理

专门用于生产兔毛的长毛兔为商品毛兔。虽然毛用种兔也产毛，但其主要任务是繁殖，在饲养管理方面与商品毛兔有所区别。饲养商品毛兔的目的是生产量多、质优的兔毛，而兔毛产量是由兔毛生长速度（兔毛长度）、兔毛密度和产毛有效面积决定的。因此，商品毛兔的饲养管理应从以下几个方面采取措施：

（一）毛兔群选种选育

兔毛产量和质量受遗传因素制约，通过纯种选育可以提高群体产毛量。纯种选育要采用早期选择技术选留高产个体留作种用。兔场（户）应坚持毛兔的生产性能测定，重视外形鉴定，选出优秀个体及其后代作为种用，这样经过不断选育提高，群体的产毛性能会不断提高。加强纯种选种选育是提高兔群兔毛产量和质量的主要措施之一。不进行选种选育的兔群，其产毛性能会慢慢退化的。

毛兔早期选育：研究结果表明，毛兔的总产毛量与19～21周龄的产毛量（即头胎毛后的第一茬毛）呈正相关，相关系数r=0.83。因此，这时候的剪毛量可以作为一项重要的选种依据，而第一次（6～8周龄）剪毛量的遗传力不高，育种准确性不高，产毛量受母体影响很大。

（二）毛兔品系改良

不同品系毛兔的产毛量差异很大，可以用高产品系改良低产品系，品系改良也是提高产毛量和兔毛质量的重要措施之一。品系改良，一般是用高产品系公兔作为父本，低产品系母兔作为母本进行改良杂交，其后代产毛量会得到提高。

（三）商品毛兔饲养技术

1. 提高兔群中母兔比例

母兔产毛量一般要比公兔高25%～30%，因此提高兔群中母兔比例，并将公兔去势，能有效提高兔群的产毛量。

2. 注意营养的全面性和阶段性

毛兔的产毛效率高，高产毛兔的产毛量可达体重的40%以上，远大于其他产毛家畜，如绵羊。机体产毛需要较高水平的蛋白质和必需氨基酸，尤其是含硫氨基酸。据报道，毛兔产1千克兔毛所消耗的蛋白质，相当于肉兔产7千克兔肉所消耗的蛋白质。同时，其他营养也必须全面平衡。营养供给也必须注意阶段性，剪毛前后环境发生很大变化，营养供给也应该适应这种变化，尤其是寒冷季节剪毛后毛兔突然失去了厚厚的保温层，维持体温要求较多的能量，同时剪毛刺激兔毛生长，需要大量的优质蛋白。因此，应根据季节、生理状态、产毛水平等影响产毛量的诸多因素配制相应的饲粮。理想的高产毛兔饲粮中，粗蛋白质水平为16%～18%，含硫蛋氨酸0.7%～0.8%。一般在剪毛后3周内，适当提高饲粮的能量和蛋白质水平，饲喂量也要适当增加或采用自由采食，以促进兔毛生长。为提高毛产量和皮质品质，可在饲粮中添加含硫物质和促进兔毛生长的生理活性物质，如稀土添加剂、松针粉、土茯苓、蚕蛹、硫磺、胆碱和甜菜碱等。

3. 饲喂方法

毛兔的采食量随着采毛周期（一般3个月采一次毛）和毛的生长情况而变化，采毛后的第1个月，兔的采食量最大，因这时兔体毛短或裸露，大量体热被散发，需要补充大量的能量；经2个月，兔毛已长到一定的长度，此时是兔毛长得最快的阶段，因此必须保证兔子吃饱吃好。根据采毛周期来进行科学饲喂，有利于兔的健康和促进毛的生长，可以获得更多的优质毛。毛兔生产可采用2种饲喂方法。一种是采毛后第1个月，每兔（成年）每天喂190～210克干饲料，第2个月喂170～180克，第3个月喂140～150克；另一种是采毛后1个月内任意采食，第2个月以后都采用定时定量饲喂。

在法国和德国，采用让兔子每周停食一天的喂法，使兔胃排空一下，这样可大大减少兔子吃进去的毛在胃内积存而形成毛球的危险性。

（四）商品毛兔的管理措施

1. 抓早期增重

仔兔阶段的生长发育和毛囊分化能力比较强，所以加强早期营养可以促进毛囊分化能力发挥到最高，提高被毛密度，同时增加体重和皮表面积，这是养好毛兔的关键措施。一般掌握断奶到3月龄以较高营养水平的饲料饲喂，消化能10.46兆焦/千克、粗蛋白16%～18%、含硫蛋氨酸0.7%～0.8%。

2. 控制最终体重

毛兔的体重越大产毛面积就会越大，但体重并非越大越好。体重过大，产毛的营养与维持营养的比例就会变小，产毛率就低。商品毛兔的体重一般控制在4～4.5千克。饲粮的营养水平应采取先促后控的原则。一般可在后期将饲粮的能量水平降低5%，蛋白质降低1个百分点，保持氨基酸水平不变；也可在后期采取控制采食量的办法，即提供自由采食量的85%～90%，而营养水平保持不变。

3. 单笼饲养

为防止毛兔之间相互接触而诱发食毛症，毛兔最好采用单笼饲养，而且要特别注意笼具质量。产毛兔的被毛生长很快、可达10厘米以上，很容易被周围的物体挂落或污染，影响兔毛产量和质量。因此，饲养毛兔的笼具四周最好用表面光滑的物料，如水泥板。由于铁网笼很容易挂缠兔毛，给消毒带来一定困难，同时还容易诱发毛球病，一般不采用这种笼具。兔笼上要设草架，以防饲喂草料时落到兔身上。兔笼要勤打扫、勤清洗，保持清洁卫生和干燥，这样能减少毛被污染。

4. 适时、合理剪毛（采毛）

兔毛生长有一定的规律性，剪毛（详细参阅第八章有关剪毛一节的方法）后刺激皮肤毛球，使血液循环加快，毛纤维生长加速。据测定，剪毛后1～3周，每周兔毛增长5.1厘米，3～6周为4.7厘米，7～9周为4.1厘米，9～11周为3.7厘米。兔毛的生长速度随剪毛后时间的延长呈现递减趋势。因此，增加剪毛次数可以提高产毛量。一般南方较温暖地区每年剪毛5次，养毛期73天；北部地区可剪毛4次或2年9次。为提高兔毛质量和毛纤维的直径，可采取拔毛的方式进行采毛。在寒冷地区的冬天尤为实用。夏季以剪毛为主，冬季以拔毛（详细参阅第八章有关拔毛一节的方法）为主。兔毛要分级采毛、分级存放、分级保管，以确保兔毛质量。毛兔采毛后兔体裸露，夏季要防止太阳直射，冬天要注意保暖。母兔在临近分娩时不要剪毛，以免营养得不到及时补充而影响胎儿发育。母兔采毛时间可以安排在配种前，到分娩时毛还较短，便于仔兔吮乳。

5. 加强采毛期毛兔的管理

对剪毛后的长毛兔应加强管理，否则容易诱发呼吸道、消化道及皮肤疾病。剪毛应选择在晴朗的天气进行，气温低时剪毛后应适当增温和保暖。剪毛对兔来说是一个较大的应激，剪毛前后可适当投服抗应激物质，如维生素C或复合维生素。为预防消化道疾病，可在饮水中加入微生态制剂；预防感冒可添加一定的抗感冒药物，以中药最佳；对于有皮肤病的兔场，剪毛后7~10天进行药浴效果较好。

6. 及时梳毛

兔毛生长到一定长度就容易缠结，尤其是被毛密度较低的毛兔，缠结现象更为严重，要及时梳毛（图7-17）。梳毛没有固定的时间，主要根据毛兔的品种和兔毛生长状况而定，只要发现兔毛有缠结现象发生就要及时梳毛。

图7-17　长毛兔梳毛

（五）兔绒生产技术

1. 兔绒及其价值

兔毛分为细毛、粗毛和两型毛三种类型，其中细毛又称为兔绒。兔绒细度12~14微米，有明显弯曲，但弯曲不整齐，大小不一。细毛具有良好的理化特性，在毛纺工业中纺织价值很高。影响兔毛中细毛含量的因素主要是品种和采毛方式等。德系长毛兔的细毛含量高于95%，而法系和我国培育的粗毛型长毛兔的细毛含量达87%~90%。采用拔毛方式采毛可以降低绒毛的含量。一般情况下，兔绒价格比混合毛高20%。为此，掌握兔绒生产技术，多产细毛，可提高毛兔养殖效益。

2. 兔绒质量标准

细度：平均细度12.7微米左右，超过14微米时要降级降价处理；长度：

一级兔绒平均为3.35厘米，二级兔绒为2.75厘米，三级兔绒为1.75厘米；粗毛含量：兔绒中粗毛含量应控制在1%以内；形状：兔绒应为纯白色，全松毛，不能带有缠结毛和杂质。

3. 兔绒生产技术

长毛兔被毛中粗毛的生长速度比细毛快，故粗毛一般突出于绒毛表面。生产时要用手仔细将粗毛拔净（越净越好），然后用剪毛方式将剩余兔绒采集下来。剪毛时，要绷紧兔皮，剪刀紧贴皮肤，一剪一步，循序渐进，剪毛顺序为：背部两侧、头部、臀部、腿部、腹下部、四肢。边剪边将好毛和次毛分开。兔绒一般每隔70天生产一次。适于生产兔绒的兔只以青年兔、公母兔为宜。粗毛型长毛兔、老年兔、产仔母兔（腹毛增粗）等均不宜生产兔绒。

4. 兔绒的重复生产

生产兔绒时，可提前15~20天先拔净粗毛，等粗毛毛根长至与绒毛剪刀口相平时再剪绒毛。这样就解决了重复剪绒毛因粗毛高出绒毛不多而拔不干净的困惑，以便于多次重复生产高品质兔绒。

（六）粗毛生产技术

现有长毛兔品系的粗毛含量虽有差异，但很难达到"大粗毛"要求，只有采用拔毛方式采毛，才能达到目的。

1. 拔毛前用药

为了使拔毛更容易，同时减轻拔毛对兔体皮肤的损伤程度，拔毛前必须喂药，常用药是地塞米松、强的松等。喂药时间：拔毛前15~20小时，最佳时间为18小时；喂药量：每只1~2片（体型小的1片，体型大的2片）。

2. 兔体保定

为避免兔子在拔毛工程中因挣扎而引起肌腱拉伤或骨折，需要对兔子进行保定。保定方法有2种：

（1）操作台保定：用两根布条做的带子分别将兔子的前、后腿拉直固定在拔毛台的钉子上，即用一条带做一个活扣先将两后肢套住固定在拔毛台（桌子或木板）的一端拉直，然后将另一条布带子扣住两前肢固定在另一端，使兔子侧卧，身体充分伸展。

（2）地面固定：与上述方法不同的是，其另一端为套在操作者的脚腕上。这种方法更灵活，可随意调节松紧状况。

3. 拔毛次序

先拔下巴前胸部的兔毛，拔该部位兔毛时须用另一只手保定兔头，使头呈后仰状态，由上而下一小撮一小撮的拔光兔毛，然后由前向后依次拔光胸部、腹部兔毛。

4. 拔毛注意事项

（1）拔毛时须用大拇指、食指和中指三个指头夹住兔毛纤维的下半段拔。

（2）顺毛纤维生长方向拔，不可逆向倒拔，以免损伤皮肤。如四肢部的方向是从上向下，背腹部是由前向后等。

（3）被拔部位的皮肤一定绷紧，这样拔的时候比较轻松，也不易拉伤皮肤。

（4）一次拉毛的数量不宜过多，尤其在皮肤皱褶处，更应该几根几根地拔。

（5）为减少应激，背腹部毛分两次拔，前后交叉时间为1个月左右。一般兔毛拔过之后20天才露白，1个月养毛期兔毛长度为1厘米多一点。这样做不仅可减少拔毛造成的损伤应激，而且可降低环境应激，如冬季可减少冷应激，夏季可降低热应激程度，有利于一年四季连续拔毛。

5. 拔毛后管理

被拔伤部位用碘酒或红汞涂抹，淤血严重的须同时口服消炎药和三七片；拔毛后应加大饲喂量，并适当提高饲料中蛋白质水平；拔毛后还应加强护理工作，如冬季的保温、夏季的驱蚊驱蝇等。

6. 兔毛的拔粗效果

首次拔下的兔毛为一般的统毛，拔光后重新长出的兔毛纤维变粗，能达到中粗毛标准；第二次拔毛后能达到中大粗毛标准，以后会越拔越粗。兔毛的粗度以老母兔为最粗，公兔虽然也能拔，但其粗度不及母兔。

7. 存在问题与对策

（1）死亡率增加：每次拔毛都会造成1%～2%的兔子死于拔毛应激反应，即每年死亡率比剪毛要高4%～8%，因此在生产时要多繁殖一些兔子来补充兔群。

（2）夏季增加热应激：因粗毛必须达到一定长度才能拔，夏季毛长度增加必然会增加兔子的热应激，所以夏季的管理要更精心。

（3）大粗毛难保管：刚拔下来的大粗毛，含水量高，若不晾晒，则在保管时易发霉、虫蛀。因此，若需较长时间贮藏，应做好相应的防霉防蛀处理。

第四节　家兔的四季饲养管理

家兔的生长发育与外界环境条件紧密相连。不同的环境条件对家兔的影响是不同的，而我国的自然条件，不论在气温、雨量、湿度还是饲料的品种、数量、品质都有着显著的地区性和季节性的特点。因此，不同季节要根据家兔的习性，生理特点和季节特点，酌情采取科学的饲养方法，才能确保家兔健康，促进养兔业的发展。

一、春季饲养管理

春季，我国北方气温升高，雨量少，多风干燥，阳光充足，青饲料相继开始供应，是家兔繁殖的最佳季节，也是生长兔生长发育的好季节；但随着春季气温的逐步升高，病原微生物开始活动，春季气候变化无常，是多种疾病的高发季节，尤其是南方春季多阴雨，湿度大，适于细菌繁殖，对养兔是最不利的季节，兔病多，死亡率在全年为最高（尤其是幼兔）。对春季家兔的饲养管理，主要采取以下措施：

（一）加强营养

家兔经过一个冬季的饲养，身体比较虚弱，同时又处于春季换毛时期。为了增强兔的抗病能力，在此季节可在饲料中拌入一定量的大蒜、抗菌素等，以减少和避免拉稀。对换毛期的家兔，应给予新鲜幼嫩的青饲料，并适当给予蛋白质含量较高的饲料，以满足其需要，家兔日粮蛋白质水平不低于16%，而且要注意添加维生素、大麦芽等。

（二）把好吃食关

经过冬贮的胡萝卜等多汁饲料，春季极易发霉变质，饲喂时要特别注意，以防中毒。不喂带泥浆水和堆积发热的青饲料，不喂霉烂变质的饲料（如烂菜叶等），下雨以后割的青草，要晾干再喂。在阴雨多、湿度大的情况下，要少喂水分高的青饲料，增喂一些干粗饲料。

（三）抓好春繁

春季是家兔繁殖的黄金季节，应及早开始春繁，力争春繁2胎。

（四）加强管理

春季气候不稳定，气温变化大，要保持兔舍内环境温度的相对稳定，以防感冒和消化道疾病。潮湿地区，笼舍要清洁干燥，每天应打扫笼舍，清除粪尿，冲洗粪槽。做到舍内无臭味，无积粪污物；食具、笼底板、产箱要常洗刷，常消毒，室内笼饲的兔舍要求通风良好，地面可撒上草木灰、石灰，借以消毒、杀菌和防潮湿。

（五）加强观察

每天都要检查幼兔的健康情况，发现问题及时处理。

（六）预防疫病

随着春季气温的逐步升高，病原微生物开始活动，春季气候变化无常，是多种疾病的高发季节。因此，做好疫病的预防工作十分重要。首先，要预防好兔瘟、大肠杆菌及魏氏梭菌等烈性传染病，其次要针对性进行预防性投药，防治感冒、传染性口炎等。

（七）防暑准备

做好夏季防暑的一些准备工作，也是春季管理工作内容之一。可在兔舍前种植一些藤蔓类植物，如丝瓜、葡萄、吊瓜、苦瓜等，也可在兔舍顶搭遮阳网等。

二、夏季饲养管理

夏季气温高、降雨多、湿度大，家兔汗腺又不发达，常受炎热影响而导致食量减少，所以这个季节对家兔极为不利，尤其对仔兔、幼兔的威胁大。家兔夏季饲养管理应采取以下几方面措施：

（一）降温防暑

夏季高温高湿，因汗腺不发达，家兔易受炎热气候影响而采食量下降，高温高湿也易导致家兔中暑。因此，在夏季家兔饲养管理上应该特别通过改善环境条件，避阳遮光、加强通风、降温防暑。可在兔舍周围种植葡萄、果树及瓜类，室外搭建凉棚，以遮阳防暑；通过加强舍内通风、地面洒水（通风系统良好的兔舍）、每天清洗粪道和粪沟等措施降低舍内温度和舍内有害气体浓度。

（二）加强营养

高温易导致家兔采食量下降，因此提高日粮营养水平十分必要。过去的营养学理论认为炎热季节应降低能量水平，提高蛋白质水平；而现代动物学理论则认为夏季采食量下降是因为炎热所致，而不是因为日粮能量水平高所致，能量水平降低再加之采食量的降低会导致摄入能量更低，对动物生产水平的影响更大，提高蛋白质水平反而会因为摄入更多的粗蛋白质使体内转化热增耗提高而加重热应激的危害。笔者比较主张后一种做法，也就是夏季应适当提高家兔饲粮的能量水平，在提高人工合成必需氨基酸（赖氨酸、蛋氨酸、苏氨酸、色氨酸等）的前提下，适当降低饲粮的粗蛋白质水平。并建议通过添加油脂的方法提高能量水平，因为添加油脂能改善家兔的适口性，提高适口性是夏季保证家兔营养供给的一个重要措施。为改善适口性，必需注意选择适口性好、易消化、品质优良的饲料原料。

（三）合理饲喂

夏季白天天气炎热，家兔食欲不振、采食量少。因此，夏季饲喂要遵循"早餐早，午餐精而少，晚餐饱，半夜加喂草"的原则，多喂青饲料，供给充足饮水。并可时常在饮水中加入2%的食盐，以补充体内盐分的消耗。

（四）降低饲养密度

断奶后幼兔的饲养密度不宜过大；产箱内垫草不宜过多。

（五）缩短夏季不育期

入夏后，有条件的可将公兔安排在凉爽、通风的地方饲养，这样有利于种公兔的健康，保持良好的精液品质，提高配种受胎率，从而减少或缩短夏季不育期。

（六）加强卫生及消毒管理

夏季，兔舍每天都要清扫，地面要用消毒药水喷洒；食（水）盆每天洗涤一次，用0.1%高锰酸钾水溶液清洗；笼内要勤打扫，并定期用消毒液（如3%～5%的来苏尔）喷洒消毒；搞好环境卫生，消灭蚊、蝇孳生。

（七）预防性投药

夏季，家兔消化道疾病及球虫病发病率高，因此在饲料中可适当拌入一些预药物（如氯苯胍、0.01%~0.02%的碘溶液等）加以预防，也可适量拌入大蒜、洋葱等以减少消化道疾病发生。

三、秋季饲养管理

秋季，秋高气爽，气候干燥，青绿饲料充足，营养丰富，是饲养家兔的好季节，也是家兔繁殖和生长的好季节。但成年兔秋季又进入换毛期，换毛的家兔体弱，食欲减退；早晚温差大，容易引起仔兔、幼兔的感冒、肺炎和肠炎等疾病，严重的会造成死亡。秋季家兔饲养管理一般采取以下措施：

（一）抓好秋繁

经过炎热的夏季，公兔的精液品质和母兔的发情都会不正常，由此而造成这个季节母兔的受胎率比较低（30%~60%），所以秋繁的关键问题是提高受胎率。为此，除保证优质青饲料供应外，提高种兔日粮的蛋白质水平及蛋白质质量是十分重要的，并可在种公兔日粮中适当添加动物性饲料原料以迅速改善其精液品质（关于缩短秋季不孕恢复期的措施可参阅种公兔饲养管理一节）。管理上要注意补充光照；实行重复配种；及时进行妊娠诊断，及时补配等。

（二）加强营养

成年兔秋季又进入换毛期，换毛的家兔体弱，食欲减退，应多供应青绿饲料，并适当提高饲料的蛋白质水平。

（三）整群

每年秋末冬初要对兔群进行整群，将生产性能差、体质弱、残次的个体挑选出来集中屠宰或集中进行短期优饲育肥后宰杀或销售，然后用火焰高温对兔舍、笼位、设备、器具等进行消毒。

（四）疫病预防

每年秋季要通过注射1次兔瘟、巴氏杆菌、波士杆菌、魏氏梭菌等疫苗来提高兔群的疫病免疫力，有效预防疫病的发生。这个时期，早晚温差大，容易引起兔（尤其是仔、幼兔）的感冒、肺炎和肠炎等疾病，严重的会造成死亡，因此要做好保温工作。

（五）粗饲料和多汁饲料的贮存

秋季正值农作物副产品、树叶等粗饲料和胡萝卜等多汁饲料的收获季节，此时这些饲料的来源广、数量充足、价格低，因此应根据自身情况抓紧收集和贮存。

四、冬季饲养管理

冬季，气温低，天气冷，日照短，青草缺，尤其是北方地区。家兔冬季的饲养应该注意以下几方面：

（一）防寒保温

防寒保温是冬季饲养管理的中心。为维持家兔正常的生理和生产活动，冬季兔舍温度应保持在10℃以上。舍饲养殖，可采取舍内安装暖气、生炉火、使用热风炉等措施来升温，通过堵塞风洞、门窗挂草帘等来保温。舍外开放式养兔，可采用搭建塑料暖棚、修建地下兔室等措施防寒。

（二）加强饲喂管理

冬季气温低，家兔能量消耗高，而且夜长昼短，因此除提高饲粮能量水平外，应进行夜间补料；不论大小兔，冬季的日粮供给量，要比其他季节增加25%~30%。冬季家兔以干饲料为主，为满足其对维生素的需要及维持其正常的消化生理活动，青绿多汁饲料不可缺少。家兔切忌饲喂冰冻饲料，因此冬季饲喂多汁饲料时要千万注意。

（三）尽量抓冬繁

冬季气温低不利于家兔繁殖，但冬季病原微生物和寄生虫较少，对繁殖有利。因此，只要做好保温，冬季仔兔成活率就可以提高。

（四）其他管理措施

在做好兔舍保温的前提下，一定注意兔舍的通风，天气温暖的中午，应打开门窗或排气扇，及时排出污浊空气，保持舍内空气新鲜；注意采光，使家兔白天能多晒太阳，夜间严防贼风侵入。进入冬季，獭兔被毛丰厚，质量好，售价高，对适龄、适重及需要淘汰的獭兔要及时进行宰杀取皮或销售。严寒天，长毛兔采毛后应多加置巢箱一个，内放干草，以备夜间栖宿；此外，应注意气候的变化情况，不要在寒潮来时采毛。

第八章 兔产品初加工技术

第一节 肉兔的初加工技术

一、肉兔的屠宰

（一）宰前准备

1. 宰前检查

肉兔在屠宰前应进行严格的健康检查，无病的兔才能用于屠宰。对于病兔或可疑病兔按肉品卫生检疫要求进行处理。

2. 宰前禁食

兔在屠宰前12小时开始断食，只给饮水。

3. 屠宰场地的准备

保持屠宰及加工车间的整洁、卫生。对于出口兔肉产品，需要按国际卫生标准或注册卫生标准选用设备、肉兔规格、加工方法及产品质量检查。

（二）商品肉兔的屠宰规格

要求屠宰的兔健康无病，膘情良好，发育好。外貌上肩宽、背平、臀部丰满，皮毛光泽性好，无污染，被毛3厘米左右长。体重2.0～2.5千克，年龄4月龄以内。

（三）屠宰工艺流程

肉兔屠宰的工艺流程包括：处死→放血→剥皮→除内脏→卫检→修整→初加工，如图8-1所示。

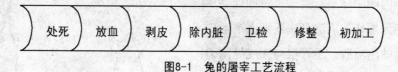

处死　放血　剥皮　除内脏　卫检　修整　初加工

图8-1　兔的屠宰工艺流程

1. 处死

家兔的处死方法有三种，即电击昏法、颈部移位法和棒击法。

（1）电击昏法：又叫电麻法，一般采用电麻转盘击晕兔子，倒挂放血。主要用于规模化兔肉加工厂和专业化大型屠宰场。

（2）颈部移位法：用左手抓住家兔的两后肢，右手紧握兔两耳基部，两手向相反方向用力拉长兔的颈躯，然后用力将头颈向一方扭转，使其颈椎移位致死。

（3）棒击法：一手握住兔的两后肢或抓住兔的臀部，使兔倒吊，另一只手持握木棒，突然重击兔的后脑部分，致使兔在瞬间昏迷死亡，如图8-2所示。

图8-2　家兔棒击致死法示意图

2. 放血

兔子处死后要立即放血，否则影响兔肉品质，贮藏时也易变质发臭。放血时，将兔子倒吊在特制的金属挂钩上，用细绳子拴住后肢倒吊起来，用锐刀切断颈部动脉和气管进行放血，一般放血3～4分钟，不低于2分钟。放血应充分，以保证肉质细嫩，色泽美观。否则使肉质发红，增加贮存困难。放血时要防止血乱溅，污染毛皮。

3. 剥皮

放血后就立即剥皮。专业加工厂一般多采用机械化、半机械化剥皮，一般养殖户则以袋剥法手工剥皮（图8-3）。具体操作方法是：将处死放血后兔的右后肢用细绳拴起倒挂在柱子上，用利刀切开附关节周围的皮肤，然后沿大腿内侧阴部平行挑开，将四周毛皮向外剥开翻转，用退套法逐渐剥下毛皮，最后抽出前肢，至耳根与头皮处割裂，即成毛朝里皮朝外的完整筒皮。在退皮的过程中，应注意不要损伤毛皮，不要挑破腿部和胸腹部的肌肉。

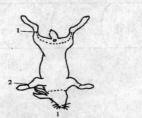

图8-3　家兔手工剥皮示意图

4. 去除内脏

先分开耻骨联合，从腹部沿正中线下刀开腹，再用刀旋割肛门周围，切下下方胴体的连接，并从喉头处切断气管和食管与胴体的连接，最后用手将胸腹腔内脏一起掏出。

5. 卫生检验

卫生检验有两方面内容，即检验胴体和检查内脏器官。胴体检验的主要目的是看其品质，合格胴体色泽正常、无毛、无血污、无粪物、无胆汁污、无杂质；内脏器官检查主要是观察其颜色、大小，以及有无淤血、充血、炎症、脓肿、肿瘤、结节、寄生虫及其他异常现象，尤其是检查蚓突和圆小囊上有无病变。

发现球虫病和仅限在内脏部位的豆状囊尾蚴、非黄疸型的黄脂肪不受限制；但若发现有结核、伪结核、巴氏杆菌病、野兔热、黏液瘤、黄疸、脓毒病、坏死杆菌病、李氏杆菌病、副伤寒、肿瘤和梅毒等疾病病变的，要一律检出。

6. 胴体修整

胴体检验后，去掉病脏器，洗净脖血，从附关节处截断后肢；用特制纸或海绵等擦去胴体表面血污和附毛以及腹腔内的血斑、残脂和污秽等，或用高压自来水喷淋胴体，冲去血污、附毛，进入冷风道冷却沥水；修除体表和腹腔内表层脂肪、胴体内残余内脏、生殖器官、耻骨附近（肛门周围）腺体、胸腹腔内大血管、体表明显结缔组织和外伤、淋巴、颈部血肉等。

二、兔肉初加工

根据要求屠宰后的胴体可进行以下初加工：

（一）胴休分级

按出口国际市场规格要求进行分级，以便包装。带骨胴体分级标准略。

（二）胴体分割

按部位分割兔胴体。颈部：沿最后一个颈椎处切下；前腿：肩胛骨的后缘处切断，沿脊椎骨中间切开分成两半；胸部：在第10～11肋骨间切断；腰部：腰荐结合处切断；后腿：分割剩余部分为后腿，沿荐椎中线切开，分成两只。

（三）剔骨

剔骨前先去掉肾脏和肾脂，先剔前肢，再剔肋骨和后肢，最后剔脊椎骨，剔骨时要求骨上不能带肉，肉中不留骨渣、软骨，不要将肌肉块划伤。

（四）包装

带骨兔肉或分割肉应按不同等级和不同规格真空包装，如每袋净重5.0千克，每箱净重20.0千克等。装箱时，应排列整齐、紧密。带骨胴体的两前肢尖端插入腹腔，用两侧腹肌覆盖；两后肢自然弯曲，兔背向外，头尾交叉排列，头部与箱壁有一定空隙。

（五）急冻和冷藏保鲜

装箱后的兔肉在−28℃，相对湿度90%，急冻48～72小时；以后在−18℃，相对湿度90%的条件下冷藏保鲜，保藏期6～12个月。冷藏时兔肉应堆放成方形，地面垫木板厚30厘米，堆高2.5～3米。为了保持肉质新鲜，防止冷藏过久影响肉质，应尽量缩短冷藏时间。

第二节 獭兔皮剥取技术

一、獭兔皮的特性和裘制品特征

獭兔的被毛特性决定了制裘后裘制品的优良特征，而深受广大消费者青睐。

（一）獭兔被毛的特性

獭兔被毛有"短、平、细、密、柔"的特性：

（1）"短"：毛纤维很短，一般为1.3～2.2厘米，最理想的为1.6厘米左右。

（2）"平"：毛纤维长短均匀，整齐一致，表面看十分平整；优质的毛被枪毛顶端不超过平面1毫米。

（3）"细"：毛纤维直径很小，细毛皮枪毛含量仅为3%～5%；绒毛含量为95%～97%，绒毛平均细度为15～18微米。

（4）"密"：皮肤单位面积着生绒毛根数多。

（5）"柔"：手摸毛被感到轻柔、光滑而富有弹性。

（二）制裘后产品特征

獭兔毛皮制裘后裘制品具有"轻、柔、牢、美观"特征而深受广大消费者青睐。

（1）"轻"：制品质地轻，佩戴、穿着无负担。

（2）"柔"：制品手摸感到轻柔、光滑而富有弹性。

（3）"牢"：毛纤维在皮肤上的着生非常牢固，不易脱落。据测定，獭兔皮的抗张强度、撕裂强度和耐磨系数均达到颁布标准，是一种高档裘皮制品原料。

（4）"美"：毛色类型较多，色调自然美观，色泽纯正发亮。

二、獭兔换毛规律及皮张季节特征

要获得理想皮张，必须了解獭兔的换毛规律和獭兔皮的季节特征，适时取皮。

（一）换毛规律

獭兔换毛分为年龄性换毛和季节性换毛。

1. 年龄性换毛

主要发生在未成年的幼兔和青年兔。

（1）第一次年龄性换毛：仔兔出生后，30日龄左右逐渐开始脱换，直至130～150日龄结束，尤其以30～90日龄最为明显。獭兔皮张以第一次年龄性换毛结束后的毛片品质好，此时屠宰取皮最合算。

（2）第二次年龄性换毛：从180日龄开始，210～240日龄结束，换毛持续时间比较长。理论上说，第二次年龄性换毛后取皮，毛片品质最好，而且皮张大，但由于饲养周期长而效益不高。

2. 季节性换毛

通常是指成年兔的春季换毛和秋季换毛。

（1）季节性换毛时间和特点：春季换毛北方地区多发生在3月初至4月底，南方地区则为3月中旬至4月底；秋季换毛，北方地区多在9月初到11月底，南方地区则为9月中旬至11月底。季节性换毛持续时间的长短与季节变化情况有关，一般春季换毛持续时间短，秋季换毛持续时间较长。另外，换毛持续时间长短也受年龄、健康状况和饲养水平等因素影响。

（2）换毛顺序：獭兔换毛顺序如图8-4所示。

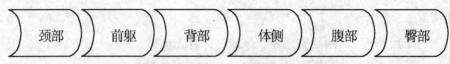

| 颈部 | 前躯 | 背部 | 体侧 | 腹部 | 臀部 |

图8-4 獭兔换毛顺序示意图

春季换毛和秋季换毛的顺序大致相同，唯有颈部春季换毛后到夏季仍不断褪换，而秋季换毛后没有这种现象。

（二）獭兔皮的季节特征

獭兔皮板和毛被质量因宰杀取皮季节不同而差异很大，因此选择适宜季节进行取皮，能提高獭兔养殖经济效益。

1. 冬皮

立冬（当年11月）至立春（来年2月），气候寒冷，经秋季换毛后已全部褪换为冬毛。此时皮张的毛绒丰厚、平整，富有光泽；毛板质地足壮，富含油性。尤以在冬至到大寒期间所产毛皮品质最佳。

2. 春皮

立春（2月）至立夏（5月），气候逐渐变暖。此时所产皮张底绒空疏，光泽减退，板质较差，略显黄色，油性不足，品质较差。

3. 夏皮

立夏（5月）至立秋（8月），气候炎热，经春季换毛后已退掉冬毛换上夏毛。此时所产皮张，被毛稀短，缺乏光泽，皮板瘦薄，多呈灰白色，毛皮品质差，制裘用价值最低。

4. 秋皮

立秋（8月）至立冬（11月），气候逐渐变冷，草料丰富。早秋所产皮张毛绒粗短，皮板厚硬，稍有油性；中、后秋皮毛逐渐丰厚，光泽较好，板质坚实，富有油性，毛皮品质较好。

三、毛皮质量评定

（一）质量要求

衡量獭兔毛皮品质优劣的主要指标包括皮板面积、质地、被毛长度、密度等。

1. 皮板面积

其他品质指标相同的情况下，皮板面积越大利用价值就越高。一般判定标准为：等内皮板面积不小于0.111平方米，达不到的要相应降级，而体重要达到2.75～3千克，皮板面积才能达到这个面积。

2. 皮板质地

合格皮板要求清洁、致密，色泽鲜艳，厚薄适中，质地坚韧，被毛附着牢固，无刀伤，无虫蛀，无色素。青年兔适宜季节取皮，皮板板质一般较好，老龄兔的皮板，板质粗糙、过厚。

3. 被毛色泽及长度

被毛色泽要求符合品种色型特征，纯正而富有光泽。被毛长度因品系的不同而有所差异。美系獭兔被毛一般较短，德系、法系较长。目前市场上对被毛长度的要求呈现多元化。

4. 被毛密度

被毛密度是指单位皮肤面积内含有的兔毛纤维的根数。被毛密度与保暖性、美观性有很大关系，所以要求密度越大越好。被毛密度除与遗传（品系）、年龄和季节等因素有关外，并与营养有关，营养愈好毛绒愈丰厚。

（二）商业分级标准及规格要求

中国畜产品流通协会制定的GH/T 1028-2002《獭兔皮》行业标准，规定了獭兔皮的技术要求、检验方法、检验规则和獭兔皮的包装、标志、贮存、运输等，适用于獭兔皮初加工、收购和销售，其中等级划分如表8-1所示。

表8-1　獭兔皮等级划分

等级	等级要求说明
特等	绒毛丰厚、平整、细洁、富有弹性，毛色纯正、光泽油润，无突出的针毛，无旋毛，无损伤；板质良好，厚薄适中，全皮面积在1 400平方厘米以上
一等	绒毛丰厚、平整、细洁、富有弹性，毛色纯正、光泽油润，无突出的针毛，无旋毛，无损伤；板质良好，厚薄适中，全皮面积在1 200平方厘米以上
二等	绒毛丰厚、平整、细洁、有油性，毛色较纯正，板质和面积与一等皮相同，在次要部位可带少量突出的针毛；或绒毛与板质与一等皮相同，全皮面积在1 000平方厘米以上；或具有一等皮质量，在次要部位带有小的损伤
三等	绒毛略稀疏，欠平整，板质面积符合一等皮要求；或绒毛与板质符合一等皮要求，全皮面积在800平方厘米以上；或绒毛与板质符合一等皮要求，在主要部位带有小的损伤；或具有二等皮的质量，在次要部位带小的损伤

（三）獭兔毛皮品质评定方法

獭兔皮毛品质的评定一般通过看、抖、摸、吹、量等步骤来完成（表8-2）。

表8-2　獭兔皮毛评定方法

评定方法与步骤	评定内容
一看	左手捏住头部右手执其尾，先看毛面，后看板面，然后仔细看被毛粗细、色泽、板底、皮形是否符合标准，有无淤血、损伤、脱毛现象
二抖	左手捏住头部右手执其尾，自上而下轻轻抖动，同时观察被毛长短，毛皮附着度等。若有枪毛突出毛面或枪毛含量过多或抖动落毛现象，均应降级处理
三摸	用手触摸毛皮，检查被毛弹性、密度及有无旋毛，同时将手指插入被毛检查厚实程度
四吹	用嘴逆向吹开被毛，使其形成漩涡，视其中心所露皮面积大小来评定密度。若不露皮肤或露皮面积小于4平方米（1个大头针头大小）为最好；不超过8平方米（1个火柴头大小）为良好；不超过12平方米（3个大头针头大小）为合格
五量	用尺子自颈部缺口中间至尾部量取长度，选腰间中部位置量其宽度。量毕长宽相乘即为皮张面积，皮张面积达0.1111平方米为合格，反之应降级处理

（四）皮商常用语解释

（1）板质足壮：是指皮板有足够的厚度，薄厚适中，皮板毛纤维细致紧密，弹性大、韧性好，有油性。

（2）板质瘦弱：是指皮张薄弱，毛纤维变质松弛，缺乏油性，厚薄不匀，缺乏弹性和韧性，有的带皱纹。

（3）毛绒丰厚：是指毛长而紧密，底绒丰足、细软，枪毛少而分布均匀，色泽光润。

（4）毛绒空疏：是指毛绒粗涩、黏乱，缺少光泽，绒毛短而薄，毛根细，显短平。

四、獭兔皮剥取技术

獭兔皮的剥取是饲养獭兔的关键环节，随意屠宰所得不合格的兔皮，会导致前功尽弃，效益降低。

（一）待宰兔选择

对兔群中皮毛质量达到要求的獭兔进行及时屠宰取皮，可以减少饲料消耗，提高经济收入。

1. 合格獭兔

商品獭兔同时满足3个条件：年龄一般在5月龄以上、体重≥2.75千克、非换毛期皮毛平整便能获得合格的獭兔皮，应及时宰杀取皮。

成年兔、老龄兔宰杀取皮的最好时间为11月至次年3月前后，此时的绒毛丰厚，光泽好，板质优，毛绒不易脱落，优质皮比率大。

2. 缺陷獭兔的处理

有些有缺陷的獭兔可以通过适当延长饲养期来提高其质量，这类獭兔包括：①季节皮：非适宜季节的獭兔宰杀后获得的兔皮；②竖沟皮：皮上隐隐约约有数条竖沟，毛短或缺毛，造成整个皮张不平；③波纹皮：皮上可以看到似水波样的条纹，条纹处毛短或缺毛；④鸡喙皮：皮上有鸡喙大小的斑块，斑块处毛短或缺毛。

有些有缺陷的獭兔是不能通过延长饲养周期提高皮张质量的。例如年龄、体重、平整度都达到要求，但被毛密度低的个体，即使延长饲养期也对提高密度无益，因此应立即宰杀。

3. 适销獭兔皮生产

獭兔生产可以根据市场需求生产不同档次的兔皮，例如当市场对低档兔皮情有独钟时，便可以通过适当降低饲养周期或不强求獭兔合格与否随时宰杀生产兔皮。

4. 家兔换毛的鉴别

用手扒开毛被，发现绒毛易脱落，有短的毛纤维长出，说明正在换毛，换毛期的獭兔不宜宰杀。

（二）獭兔宰杀与取皮

獭兔屠宰取皮的宰前准备、屠宰各环节的操作与肉兔屠宰安全相同，只是工艺流程有所不同，肉兔屠宰处死后先放血再剥皮，而獭兔处死后要先剥皮后放血。宰杀具体操作参照肉兔屠宰一节。

五、鲜皮处理

（一）整修与清理

从兔体上剥下的鲜皮，要及时切除头部、四肢和兔尾等部分，并要用刮刀刮去皮板上的残肉、脂肪、血污、结缔组织和乳腺组织等（图8-5）。然后用利刀沿腹部中线剖开成"开片皮"。清理时要注意铺展皮张，刮残留物时用力要均衡，顺毛方向，以免损伤皮板。

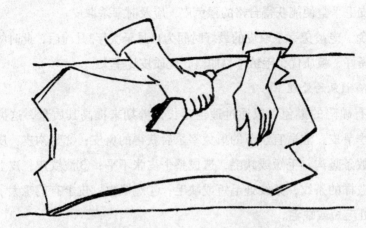

图8-5　手工刮油示意图

（二）防腐处理

不能及时出售的鲜皮要做防腐处理，目前使用最多的防腐处理方法是盐渍法，即利用干燥氯化钠处理鲜皮。盐渍的具体操作方法：将剥下的片皮或筒皮按鲜皮重的25%～30%擦抹食盐，将皮板上均匀地抹上食盐，然后板面对板面堆叠放置24小时左右腌透，在地面铺一层白纸，将兔皮平铺在其上，板面朝上，用手抚平，置于通风阴凉处晾干后即可贮存（图8-6）。

食盐腌制的皮张，具有不易变质，不会皱缩，不生蝇蛆，皮板平顺等优点，但阴雨天易回潮，保管时需注意。

六、贮存保管

獭兔皮张的贮存要防皮板变质、防鼠、防蚁、防虫蛀。经过防腐处理的獭兔皮，按等级、大小、色泽等不同每10张为1捆捆扎，装入木箱或清洁的麻袋里，平放在通风、隔热、防潮、有足够光线的专门库房内贮存。库房地面最好为瓷砖或木地板。库房适宜的温度为5～25℃，且最低不低于5℃，最高不超过25℃，相对湿度应保持在60%～65%。为防止虫蛀，打捆时皮板上可撒施精苯酚或二氯化苯等。有条件的可以将兔皮鞣制后保存（图8-7）。

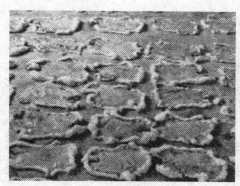

图8-6 晾晒兔皮 图8-7 鞣制后的兔皮

第三节 兔毛的采集与初步处理

兔毛属于天然蛋白质纤维，是毛纺的优质原料，具有长、松、白、净的特点，制品美观，轻而柔软，保暖性能好，深受消费者喜爱。

一、兔毛纤维类型

兔毛纤维类型是根据兔毛的形态和细度进行划分的。

（一）形态类型

1. 绒毛

绒毛是长毛兔生长最柔软、最纤细的毛，着生较密，长度较短，起保暖作用，兔毛质量的好坏，很大程度上是由绒毛数量多少和品质好坏决定的。

2. 枪毛

枪毛又称针毛，长而稀少，直而光滑，粗硬质脆，枪毛是毛丛中的骨干，耐磨擦，具保护和隔离绒毛、防止绒毛粘结的作用。

3. 触毛

长而尖，弹性好，毛尖为圆锥形，长在家兔嘴边，起触觉作用。

（二）细度类型

根据兔毛细度归类，兔毛纤维可分为细毛、粗毛和两型毛三种。

1. 细毛

细毛的细度为12～14微米，长度5～12厘米，具有许多明显卷曲。具有鳞片层、皮质层和髓质层。

2. 粗毛

粗毛的长度可达17厘米左右，细度为30～120微米。毛纤维有鳞片层、皮质层和髓质层。外形上两头细、中间粗，毛表面鳞片层呈非环状，数量少，不能纺织成高级毛纺品。

3. 两型毛

两型毛的单根毛纤维上具有细毛和粗毛两种毛纤维类型，长度比粗毛短。毛的上端纤维平直，具有粗毛的特征；毛的下端有不规则卷曲，具有细毛的特征，下端较上端长，粗细之间直径相差较大，粗细交接处易断裂。

二、兔毛纤维的理化特性

（一）长度

兔毛的长度以细毛的长度为准，不计算粗毛的长度，长度有自然长度和伸直长度两种表示方法。自然长度指兔毛在自然状况下的长度；伸直长度指单根毛纤维拉直，但未延长时的长度。长度以"厘米（cm）"为单位来表示。

收购兔毛和鉴定长毛兔时，测量体侧兔毛的自然长度，毛纺工业常测伸直长度。兔毛的长度决定毛纺加工的用途，也是兔毛分级最主要的指标，兔毛越长，产毛量越高，纺织性能越好。

兔毛必须具有一定长度时才采集。兔毛具有一定生长期，长毛兔经2.5～3个月的养毛期，细毛长度可达5～9厘米，粗毛长度为8～12厘米。

（二）细度

兔毛纤维的细度指单根毛纤维横切面的直径大小，以"微米（μm）"为单位来表示。衡量兔毛的粗、细类型是根据单位重量兔毛样中所含粗毛、细毛的含量来决定的。如德系安哥拉毛兔粗毛含量5%～10%。

兔毛的细度决定毛纺价值，兔毛越细，纺织价值越高，用纺织支纱来表示，支纱指1千克净毛所能纺成1米长的毛纱的数量。如能纺120段1米长的毛纱称120支纱。细毛适宜于精纺，如高档内衣、高级呢料等。

（三）强度

指单根兔毛纤维拉长至断裂时所需的力量，用强力仪测定，以"克（g）"为单位表示绝对强度。

（四）伸度

伸度又称断裂伸长率，将弯曲的兔毛拉直后，再拉伸到断裂时所增加的长度，增加的长度与原伸直长度之比即为伸度。

三、兔毛的等级划分

目前，我国收购兔毛的标准有五个等级（表8-3）。

表8-3　国家收购兔毛等级划分

等级	等级标准
特等	纯白色，全松毛，长度5.7厘米以上，粗毛比例不超过10%
一等	纯白色，全松毛，长度4.7厘米以上，粗毛比例不超过10%
二等	纯白色，全松毛，长度3.7厘米以上，粗毛比例不超过20%，稍含能撕开不损品质的缠结毛
三等	纯白色，全松毛，长度2.5厘米以上，粗毛比例不超过20%，稍含能撕开不损品质的缠结毛
次等	白色，全松毛，长度2.5厘米以上，含有缠结、结块、变色毛等

四、兔毛的采集

饲养毛用兔的目的是获取兔毛。兔毛采集的常用方法有三种：剪毛、拔毛和脱毛剂采毛。

（一）剪毛

用专用工具剪取兔毛。

1. 剪毛前的准备

（1）准备工具：剪毛前首先要备好剪毛所需工具，即剪毛台、毛剪、梳子、台秤、贮毛箱、手术钳、碘酒等（图8-8）。

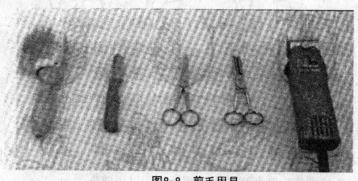

图8-8　剪毛用具

（2）梳毛：剪毛前要用梳子将兔毛梳理通顺，除去身上的杂物和结粘的绒毛。

（3）毛剪消毒：开剪前要对毛剪进行消毒。

2. 剪毛时间

适宜的剪毛时间应根据气候条件、兔毛的生长情况及市场兔毛等级的需求而定。一般在50～60日龄给幼兔剪头茬毛，以后每隔75～90天剪一次。气温较高的季节和地区，对种公母兔也可以每隔60～70天剪一次。

3. 剪毛

剪毛要领是"绷紧兔皮，放平剪刀，一剪一步，循序渐进"，剪毛顺序是"由后向前，先背后腹，再剪四肢"（图8-9）。

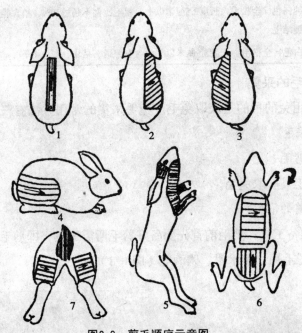

图8-9　剪毛顺序示意图

4. 入箱

剪下的兔毛要根据毛的长度、色泽及优劣程度分别入箱。

5. 注意事项

（1）剪腹部毛时应先剪乳头和生殖器附近的毛，以防误伤乳头或生殖器。

（2）不慎剪伤皮肤要立即用碘酒消毒，以免感染。

（3）怀孕母兔一般不剪毛。

（4）冬季剪毛要选择相对暖和的天气进行，剪毛后要注意保暖，以防感冒。

（5）剪毛时要一剪准，一剪刀剪下去后不能再修剪，修剪的毛很短，混在兔毛内反而要降低兔毛的等级。

（二）拔毛（拉毛）

1. 拔毛的特点

采集的毛相对较长，品质好等级高；拔毛可促进兔皮肤血液循环，提高产毛量；可使毛囊变粗，逐步提高粗毛率。拔毛费人工。

2. 拔毛的方式

拔毛分为拔长留短和拔光两种。

（1）拔长留短：先用梳子疏通理顺兔毛，左手固定兔子，右手的拇指、食指和中指三指将长而密的兔毛一小撮一小撮轻而快地拉下（图8-10），切忌大把大把地粗暴拔毛，以免损伤兔子的皮肤。拔毛时先拔较硬的枪毛，后拉较长的绒毛，留下短毛继续生长。一般每隔30～40天拔一次毛。寒冷季节多使用此方法。

图8-10　拔毛手法示意图

（2）拔光：基本操作与拔长留短方法相同。最大的区别是除头、尾、脚部外，将兔体兔毛统统拔掉，没有掉毛和缠结毛现象。盛夏采用此法。一般60天左右拔毛一次。

3. 注意事项

（1）幼兔皮肤嫩，第一次采毛不宜采用拔毛。

（2）怀孕母兔、哺乳母兔、配种公兔均不宜拔毛，否则会引起流产，母兔泌乳力下降，公兔配种能力下降。

（三）使用脱毛剂采毛

给需要采毛的兔口服植物性脱毛剂——Lagodendron（法国生产）后数天，轻轻用手就可拔下兔毛，此方法效果好，并且对家兔机体无副作用。

五、兔毛的保藏

一般的养殖户每次采集的兔毛数量有限，累积到一定数量才出售，因此，做好兔毛的贮存保管是保证养殖效益的重要环节。

（一）兔毛贮藏的基本要求

1. 按等级分别存放

对采集好的分等级兔毛，按不同等级分别存放，切忌混杂。

2. 防止杂质混入

贮藏兔毛的容器要密封，防止灰尘、杂质掉入，以免影响品质。

3. 防压

兔毛具有鳞片层而具很高的粘合力，因此贮藏保管时要膨松放置，不宜重压，以免粘结。

4. 防潮、防霉变

兔毛保存环境湿度过大，回潮率升高，易结成粘片而难以撕开，变色甚至霉烂变质。因此，存放兔毛的房间应保持通风、干燥和清洁。贮毛箱应密闭，不宜靠墙和着地。雨季要防雨，天气晴朗时要开窗通风，必要时要翻垛晾晒。

5. 防晒、防高温

兔毛由角蛋白组成，易被阳光、高温氧化、变色，不能承受高温和曝晒。因此，即使潮湿也只能在弱光下晾晒1~2小时，然后再在没有阳光的地方晾4~5小时装箱。

6. 防虫蛀

兔毛角蛋白易受虫的蛀蚀，影响兔毛品质。因此，采用有效而可靠的防蛀方法十分重要。具体做法是：选用樟脑丸、苯酚、苯化合物等防蛀剂，分别放在兔毛贮藏器内不同位置，防虫剂要用纱布包好，以防与兔毛直接接触后使兔毛变色而影响品质。

（二）贮藏方法

1. 箱贮

选择干燥、卫生、密闭的箱子，箱子内面用白纸裱糊，然后将分级的兔毛一边装一边轻轻地压一下，每6厘米隔一层纸，同时放入包好的防蛀药。装满后合拢箱盖。箱子放置在距地面30厘米以上、距墙40～50厘米的货架或枕木上（图8-11）。

图8-11　兔毛的贮存方法示意图

2. 缸贮

选择清洁干燥的缸，底层先放一层石灰，然后再放一块缸底大小的圆形木板，木板上铺上白纸，最后放兔毛。兔毛的放置方法与箱贮相同，装满后密封缸盖即可。也可将兔毛放入干净的白布袋（切忌使用麻袋），再入缸保存（图8-11）。

（三）注意事项

无论哪种贮藏方法，都要定期选择晴朗天气打开检查，如发现回潮、霉变，应采取措施进行补救。一般不宜用塑料袋贮存兔毛。

六、兔毛初加工

兔毛初加工是兔毛生产及加工比较重要的环节，采集或收购的兔毛，经严格的工厂化初加工后提供给加工商或出口，都可大幅度提高经济效益。初加工工艺一般包括：人工筛选（分级）→拼配→开松→除杂→包装。初加工主要采用大量人工与机械化作业相结合。初加工的质量标准仍从"长、松、白、净"四个方面进行综合评价后分级。

附录一 兔的生理和生化指标正常值

一、兔的生理和生化指标正常值

指标项目	单位	正常值
红细胞数	百万个/立方毫米（$\times 10^6$个/mm^3）	6.26~6.30
红细泡直径	微米（μm）	0.5~7.5
红细泡容量	立方微米（μm^3）	60~68
红细胞压积	百分比（%）	40（26~52）
白细胞数	千个/立方毫米（$\times 10^3$个/mm^3）	12.34（7.8~19.1）
分叶核嗜中性白细胞	百分比（%）	24.32（12~35）
单核球	百分比（%）	0.58（0~3）
嗜酸性白细胞	百分比（%）	1（0~4）
淋巴细胞	百分比（%）	73.79（62~84）
嗜碱性白细胞	百分比（%）	0.2（0~2）
血小板	万个/立方毫米（$\times 10^4$/mm^3）	23.56（8.4~47.6）
血红蛋白	克/分升（g/dl）	12.9~13.4
网织红细胞	百分比（%）	2.3（1~4）
血凝时间（玻片法，25℃）	分钟（min）	4~5
血液pH值		7.35（7.21~7.57）
HCO_3	毫摩尔/升（mmol/L）	17
PCO_2	托（毫米汞柱，mmHg）	20~46
血清钠	毫克当量/升（mEq/L）	140
血清氯	毫克当量/升（mEq/L）	10.5
血清钾	毫克当量/升（mEq/L）	5~7
血清钙	毫克/百克（mg%）	9~12
血清磷	毫克/百克（mg%）	5~6
血清镁	毫克/百克（mg%）	2.7
血清铁	毫克/百克（mg%）	130~210
血清铜	毫克/百克（mg%）	0.7~1.1
血清葡萄糖	毫克/百克（mg%）	80~110
血清总胆固醇	毫克/百克（mg%）	50~100
血尿素氮	毫克/百克（mg%）	5~20
血清总蛋白	克/百克（g%）	7.2
血清白蛋白	克/百克（g%）	4.6

指标项目	单位	正常值
血清球蛋白	克/百克（g%）	2.7
血容量	毫升/公斤（ml/kg）	57.7～70.0
总体液	毫升/公斤（ml/kg）	668～743
红细胞脆性		0.3～0.5
颈动脉平均压	托（毫米汞柱，mmHg）	90～100
血压（收缩期/舒张期）	托（毫米汞柱，mmHg）	120/80
心率	次/分钟	80～140
呼吸率	次/分钟	50（32～60）
体温（直肠温度）	摄氏度（℃）	39.4（38～40）
肺活量	毫升（ml）	21
T～CO_2	毫摩尔/升（mol/L）	11～25
血清总脂	毫克/百克（mg%）	325

二、成年兔的主要代谢参数

代谢项目	单位	参数
日排尿量	毫升（ml）	40～110
日排粪量	克（g）	15～60
日耗料量	克（g）	150～200
日水分消耗量	毫升（ml）	300
木香素肾廓清率	毫升/分钟·千克（ml/min·kg）	7.0

三、其他生理参数

（一）母兔泌乳量

中等体型兔21天泌乳量大约3500克。

（二）换毛规律

初生仔兔无毛，第4天开始长毛，第30天乳毛长成，30～100天第一次换毛，130～190天第二次换毛，6.5～7.5月龄后开始变为季节性换毛。季节性换毛分春季换毛和秋季换毛，春季换毛期为3～4月份，秋季换毛期为9～10月份。

附录二　兔的生殖生理参数

一、母兔生殖生理参数

参数项目	单位	数值
（一）排卵前LH高峰时间（交配后）	小时（h）	1～2
（二）全身LH浓度		
1. 交配前	纳克/毫升（ng/ml）	22
2. 交配后30分钟	纳克/毫升（ng/ml）	154
3. 交配后60分钟	纳克/毫升（ng/ml）	1110
4. 交配后90分钟	纳克/毫升（ng/ml）	885
5. 交配后120分钟	纳克/毫升（ng/ml）	1343
6. 交配后300分钟	纳克/毫升（ng/ml）	245
7. 交配后24小时	纳克/毫升（ng/ml）	40
8. 交配后120小时	纳克/毫升（ng/ml）	38
（三）排卵时间（交配后）	小时（h）	9.75～13.50
（四）受精时间（排卵后）	小时（h）	1～2
（五）受精卵的卵裂时间（交配后）	小时（h）	24
（六）第一次卵裂纺锤体		
1. 2细胞	小时（h）	21～25
2. 4细胞	小时（h）	25～32
3. 8细胞	小时（h）	32～40
4. 16细胞	小时（h）	40～47
5. 32细胞	小时（h）	48
6. 囊、胚腔形成	小时（h）	75～96
（七）受精卵位置		壶腹部
（八）卵经过输卵管下行到壶腹—峡部连接处的时间	分钟（min）	8.4
（九）胚泡进入子宫的时间（交配后）	小时（h）	72～75
（十）着床的时间（交配后）	天（d）	7～7.5
（十一）妊娠期	天（d）	30.5（28～34）
（十二）假妊娠	天（d）	16～18
（十三）卵的受精寿命	小时（h）	6
（十四）卵巢静脉的黄体酮		
1. 交配后2天	微克/毫升（μg/ml）	0.4
2. 交配后15天	微克/毫升（μg/ml）	2.4

二、公兔的生殖生理参数

参数项目	单位	数值
精子获能时间	小时（h）	6
射精量	毫升（ml）	0.63～2.30
精子密度	百万个/毫升	263（200～500）
精子运行到受精位置的时间	小时（ml/h）	3

三、其他生殖生理参数

参数项目			
（一）初配年龄		单位	数值
1. 小型肉兔	公兔	月龄	5
	母兔	月龄	4
2. 中型肉兔	公兔	月龄	6～6.5
	母兔	月龄	5～5.5
3. 大型肉兔	公兔	月龄	8～9
	母兔	月龄	6.5～7.5
4. 獭兔	公兔	月龄	5～6
	母兔	月龄	7～8
5. 长毛兔	公兔	月龄	7～8
	母兔	月龄	8～9
（二）公母比例		单位	数值
1. 商品兔场	本交	公：母	1：8～10
2. 种兔场	本交	公：母	1：5～6
3. 人工授精	授精	公：母	1：50～100
（三）母兔年产胎次		胎	4～6，高者8～11
（四）胎产仔数		只	6～8，高者15以上
（五）种用年限	种公兔	年	3～4
	种母兔	年	2～3

参考文献

［1］谷子林、任克良主编.中国家兔产业化.北京：金盾出版社，2010

［2］任克良、秦应和主编.轻轻松松学养兔.北京：中国农业出版社，2010

［3］马立新主编.十大热门工厂化养殖.北京：化学工业出版社，2005

［4］任克良主编.高效养兔关键技术.北京：金盾出版社，20008

［5］任克良主编.家兔配合饲料生产技术.北京：金盾出版社，2006

［6］任克良主编.无公害獭兔养殖.太原：山西科学技术出版社，2007

［7］王照福等主编.养兔和兔病防治.北京：北京出版社，1993

［8］侯放亮主编.饲料添加剂应用大全.北京：中国农业出版社，2003